SiC 系セラミック新材料

最近の展開

日本学術振興会
高温セラミック材料
第 124 委員会
編

内 田 老 鶴 圃

編　者

日本学術振興会高温セラミック材料第 124 委員会

委員長	**鈴木　弘茂**(すずき　ひろしげ)	東京工業大学名誉教授
同委員会 SiC 分科会主査	**井関　孝善**(いせき　たかよし)	東京工業大学大学院理工学研究科
編集担当幹事	**田中　英彦**(たなか　ひでひこ)	無機材質研究所

執筆者・執筆章一覧（五十音順）

阿諏訪　守(あすわ　まもる)	昭和電工(株)	(第 2.1 章)
幾原　雄一(いくはら　ゆういち)	東京大学工学部総合試験所	(第 1.4 章)
石川　敏弘(いしかわ　としひろ)	宇部興産(株)	(第 4.4 章)
井関　孝善(いせき　たかよし)	東京工業大学大学院理工学研究科	(第 1.1,5.1,5.2 章)
伊藤　淳(いとう　あつし)	イビデン(株)	(第 2.2 章)
植松　敬三(うえまつ　けいぞう)	長岡技術科学大学化学系	(第 2.4 章)
大谷　昇(おおたに　のぼる)	新日本製鐵(株)	(第 2.6 章)
大野　一茂(おおの　かずしげ)	イビデン(株)	(第 3.4 章)
岡部　永年(おかべ　ながとし)	愛媛大学工学部	(第 4.5 章)
岡村　清人(おかむら　きよひと)	大阪府立大学大学院工学研究科	(第 2.3 章)
小野　拓郎(おの　たくろう)	大平洋ランダム(株)	(第 4.1 章)
河本　邦仁(こうもと　くにひと)	名古屋大学大学院工学研究科	(第 1.3 章)
香山　正憲(こうやま　まさのり)	大阪工業技術研究所	(第 1.5 章)
後藤　孝(ごとう　たかし)	東北大学金属材料研究所	(第 1.9 章)
小林　英男(こばやし　ひでお)	東京工業大学大学院理工学研究科	(第 4.5 章)
小森　照夫(こもり　てるお)	イビデン(株)	(第 3.4 章)
佐久間健人(さくま　たけと)	東京大学大学院新領域創成科学研究科	(第 1.8 章)
佐々木信也(ささき　しんや)	産業技術総合研究所	(第 2.7 章)
篠原　伸広(しのはら　のぶひろ)	旭硝子(株)	(第 3.2 章)

徐　元善（そー　うぉんそん）	韓国窯業技術院	（第 1.3 章）
高橋　達人（たかはし　たつひと）	日本鋼管(株)	（第 3.3 章）
田中　英彦（たなか　ひでひこ）	無機材質研究所	（第 1.2,3.1,5.1,5.2 章）
柘植　明（つげ　あきら）	名古屋工業技術研究所	（第 2.5 章）
連川　貞弘（つれかわ　さだひろ）	東北大学大学院工学研究科	（第 1.4 章）
中島　信一（なかしま　しんいち）	宮崎大学工学部	（第 1.7 章）
成澤　雅紀（なりさわ　まさき）	大阪府立大学大学院工学研究科	（第 2.3 章）
福富　宏（ふくとみ　ひろし）	日本カーボン(株)	（第 4.3 章）
前田　康二（まえだ　こうじ）	東京大学大学院工学系研究科	（第 1.6 章）
松岡　慶（まつおか　けい）	(株)荏原製作所	（第 4.6 章）
八尾　勉（やつお　つとむ）	(株)日立製作所	（第 4.7 章）
山田　禮司（やまだ　れいじ）	日本原子力研究所	（第 4.2 章）

序　　文

SiCは約100年ほど前から合成され，工業的生産が始まった注目すべき無機材料で，非酸化物系の中では最も古く，使用量も多い．周知のようなユニークな特性を持つから，機械加工や高温度工業で貴重な素材としてそれらの発展に大きく貢献してきた．

1960年頃になるとSiCは，それまでには考えられなかった，耐熱合金でも難しい高温で作動する機械・装置の構造材料を目標として先進諸国で大規模な研究が始まった．本邦でも1980年代に入る頃から国家計画の中でこの研究が盛んに行われた．その結果，技術も大きく進歩し，世界のトップレベルに達した．しかしこの目標はそれほど簡単なものではなく，大きな市場の開拓は達成されていない．

けれどこの間に，原料から完成部材までの一貫した製造プロセス，各種新装置による測定・試験方法，破壊機構の解析，有害欠陥の除去や微細組織の制御の研究が組織的に進められ，それぞれ見るべき成果があげられた．それらは折からの半導体，IC関連機器の急速な発展に有形，無形の大きな貢献をすることとなった．そしてそれは21世紀には，さらに大きく花開き，自動車，環境，資源，生体などを含め産業に無くてはならないキーマテリアルとして活用されると期待される．

日本学術振興会第124委員会では，このような時代の動きと見通しに対応して，平成4年9月から「SiC研究分科会」を発足させ，大学や国立研究所の研究者に関連企業20社が参加し，各自得意とする分野で互いに協力し必要な調査・研究を実施してきた．

本書はその成果を主体にして，委員以外にも一流の研究者の協力執筆を加えて編纂したもので，内容は4つの章と付表・付録からなっている．厳密ではないが，基礎から新しい製品や用途・動向を順次説明してある．これらは教科書的に整理されてはおらず，またすべてを網羅してはいない．しかし，既刊のいくつかの書籍との重複は極力避けて，各章あるいは各節毎に纏まった記述がされている．それぞれの間に若干の重複もあるが，それによって読者は，その章や節を読むだけで問題の理解ができるようになっている．

SiC セラミックスは，金属，プラスチックスおよび複合材料など材料工学を専攻する学生諸君や，冶金，電気・電子，窯業，土木・建築，交通・運輸，宇宙，原子力あるいは生体など多くの分野の技術者，さらに物理，化学，鉱物などの研究者にも必須の材料となりつつある．それらの分野の研究者や技術者が自ら関係する章，節を見て目的の課題の概要を理解し，参考文献などからさらに知識を集められるとよいと思う．前記のように SiC は数十年おきに段階的に発展をつづけてきており，往時の論文などが基礎的に重要な場合もある．本書ではそこまでは引用されていないから，できれば次記のような成書を並用されるとよい．

当委員会編「高温セラミック材料」(日刊工業新聞社) (1985)，宗宮・猪股編「炭化珪素セラミックス」(内田老鶴圃) (1988) および当委員会編「先進セラミックス」(日刊工業新聞社) (1994) などである．

おわりに，本書の出版費の一部は，日本工業倶楽部から日本学術振興会事業推進のための「学術振興特別基金」へ寄せられた御厚志のなかから充てさせていただいた．ここに併記し，深甚なる謝意を表する．また出版を引き受け温情を示された内田老鶴圃の内田悟社長のご協力を多とする．

平成 12 年 12 月

鈴木　弘茂

東京工業大学名誉教授

日本学術振興会高温セラミック材料
第 124 委員会委員長

目　　次

3　SiC 焼結体

4　新しい SiC 材料とその応用

5　付表・付録

1
SiC 材料の基礎

1.1　SiC 材料の開発と特性

1.1.1　SiC の用途と製法

(1) 用　　途

炭化ケイ素（SiC）は，量的には耐火物，研磨材，冶金用として多く使われてきた．ここで冶金用とは脱酸剤や合金成分添加を目的としたものである．我が国では冶金用に使われる量は他の二者にくらべ，ずっと少ないが，アメリカでは最近まで製鉄・製鋼用に多量に使われていた[1]．上記用途に加え，SiC は，耐熱性があり，強く，硬く，耐摩耗性があり，さらに金属や他の非酸化物セラミックスにくらべ酸化など化学的侵食に耐えるので，熱・機械的機能材，すなわち構造材料として，各種ルツボ，窯炉焼成用部品，メカニカルシール，熱交換器伝熱管，製紙用部品，触媒担体，フィルタ等に使われており，最近は Si 半導体の高純度化・大型化から熱処理工程における支持部材として使われるようになってきた．また特殊な用途として，原子炉粒子燃料用被覆材があげられる．さらに耐火物の分野ではゴミ焼却炉の内張材として重要視されている．一方，電磁気的機能材として見ると，古くから発熱体として使用されており，さらにバリスタとして使用されていた．バリスタに関しては，過電圧保護に用いられてきたが，電圧電流特性における非直線性がより大きく安価な ZnO にとって代わられている．SiC を半導体として考えるとバンドギャップが大きいことから，光学的には青色の発光素子としての利用が考えられ，研究が進められた．しかし，GaN の高輝度発光ダイオードの登場により，この用途もしぼんでしまっている．しかしバンドギャップが大きいことから，高温での半導体としての用途が注目され，300℃以上の使用に耐える半導体，宇宙線などの放射線に耐える半導体としての用途が開発されつつある．

(2)　製　　法

これらの用途において，SiC は種々の形で使われる．大まかにいうと高純度か混合物か，あるいは多孔質か緻密質か，さらに一歩進めると複合材か，等である．SiC 焼結体を製造するいくつかの方法を表 1.1.1 にまとめておく．これらの方法に関しては，現在のところ製造コストは高いといわねばならない．ここに載せていないものに，有機ケイ素化合物から作製する繊維と昇華-析出のような単結晶育成法があげられる．

表 1.1.1　SiC 焼結体の製法

製　法	工　程　例	不　純　物
反応焼結	SiC＋C→成形→ケイ化（～1600°C）	遊離 Si～10%
常圧焼結	SiC＋焼結助剤→成形→焼結（～2000°C）	B＋C または Al～1%
ホットプレス	SiC＋焼結助剤→（成形）→焼結（～2000°C，～20 MPa）	B＋C，Al または BeO ～1%
再結晶	SiC＋バインダ→成形→焼結・最結晶（＞2300°C）	密度低いが純度よい
化学蒸着	$Si(CH_3)Cl_3+H_2$→析出（～1700°C）	

製法が違うと化学的成分や密度が変わってくることに注意したい．これによってどの用途にどの製法が適しているかが決まってくる．

1.1.2　SiC の性質と特徴

SiC は，金属にくらべ，硬くて脆く，低密度で，熱膨張率が小さい等のセラミックス一般の性質を有しているが，他のセラミックスとくに酸化物セラミックスと異なった性質を有している．その性質については本書においても述べられているが，Gmelin Handbook[2] 等に広く集録されている．主なものを以下に示そう．

(1)　結 晶 構 造

SiC 結晶の基本単位は Si と C からなる正四面体である．この四面体の並び方で，3 C，6 H，15 R 等の多形（ポリタイプ）が現れる．これは各多形によって物性値が多少異なるほか，結晶の成長や変形に大きく関与する．また，この四面体の配列から，結晶の一方には Si 原子のみの表面が，反対側の表面には C 原子のみの面が並ぶことになる．これが電気的中性の条件を満足するための極性で，C からなる面は酸化されやすいとか酸に侵されやすい等の差が生じる．単結晶育成においてどちらの面上に結晶を成長させるかで，できてくる結晶の多形も異なることがある．

（2） 熱 的 性 質

まず SiC は大気圧下では融点を持たず，高温で分解する．従来の状態図ではこの温度は 2800°Cとされていたが，図 1.1.1 のように 2545°Cになっている[3]．2000°C以上では，蒸気圧（解離圧）が大きく，気体としては SiC としてよりも，Si，SiC_2，Si_2C などの形で存在する．しかし，Si_3N_4 が減圧下では 1200°C位から蒸発し始め，1 気圧の窒素中，約 1850°Cで分解することにくらべれば，より安定な物質といえる．

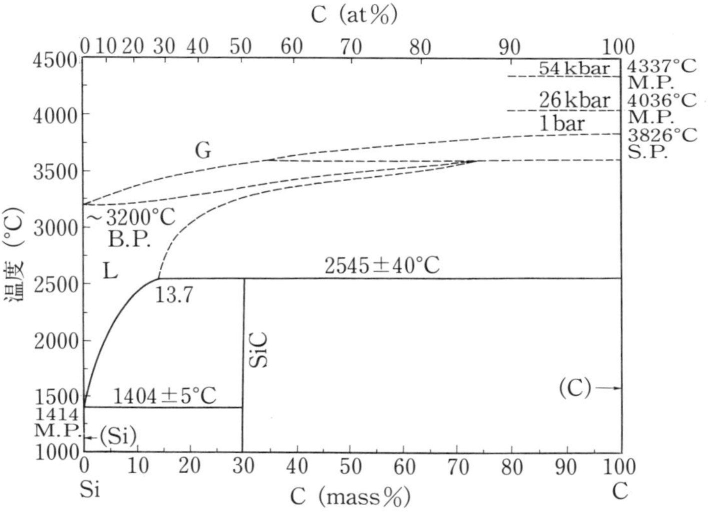

図 1.1.1　Si-C 系状態図[3]

熱伝導率に関し，温度上昇とともに低下するセラミックス特有の傾向は有するが，室温の熱伝導率は金属 Al に匹敵し，一方，電気抵抗が大きいので，金属とは大きく異なった性質である（図 1.1.2）．軽元素からなり，結晶構造が単純なセラミックスであれば，よく知られた BeO のほか，ダイヤモンド，AlN や BN 等も同じような性質を有している．

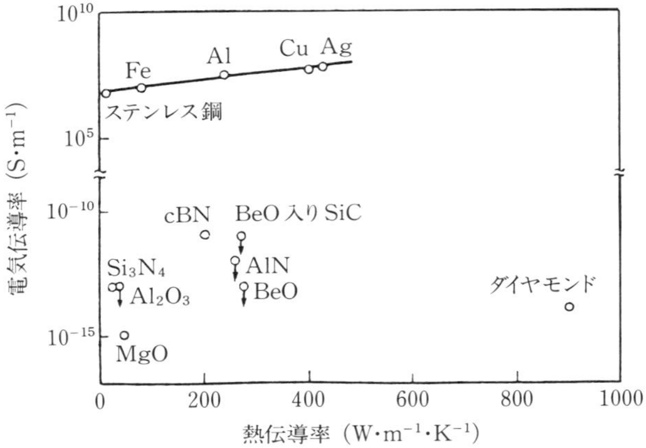

図 1.1.2　金属およびセラミックスの熱および電気伝導率（室温）

（3）　機械的性質

機械的性質はひとことでいえば，硬くて脆い．硬さは新モース硬度で 13 でダイヤモンド，炭化ホウ素についで硬い．β(3 C)-SiC は面心立方晶であって，独立した 5 個のすべり系を有し，von Mises の条件を満足するので，単結晶は自由な変形をしてもよいのであるが，転位の動き出すような温度では分解がはげしくなってしまったり，変形により六方の多形に転移してしまうため，この点は生かされていない．

SiC の焼結体は表 1.1.1 に示されるようないくつかの方法で作られるが，反応焼結体は遊離 Si を含むため，高温強度は 1300°C以上で急に半減する．一方 B と C を添加した常圧焼結体あるいはホットプレス焼結体では，この温度以上でも強度は低下せず，むしろ図 1.1.3 で示されるように上昇する傾向にある．アルミナの高温強度が 1000°C位でピークをもつ例はあるが，1500°C以上で高温強度が上昇する例は特殊な例である．この系の焼結体では，長時間耐久性の目安となるクリープ抵抗が大きく，あるいはゆっくりしたき裂成長（slow crack growth）はきわめて小さいという特徴も有している．このことは粒界に低融点化合物あるいはガラス相を形成するような焼結助剤を必要とする Si_3N_4 にくらべて著しい長所であるが，同じ SiC でも焼結助剤によっては上の特徴は期待できない．

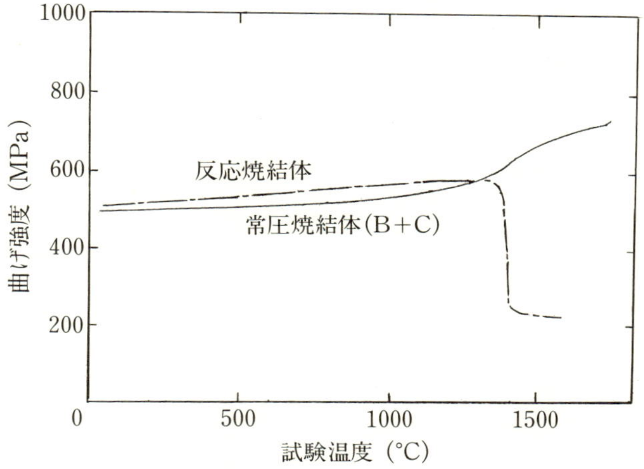

図 1.1.3 SiC 焼結体の高温曲げ強度

（4） 化学的性質

SiC は非酸化物であるので，化学的性質としてまず酸化が問題となる．酸化の開始温度は，焼結体か粉末か，また，粉末ならその細かさによって大きく異なる．粒状 SiC では 700°C以上といわれている．高温での酸化は古くから各種の雰囲気下において，発熱体に関して研究されている．本書の 1.9 で詳述されているが，SiC が酸素と反応してできる酸化物は SiO_2 であり，緻密で SiC の表面を完全に覆うので，酸化に対し保護膜となり，以後の酸化が抑制されるようになる．これは酸素分圧の高い場合に生じる保護酸化（passive oxidation）であるが，高温で酸素分圧の低い場合は，SiO_2 を形成せず SiO となって蒸発してしまうため，SiC は減量する．これは継続酸化（active oxidation）とよばれる現象であり，SiC の使用される環境によってはやっかいな問題となる．

一方，溶液に耐する抵抗は，酸にはきわめて強く，熱 $HF+HNO_3$ にも耐えるが，溶融アルカリには溶ける[4)]．上記，耐酸性も焼結体では，粒界に存在する他の成分に注意する必要があり，反応焼結体のように遊離 Si が約 10% も存在する場合は，Si の方の性質で左右される．

（5） 電気的性質

SiC は半導体であって，電気抵抗は発熱体として使用できる低抵抗領域から絶縁体に近い領域まで 10 桁以上変化する．また，バンドギャップが Si にくらべ 2〜3 倍大きく，高温半導体として有力であることは 1.1.1 で述べた通りである．筆者としては，詳しくない事項であるので，これ以上は本書の 4.7 や別の成書[5)] を参照していただきたい．

（6） そ の 他

原子力分野での応用に関し，中性子照射損傷に耐えることと低放射化の 2 点があげられる．SiC は，10^{27} n/m^2 もの高速中性子の重照射を受けても，スエリング量は小さく，他の材料のように，ふくれたり，ばらばらになったりすることはない[6)]．また，中性子照射によって核変換してできる生成物も長寿命放射能はなく，低放射化材料であって，照射後のハンドリングや保管が容易となる．さらに核融合炉第一壁ではプラズマ汚染の観点から低原子番号材であることが望まれるが，SiC はこれを満足している．

1.1.3　開発上の課題

構造用セラミックスの市場が，期待したほどのびていないといわれている中，開発上の課題として，応用面から，低コスト化，SiC の特徴を生かした用途開発，より基礎的な面から基礎研究の重要性，高強度化と高靭化について考えてみよう．

（1）　低コスト化

製造コストに大きく占める加工を少なくすること，near net shape 化である．もちろん，原料の低コスト化あるいは安価原料の使用，焼結温度の低温化も重要である．

（2）　SiC の特徴を生かした用途開発

構造用セラミックスを金属部品との置換や代替として適用した分野は，すぐにコストの問題にぶつかった．もし SiC でなければならない用途であれば，コストの問題は軽くなる．金属は別にしても豊富な経験と安価なアルミナに対抗するにはこれしかないであろう．

今一度 1.1.2 で述べた SiC の特徴を考えてみると，耐熱性，絶縁体でありながら高熱伝導，硬くて強度は高温で低下せずむしろ上昇する，耐クリープ性，耐食性などの性質において使われていることがあげられる．また，電気的にはバンドギャップが大きく，原子力分野では耐照射損傷や低放射化などの特徴を有している．

他のセラミックスの比較例として，セラミックガスタービンのような部品として使う場合，SiC の最大の競争相手である Si_3N_4 との比較を図 1.1.4 に示す．これからどの性質が Si_3N_4 よりも優位であるかがわかるが，どのような環境で使われるのか，また，どの性質が重要であるかによっては違った図になりうる．

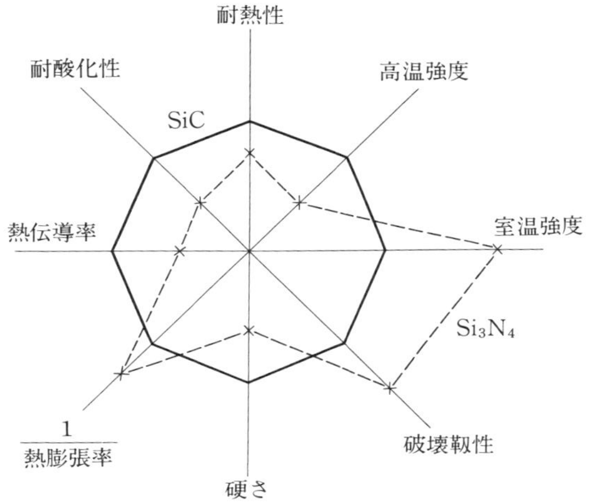

図 1.1.4　SiC と Si_3N_4 の比較（実線：SiC，破線：Si_3N_4）[8]

（3）　基礎研究の重要性

基礎研究が応用にいかに重要であるかはいうまでもない．最近の SiC 焼結体は，Prochazka が B+C を助剤とした常圧焼結に成功したことに負うところが大きい．ただし焼結メカニズムは十分に明らかにされたとはいえず，焼結温度の低温化や焼結体の組織抑制，特性向上のためにも，さらなる研究が期待されている．

単結晶育成に関しては，最近の半導体パワーデバイスのブームによって 4 H，6 H の大きなものが市販されるようになった．一方，β(3 C)-SiC は立方晶であることから，半導体の方面ばかりでなく，基礎研究とくに機械的性質の研究上，寸法の大きなものが要望されている．CVD-SiC 法で〈111〉軸方向に成長させたものはかなり大きいものが市販されているが，優先配向した多結晶体である．3 C の単結晶としては，直径 10 mm，長さ 4 mm のものが昇華法によって作られたというが，再現性がないようである[7]．

焼結やクリープ等の研究では，拡散定数の値を使うことが多い．SiC では，原子の拡散係数が小さいことから，高温での測定となり，測定が難しくなっている．半導体関係および原子炉の核分裂生成物に関する元素の拡散定数は，比較的データがあるが，その他のものが少なく，整備が必要となっている．

(4) 高強度化[8)]

市販の SiC の室温曲げ強度は大体 500 MPa で，Si_3N_4 では 900 MPa である．Si_3N_4 では 1000 MPa，ワイブル係数 $m=20$ という高度な製品もでている．一方，SiC についても 1000 MPa 級が報告されている．日立の報告[9)]では粒径 1.5 μm のホットプレス焼結体の 3 点曲げ強度は 1050～1250 MPa である．さらに野瀬らの報告[10)]では B と C 添加ホットプレス焼結体で，室温曲げ強度 1000 MPa となっている．この場合は焼結後に加熱処理をすることにより強度を向上させている．これらの事実から，現在 500 MPa の SiC 焼結体の強度も組織制御や加熱処理によって 1000 MPa 以上のものが期待できることになる．

(5) 高 靱 化

二兎を追うものは一兎も得ずで，高強度化とくに高温強度の向上と高靱化は両立しないと考える方があたり前かも知れない．しかし，Si_3N_4 焼結体の高靱化で使われた組織制御法は SiC にも応用でき，強度は保ったままで，ある程度の高靱化は可能となろう．

半導体とプラスチックの発明は第二次大戦後の社会に革命といえる位のインパクトを与えた．一方，セラミックスの分野でこれらに匹敵するようなインパクトを与える可能性のものはないであろうか．まず高温超電導で，次にすでに幾分実用化の進んでいるオプトエレクトロニクスがあげられよう．それに脆いというセラミックスに延性が付与されたら大きなインパクトになると思う．この 3 番目の命題は希望的観測であって，原理的に不可能なのかもしれない．しかし，超塑性の分野では高温でではあるがかなりの延性現象が現れている．すなわち超高圧 HIP 焼結により作製された B 添加 SiC 焼結体は 1800°C の引張試験で 2 倍以上のびている[11)]．

もう一つ高靱化で考えられるのは SiC 繊維の利用，あるいは複合化である．

参 考 文 献

1) N. N. Ault and J. T. Crowe, Am. Ceram. Soc. Bull., **72** (1993) 114
2) "Gmelin Handbook of Inorganic Chemistry" Springer-Verlag, Berlin, Vol. B2 (1984), Vol. B3 (1986)
3) R. W. Olesinki and G. J. Abbaschian, Bull. Alloy Phase Diagrams, **5** (1984) 486, 527
4) L. A. Lay, "セラミックスの耐食性ハンドブック" (井関孝善訳, 共立出版, 1985)
5) "Properties of Silicon Carbide" (ed. by G. L. Harris, INSPEC, Inst. Elect. Eng., London, 1995)
6) T. Yano, H. Miyazaki, M. Akiyoshi and T. Iseki, J. Nucl. Mater., **253** (1998) 78
7) S. Nishino, 文献 5)の p. 163
8) 井関孝善, セラミックス, **31** (1996) 551
9) Y. Takeda, T. Kosugi, S. Iijima and K. Nakamura, Proc. Int. Symp. Ceramic Components for Engine (ed. by S. Somiya, E. Kanai and K. Ando, KTK Sci. Pub., Tokyo, 1984) p. 529
10) 野瀬哲郎, 久保　紘, 金属　臨時増刊号 (1988.10) 1
11) 篠田　豊, 若井史博, J. JSTP (塑性と加工), **41** (2000) 183

1.2　SiC 結晶構造と熱安定性

1.2.1　SiC 結晶の基本構造

SiC の構造は Si(C)の作る正四面体が頂点を共有して c 面（底面）となり，c 面の層が六方晶の c 軸方向に積み重なりをしていると見るとわかりやすい（図 1.2.1）．a 軸（Si(C)-Si(C)間）の距離は 0.3080±0.0001 nm（Si-C は 0.1886 nm）とされる．c 面の積み重なりの仕方は 2 通りあり，ABC と C′B′A′ である（図 1.2.2）．A（B，C）層の上には並進して B（C，A）層が重なり，並進と 60° 回転して C′（B′，A′）層が重なる．すなわち，A → B → C，C′→ B′→ A′ および A⇄C′，B⇄A′，C⇄B′ の積み重なり方があって，その組み合わせで多数の結晶構造ができる．ABC（または A′B′C′）の積層は立方晶になり，A⇄C′（B⇄A′，C⇄B′）が混じると六方晶（菱面体晶）の単位格子を作る[1-3]．

SiC の結晶構造が多数あることは多形（ポリタイプ）現象として知られ，実際に 80 以上の多形が報告されている[4,5]．このうちで，工業材料としての焼結体や単結晶を扱うときに重要なのは 2 H，3 C，4 H，6 H と 15 R である．2 H

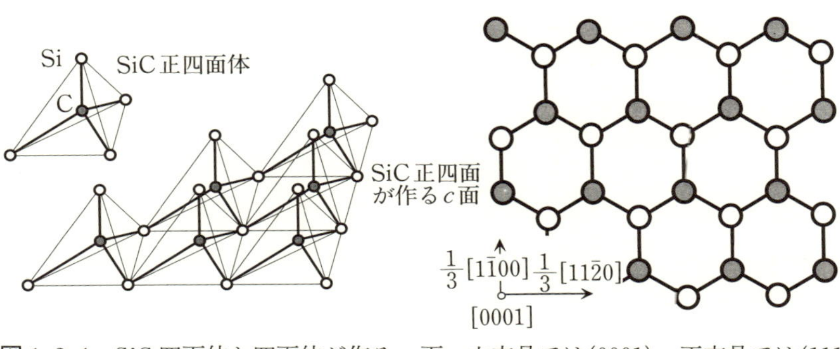

図 1.2.1　SiC 四面体と四面体が作る c 面．六方晶では(0001)，正方晶では(111)

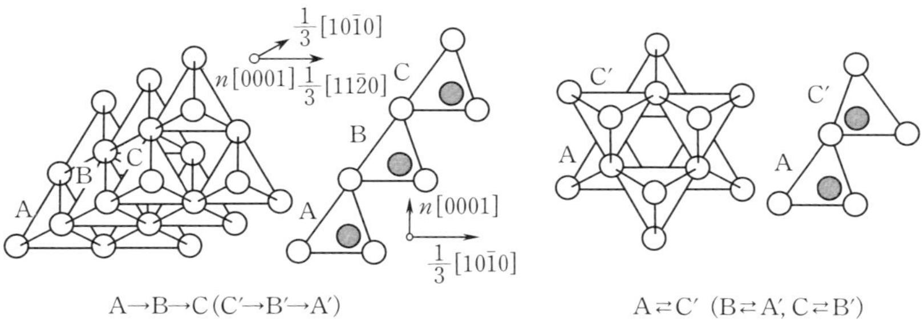

図 1.2.2　SiC の c 面の積み重なり方

等と表したのは Ramsdell の表記法に従ったもので，H は六方晶，C は立方晶，R は菱面体晶で，数字は単位胞の層の数である．これら 5 つの多形の積層と結晶学的データを表 1.2.1，1.2.2 に示した．例えば，4 H は A → B → A′ → C′→(A →) と繰り返される．表記法には他に Hägg と Zhdanov によるものがある．前者は ABC を＋で C′B′A′ を－で，後者では回転（A⇄C′ の積層）するまでの積層の数で多形の構造が表されている．4 H は各々＋＋－－と 22 とになる．図 1.2.3 に代表的な SiC の多形である 3 C と 6 H の単位胞を示した．多形のうち，3 C を β 型，それ以外の非等軸晶をすべて α 型と呼んでいる．

表 1.2.1　多形の積層

	Ramsdell	Hägg	Zhdanov
2 H	AC′(AC′…)	＋－	11
3 C	ABC(AB…)	＋	∞
4 H	ABA′C′(AB…)	＋＋－－	22
6 H	ABCB′A′C′(AB…)	＋＋＋－－－	33
15 R	ABCB′A′BCAC′B′CABA′C′(AB…)	$(＋＋＋－－)_3$	$(23)_3$

表 1.2.1 に示す以外にも，例えば，21 R や 141 H など数多くの長周期の多形がある．このような長周期の繰り返しを結晶が記憶するのは不思議である．SiC の成長が c 軸方向のらせん転位の周りに成長するとすると，成長する層はらせん転位の有限倍に相応した厚みになり，らせん転位が結晶の周期を記憶

表 1.2.2　多形の結晶学データ[4)]

	空間群	格子定数* (nm)	原子位置 原子：Wykoff 表示，座標 *xyz*
2 H	P 63 mc	*a*=0.3081	Si：2 b，1/3 2/3 0
		c=0.5031	C：2 b，1/3 2/3 3/8
3 C	F 43 m	*a*=0.43589	Si：4 a，0 0 0　C：4 c，1/4 1/4 1/4
4 H	P 63 mc	*a*=0.3081	Si(1)：2 a，0 0 0　Si(2)：2 b，1/3 2/3 1/4
		c=1.0061	C(1)：2 a，0 0 3/16　C(2)：2 b，1/3 2/3 7/16
6 H	P 63 mc	*a*=0.3081	Si(1)：2 a，0 0 0　Si(2)：2 b，0 0 1/2
		c=1.5092	Si(3)：2 b，1/3 2/3 5/6　C(1)：2 a，0 0 1/8
			C(2)：2 b，1/3 2/3 7/24　C(3)：2 b，1/3 2/3 23/24
15 R	R 3 m	*a*=0.3073	Si(1)：3 a，0 0 0　Si(2)：3 a，0 0 2/15
		c=3.770	Si(3)：3 a，0 0 6/15　Si(4)：3 a，0 0 9/15
			Si(5)：3 a，0 0 13/15　C(1)：3 a，0 0 3/60
			C(2)：3 a，0 0 11/16　C(3)：3 a，0 0 27/60
			C(4)：3 a，0 0 39/16　C(5)：3 a，0 0 55/60

* JPCDS 29-1126，29-1129，29-1127，29-1128，39-1196

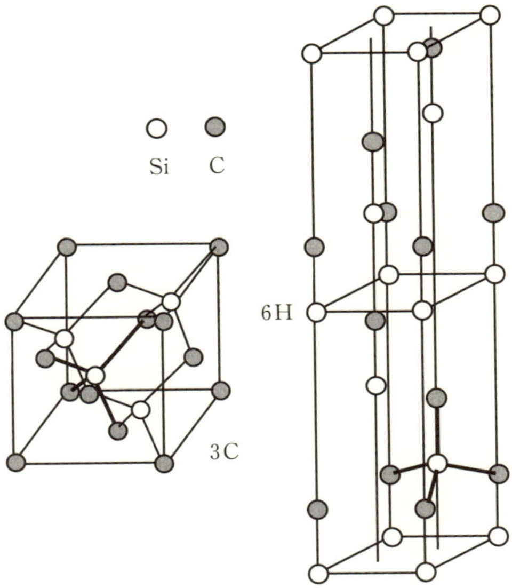

図 1.2.3　3 C と 6 H の単位格子

し，長周期の積層が繰り返し出現すると説明されている（Frank の説明[2]）．

1.2.2　多形の安定性

SiC の多形間の生成エネルギーがイオン結合の凝集エネルギー，共有結合の凝集エネルギーと格子の振動エネルギーの和と考え，SiC の構造をみると，多形間の生成エネルギーの差はごく僅かであることが推測できる．最近の分子軌道法の計算結果によると，エネルギーの高い順から，2 H，3 C，6 H～4 H～15 R となっている（図 1.2.4）[6]．2 H から 15 R までの差は約 4 meV/atom で，SiC の昇華の活性化エネルギー約 5500～6000 meV/atom（553～610 kJ/mol）に比べ極めて小さい．

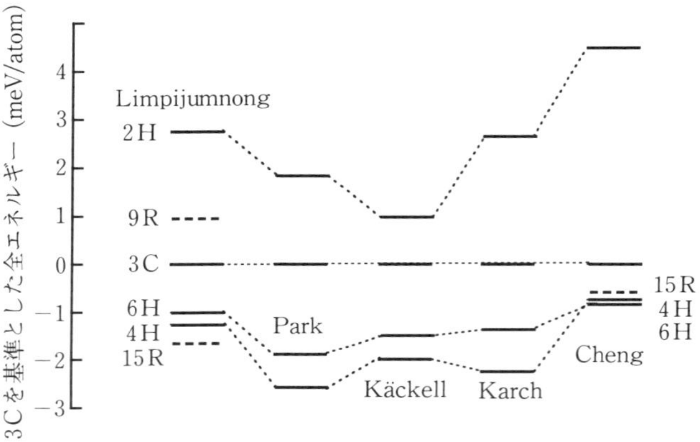

図 1.2.4　多形間のエネルギー差（S. Limpijumnong[6] から引用）

多形の安定性は温度で変化する（図 1.2.5）[7,8]．図 1.2.5 は SiC の結晶が昇華法（レーリー法）や Si 融液から晶出するときの多形の出現する確率である．これから，1300～1600°C では 2 H，1800～2000°C では 4 H と 6 H，それ以上では 6 H と 15 R や長周期構造が安定であると考えられる．3 C は 1600～1800°C で過飽和気相から凝集するときに，結晶成長の初期で生成しやすく，合成した

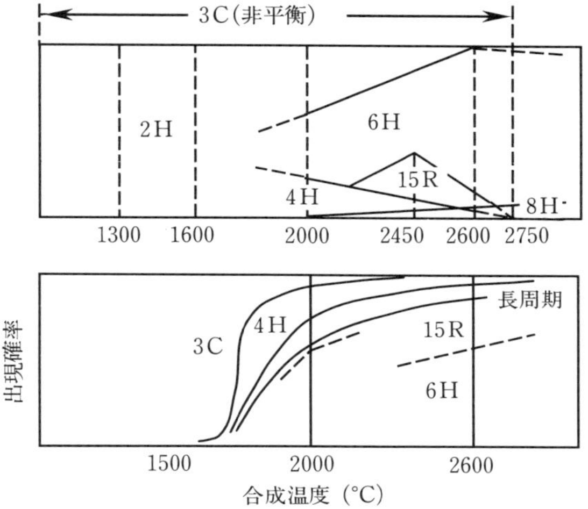

図 1.2.5　SiC 多形の熱安定性
（上）Knippenberg[7] と（下）猪股[8] の結果

粉末や CVD で合成した SiC の主成分として出現する．Knippenberg[7] は 3C を準安定相としている．

SiC 焼結体と原料である SiC 粉末も α 型と β 型に区別している．α 型粉末はアチソン炉で SiO_2（シリカ）と C（黒鉛）の粗粒子を 2400°C以上の高温に加熱して合成する．6H に僅かに 4H や 15R が含まれる結晶である．β 型粉末は SiO_2 と C の微粉末を 1600〜1800°Cに加熱し合成する．3C がほとんどで，2H あるいは積層欠陥が痕跡程度含まれる．

圧力が結晶の安定性に影響することは一般に起こる．SiC 結晶に関しては，数 GPa の圧力下で α-SiC が β（3C）へ，または 6H と 3C が長周期構造に転移したことが報告されている．しかし，これらの転移を否定する例もあり，まだよくわかっていない[9]．高圧ではモル体積の小さい多形が安定になるが，格子定数や密度の測定データを詳細に検討してみると，多形間のモル体積に差があると断定できない．ただし，超高圧下では SiC は構造を大きく変えるようである．ショックウェーブによって SiC を 105 GPa の超高圧下に圧縮すると，SiC は 15％の体積収縮をすることが見出された．NaCl 型結晶の SiC の存在が予測されている[10]．

SiC 結晶に他の元素が固溶すると，多形の安定性に影響を与える．Al と N は代表的なもので[11,12]，各々Si と C を置換し，固溶限界は 1～2.8 mass％と 0.4 mass％程度であり（5.1 付表を参照），4 H と 3 C を安定化する．AlN と SiC は全域で固溶し 2 H 構造になる[13]．この固溶体は固溶温度以下で焼鈍すると相分離を起こし，粒内にサブ構造を作る[14]．

1.2.3　多形間の転移

多形間で起こる転移はその安定性に沿った方向に起こることが普通である．転移は A⇄C′（B⇄A′，C⇄B′）によって積層が異なって繰り返し変化することで起こる．このような構造の変化を伴う結晶の転移はそう簡単には起こらなく，通常観測されるのは粉末の焼結や，焼結体が粒成長するときで，気化-凝縮，溶解-析出あるいは物質移動に伴ってより安定な多形に転移する[3]．

もうひとつは，SiC の(0001)(c) 面（3 C では(111)面）に発生する部分転位により積層欠陥（A⇄C′ 変化）ができることによるもので，積層が反転して他の多形に転移する[2]．転位は c 面上にあり，フランク-リード源から応力で発生すると考える．バーガースベクトル $1/3\langle 11\bar{2}0\rangle$（3 C では $1/2\langle 1\bar{1}0\rangle$）を持ち，以下のように部分転位に分解して積層欠陥をつくる．

$$\frac{1}{3}\langle 11\bar{2}0\rangle \rightarrow \frac{1}{3}\langle 10\bar{1}0\rangle + \frac{1}{3}\langle 01\bar{1}0\rangle \quad \left(\frac{1}{2}\langle 1\bar{1}0\rangle \rightarrow \frac{1}{6}\langle 2\bar{1}\bar{1}\rangle + \frac{1}{6}\langle 1\bar{2}1\rangle \cdots 3\mathrm{C}\right) \tag{1.2.1}$$

部分転位の一方は Si をコアに持ち動きやすく，面内を掃いて一周すると，C をコアに持ち動きにくいもう一方の転位の障害に出合う．障害を避けて上の c 面に上昇し，再び増殖していく．これを繰り返すときに層の繰り返しが変化し，多形の転移が起こると説明されている（Pirouz のメカニズム[2]）．

1.2.4　単結晶と焼結体に起こる転移[3)]

低温で合成された，2 H の単結晶を 1800°Cで加熱処理すると 2 H → 3 C，あるいは 2 H → 3 C → 4 H → 6 H と固相で形を変えずに転移することが観測されている．いずれも，多形間のエネルギーの低い方へと転移していることがわかる．3 C の結晶を 2100°C以上に加熱すると 6 H や 15 R に転移することが多数報告されている．転移の活性化エネルギーが 560～665 kJ/mol で，昇華のそれ 553～610 kJ/mol にほぼ一致していることから，昇華-再結晶で転移したと思われる．また，昇華再結晶法で初期に晶出した 3 C が 1400°Cで 2 H や 4 H に転移することも見出されている．3 C が安定相でないことの根拠のひとつである．4 H や 6 H の単結晶は高温で安定なので転移しにくい．

焼結体中に起こる転移は通常粒成長を伴っている．焼結体は添加物や不純物を含むので様相はやや複雑である．6 H-SiC 粉末を B と C を添加して焼結しても，そのまま 6 H で転移はしない．30 気圧の N_2 雰囲気下で 6 H を 2500°Cに加熱したり[12)]，金属窒化物を混合して 2200°C以上に熱すると[15)]，6 H → 3 C の逆の転移が起こる．窒素が SiC に固溶し，3 C が安定化したためである．β(3 C)-SiC 粉末を B と C で焼結すると積層欠陥を多量に含む 3 C を主成分とする焼結体になるが，3 C は焼結温度で安定でなく，粒成長が起こると 6 H や 15 R に転移していく．

6 H または 3 C-SiC 粉末が Al を含むと粒子の一部分が 4 H に転移する．Al の一部が固溶して 4 H が安定化するためである．焼結体中の SiC 粒子の形状は多形で異なることがある．4 H に部分的に転移した SiC 粒子は板状に成長する．3 C 粉末を焼結した焼結体の粒子は積層欠陥を多く含み，おそらく積層欠陥が結晶に異方性を与えていると思われ，板状になる．2 H と 6 H の粒子は異常粒成長していなければ等軸的（球状）である[16,17)]．

SiC 焼結体の多形の含有量あるいは転移は粒成長速度や粒子の形状に関連しているので重要である．SiC 粉末の焼結法に関する特許が α と β 型で別々に取られていたので，多形は関心の高い SiC の特性であった．焼結技術に関するなら，焼結温度で安定でない 3 C-SiC 粉末では粒成長が促進され，焼結し難いことは留意する必要がある．この粒成長は焼結完了とともに急速に起こる．焼結温度の厳密な管理が必要となってくる．

焼結体中の多形含有量の分析方法は 5.2 に，また，3 C-SiC 中の積層欠陥の定量分析法は 1.3 にまとめられている．

参考文献

1) N. W. Jepps and T. F. Page, J. Cryst. Growth & Characterization, **7** (1983) 259
2) P. Pirouz and J. W. Yang, Ultramicroscopy, **51** (1993) 189
3) 田中英彦, セラミックス, **31** (1996) 555
4) P. T. B. Shaffer, Acta Cryst., **B25** (1969) 477
5) 伊藤純一他, 分析化学, **42** (1993) 445
6) S. Limpijumnong and W. R. L. Lambrecht, Phys. Rev. B, **57** (1998) 12017
7) W. F. Knippenberg, Philips Res. Rept., **18** (1963) 161
8) 猪股吉三 他, 窯業協会誌, **77** (1969) 130
9) E. D. Whitney and P. T. B. Shaffer, High Temp. High Press, **1** (1969) 107
10) T. Sekine and T. Kobayashi, Phys. Rev. B, **55** (1997) 8034
11) S. Shinozaki et al., Am. Ceram. Soc. Bull., **64** (1985) 1389
12) A. R. Kieffer et al., Mat. Res. Bull., **4** (1969) S 153
13) I. B. Cutler et al., Nature, **275** (1978) 434
14) S. Y. Kuo and A. V. Virkar, J. Am. Ceram. Soc., **73** (1990) 2640
15) 田中英彦他, 日セラ論文誌, **99** (1991) 376
16) Y. Zhou et al., J. Am. Ceram. Soc., **82** (1999) 1959
17) H. Tanaka et al., J. Am. Ceram. Soc., **83** (2000) 226

1.3　SiC の積層欠陥

1.3.1　積層欠陥の構造

SiC には 200 種類にも及ぶ多形が存在することが知られている．これらを 2 つに大別すると，閃亜鉛鉱型の構造をとる β(3 C)-SiC と，六方晶または菱面体晶のいずれかの結晶系に属する α-SiC である．β-SiC は〈111〉方向に 4 つの積層面を持っており，α-SiC は〈0001〉方向に 2 つの積層面を持っている[1]．積層欠陥（stacking fault）はこれらの積層順序が狂った部分のことで 2 次元の面欠陥である．積層欠陥は形成メカニズムによって成長不整（growth fault）と変形不整（deformation fault）に区別される[2,3]．また，層が増加する場合はエクストリンシック（extrinsic）欠陥，減少する場合はイントリンシック（intrinsic）欠陥と呼ばれている．積層欠陥が存在する結晶と正常な結晶とのエネルギー差が小さいため，実験的にも計算的にもその存在を確認することは難しく，研究例は少ない状況である．しかし，SiC に内在する積層欠陥は，機械的物性や電気的物性と深い関わりを持っており，その高温挙動を理解することは材料合成や物性制御といった観点から極めて重要である[4−6]．

SiC は Si と C の最密充塡面が 2 枚一組になって，これらが異なる周期で積層することにより成り立っている．β-SiC の結晶構造は，SiC_4 または CSi_4 の四面体の中心原子が同一面に配列した層を各々a 層，b 層，c 層とすると，

abcabcabcabcabc ……………………………①

の順序で構成されている．もし，ここで図 1.3.1 で示したように β-SiC の結晶構造が

abcabcabcbacbacba ……………………………②

の順序で，

abcabcabcbabcabcabc ……………………………③

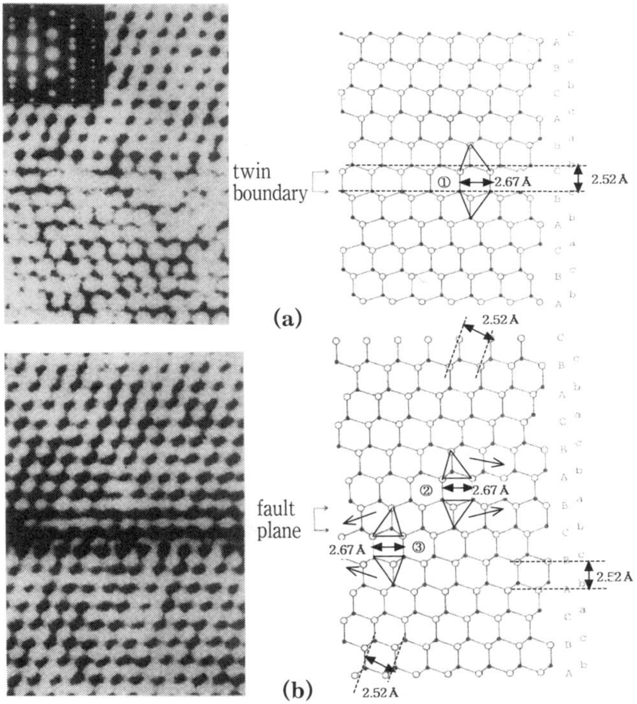

図 1.3.1　β-SiC に生成した積層欠陥の HREM 像
（a）ツイン欠陥，（b）変形不整，積層欠陥によるモデル

に変わった場合，②の c の部分を twin boundary，②の結晶を双晶と呼ぶ．また，③の cb 部分を変形不整と呼んでいる[1]．

欠陥の構造を具体的に観察するために図 1.3.1 の欠陥面①，②，③の SiC_4 また CSi_4 四面体の部分を立体的に図 1.3.2 に描いた．(111)面と欠陥面，また$(\bar{1}11)$面と欠陥面は，各々19.47° の角度をなしている．図の中央部分の欠陥面では 2.67 Å の SiC_4 また CSi_4 の正四面体の一面の高さに相当する新しい面が生成する．これは後節で述べる粉末 X 線回折での 33.6°（2θCuKα）ピークに相当する欠陥面である[7]．また，この欠陥面は α-SiC に対応する面にもなる(2 H と 4 H では(1000)面，15 R では(101)面など)．β-SiC と同じ結晶構造を

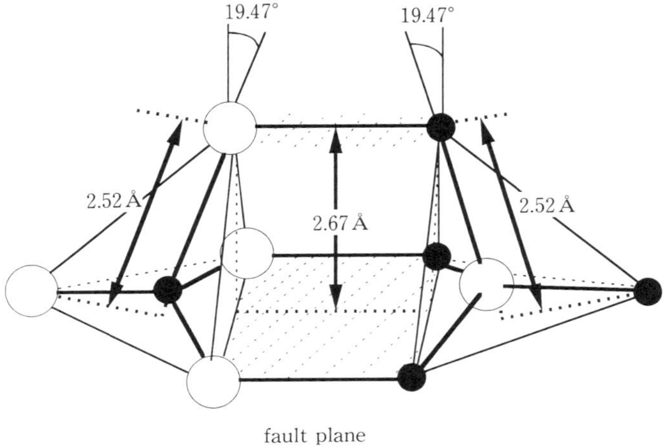

図 1. 3. 2　図 1.3.1 の①，②，③の欠陥面の立体図

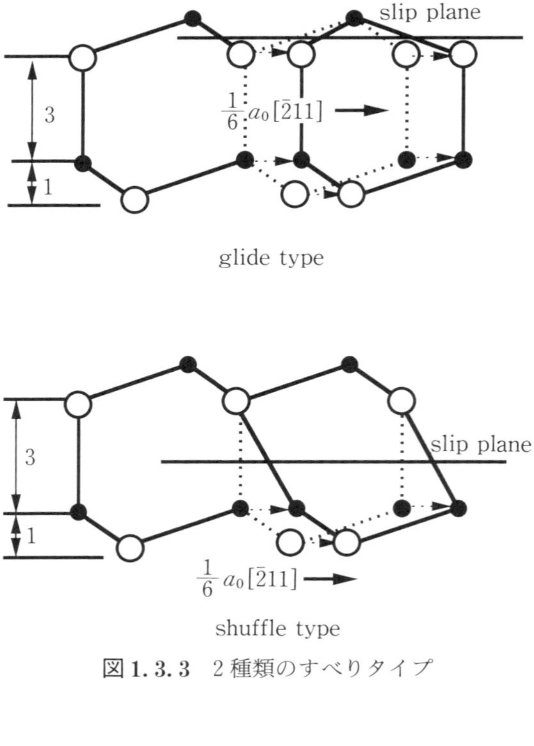

図 1. 3. 3　2 種類のすべりタイプ

持つ ZnS やフラーレンなどの積層欠陥についてもその面間隔は同じ観点から解析できる．

積層欠陥は変形によっても生じる．SiC における転位のバーガースベクトルは β-SiC では $1/2\langle\bar{1}10\rangle$，$\alpha$-SiC では $1/3\langle 1\bar{2}10\rangle$ である[3,8]．転位のすべり面は，各結晶の最密充填面であり，β-SiC では{111}面，α-SiC では{0001}面である．図 1.3.3 は β-SiC 結晶の基本構成要素である SiC_4 または CSi_4 正四面体を[110]方向から観察した図である．四面体中心原子（図 1.3.3 の黒丸）が作る層面と上下の層（白丸）との間隔は 3：1 になっており，この間隔の広い場所で刃状転位が終わる場合をシャッフル型（shuffle type），狭い場所で終わる場合をグライド型（glide type）と呼ぶ[9]．転位の拡張（部分転位）はシャッ

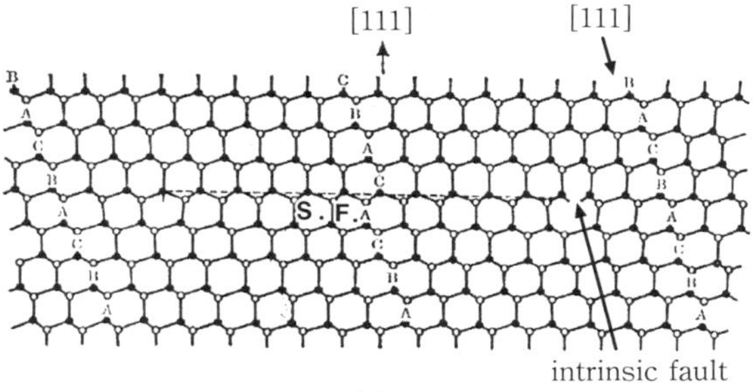

(a)

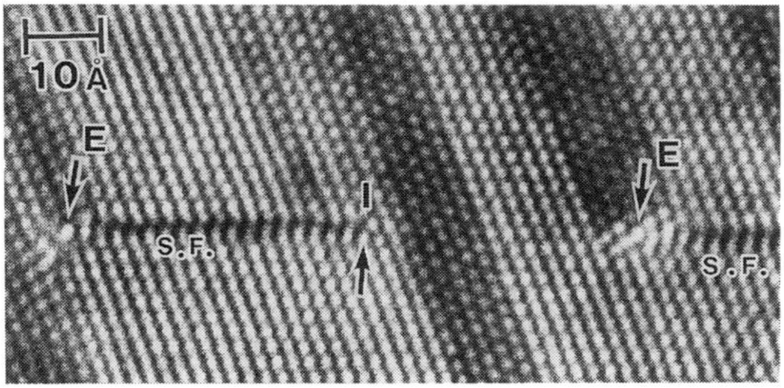

(b)

図 1.3.4　積層欠陥の（a）図解と（b）HREM 像（intrinsic と extrinsic）

フル型よりグライド型で起こりやすいことが知られている[9,10]．図 1.3.4 に，β-SiC 格子中にグライド型の拡張転位が起こった場合の(a)模式図と(b)高分解能透過型電子顕微鏡写真を示した．図 1.3.4 の中央に左から右へ走るグライド型の刃状転位が存在し，それが終わった地点で$[1\bar{1}\bar{1}]$方向に intrinsic または extrinsic 積層欠陥が発生することが観察される[3]．このように，$\{111\}$面の積層欠陥は他の$\{111\}$面の積層欠陥を誘発するため，積層欠陥は偏って存在しやすくなる．

1.3.2　粉末 X 線回折による評価

積層欠陥には周期性がないため，粉末 X 線回折測定から単位格子の形，多重度，構造因子などを決めることができない．しかし，立山らは粉末 X 線回折の一般強度式を変形して，Rietveld 法により積層欠陥が関与する反射から関与しない反射まで統一的に処理して，積層欠陥の構造解析を行った[11]．基本積層構造が abcabc となるのを正順，acbacb となるのを逆順とした場合，正順と逆順の不整の確率が異なるとして粉末回折プロファイルを計算し，実測回折パターンとフィッティングした．これに対して 2 H と 3 C が混在するモデルでは実測回折パターンとのフィッティングが悪かった．この結果によると，33.6°（2θCuKα）のピークは積層欠陥に由来するピークと解釈され，積層欠陥の量が増加するにつれてピークの高さが増加した[1,7,11,12]．また，41.4°（2θCuKα）の回折ピークは積層欠陥の量が増加するにつれてブロードになるとともに，その高さは減少した．この結果から，積層欠陥密度の定量解析に応用する方法を考案した．すなわち，41.4° ピーク強度に対する 33.6° ピーク強度の比を X として，積層欠陥密度 Y を次式で表した[7]．

$$Y=\frac{X}{aX+b}+cX^3 \qquad (1.3.1)$$

ここで，a，b，c はそれぞれ定数で，$X<1$ の場合，$a=6.82\times10^{-2}$，$b=2.27\times10^{-2}$，$c=1.717$ である．積層欠陥量が多い $X>1$ の場合，X の値は積層欠陥の量と比例する値として積層欠陥密度の近似値として使用することが可能である[13]．

1.3.3　積層欠陥の生成機構

シリカの炭素還元法は β-SiC のみの微粉末を得ることができ，プロセス的にも経済的にも有利であるため，工業的大量生産に利用されている．しかし，炭素還元法による SiC の生成メカニズムと生成形態，積層欠陥の生成原因などについては，十分に理解されていない．積層欠陥の生成反応は SiC 生成反応に密接な関係があるので，SiC 生成反応を系統的に理解することは，積層欠陥の生成機構の解明においても役に立つと考えられる．

（1）　合成粉末と積層欠陥の存在

SiO_2 とカーボンブラック（C. B.）から合成した β-SiC 粉末には球状粒子とウイスカが共存している．ウイスカにはそれらの成長方向に垂直な方向に積層欠陥が存在するのに対し，球状粒子には積層欠陥がほとんど見えない[13]．2 つの電子線回折パターン（図 1.3.5）には大きな差が見られる．ウイスカの像では欠陥構造特有の線状回折線（streak）があるが，球状粒子には多結晶の特徴である無秩序なスポットが観察されるのみである．ウイスカの streak の方向はウイスカの主成長方向である〈111〉方向に平行，すなわち，(111) 面の積層欠陥に垂直な方向で観察される．合成粉末における形態が異なる粒子の存在は，生成反応に少なくとも 2 つ以上の反応経路が想定され，反応条件によって生成物の形態変化が起こりやすいことを示唆している[13–15]．

（2）　SiC 生成機構

SiO_2-C. B. 系の具体的な反応経路を調べるために，Si 原料として Si，SiO，SiO_2 層の上に C. B. を積層してモデル実験を行った．SiO_2 層と C. B. 層を反応させた場合，C. B. 層のみで SiC が生成し，SiO および CO ガスの発生による重量減少が観察された（表 1.3.1）[13]．生成した SiC は球状とウイスカが混在した形態を持つことから，2 種類の反応経路が想定された．一方，Si 原

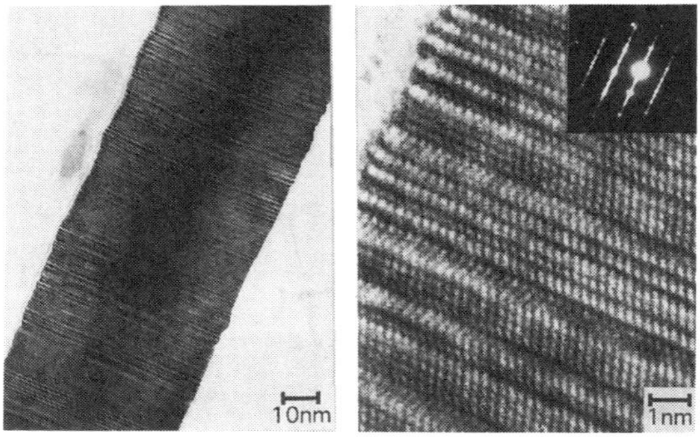

(a)

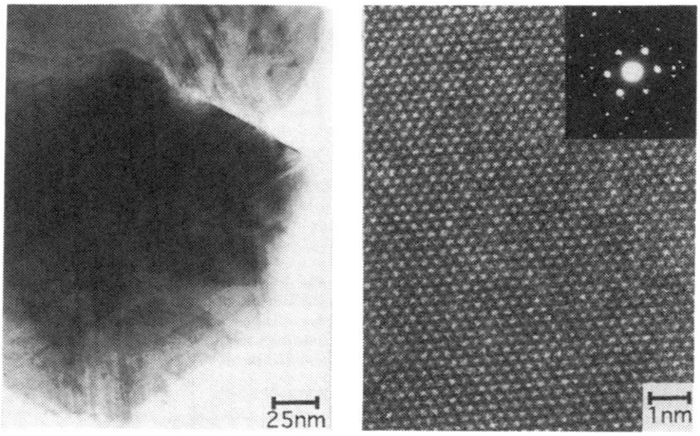

(b)

図 1. 3. 5　(a)ウイスカと(b)球状粒子 SiC の TEM 像と電子回折像

表 1. 3. 1　積層 C と種々の Si 源からできた生成物と含まれる積層欠陥

Si source	firing condition	contact method and reaction product	$\frac{I_{33.6^\circ}}{I_{41.4^\circ}}$	reaction route
Si	1400°C −2 h	$\frac{\text{C. B.}}{\text{Si}} \rightarrow \frac{\text{C. B.}+\text{SiC}}{\text{SiC}}$	2.54	⟨1⟩, ⟨2⟩
			0.24	⟨2⟩
SiO	1420°C −3 h	$\frac{\text{C. B.}}{\text{SiO}} \rightarrow \frac{\text{C. B.}+\text{SiC}}{\text{SiC}+\text{SiO}_2+\text{Si(tr)}}$	2.50	⟨1⟩, ⟨2⟩
			—	⟨2⟩
SiO_2	1420°C −3 h	$\frac{\text{C. B.}}{\text{SiO}_2} \rightarrow \frac{\text{C. B.}+\text{SiC}}{\text{SiO}_2(\downarrow)}$	1.99	⟨1⟩, ⟨2⟩
			—	—

料としてSi層とC.B.層を使用した場合は，Si層とC.B.層に同時にSiCが生成した．Si層に生成したSiCはC.B.層からCの拡散によって生成したと考えられ，固-固相反応により積層欠陥が少ない球状粒子が存在していた．しかし，C.B.層に生成したSiCは主にSi粒子の表面酸化層（SiO_2）とCの反応によって起こり（図1.3.6），SiO_2 とC.B.の場合とほぼ同じ形態と積層欠陥密度を示した．SiO層とC.B.層の反応ではSiOの不均化反応によって，まずSiと SiO_2 が生成し，C.B.の層には SiO_2 とC.B.の反応で，またSiOの層にはSiとC.B.の反応でSiCが生成したと考えられる．以上の結果より，SiO_2 とCの反応では，次の反応式(1)と(2)による固-気相反応（経路〈1〉）と反応式(3)，(4)，(5)による固-固相反応（経路〈2〉）によってSiCが生成し，ウイスカと球状粒子が同時に生成したと考えられる[13-15]．

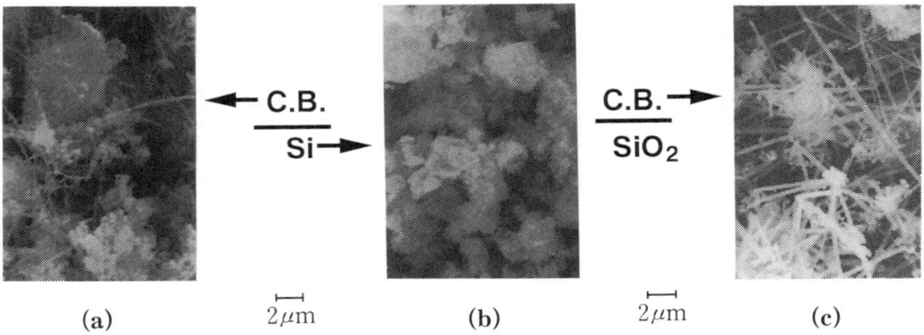

図1.3.6　積層Cと Si 源からできた β-SiC 粉末の SEM 像
(a)C.B.層に生成，(b)Si層に生成，(c)C.B.層に生成

$$SiO_2(s)+C(s)\rightarrow SiO(g)+CO(g) \cdots\cdots(1)$$
$$SiO(g)+2C(s)\rightarrow SiC(s)+CO(g) \cdots\cdots(2)$$
〈1〉

$$SiO_2(s)+2C(s)\rightarrow Si(s,l)+2CO(g) \cdots\cdots(3)$$
$$2SiO(s)\rightarrow Si(s,l)+SiO_2(s) \cdots\cdots(4)$$
$$Si(s,l)+C(s)\rightarrow SiC(s) \cdots\cdots(5)$$
〈2〉

(3)　積層欠陥の生成挙動

積層欠陥の生成は反応速度にも深い関係があると考えられ，還元剤の種類および SiO ガスの発生速度を変化させてみた．還元剤として C. B. の代わりに還元力が落ちるグラファイトを使用した場合，積層欠陥が少ない（結晶性が良い）大きな粒子が合成された．さらに，出発原料 SiO_2 に対する C. B. の量を増加（SiO_2 に対する還元力を増加）すると，積層欠陥密度が高い（ウイスカが多い）粒子が合成された[14]．また，積層欠陥の生成量は，合成温度と反応時間の変化に対しては大きい変化が見られなかったが，昇温速度に敏感な変化を示した（図 1.3.7）[13]．昇温速度が減少するに従って積層欠陥の量は急激に減少し，結晶性の高い粉末が合成された．これは 1000°C以上から発生する SiO ガスに起因すると考えられる．SiO ガスの安定な供給は，反応経路を支配することより生成ウイスカのアスペクト比を下げ，結晶性の増加を促したと考えられる．一度形成された積層欠陥は，その合成温度で熱処理時間を延長してもほとんど消滅しなかった．

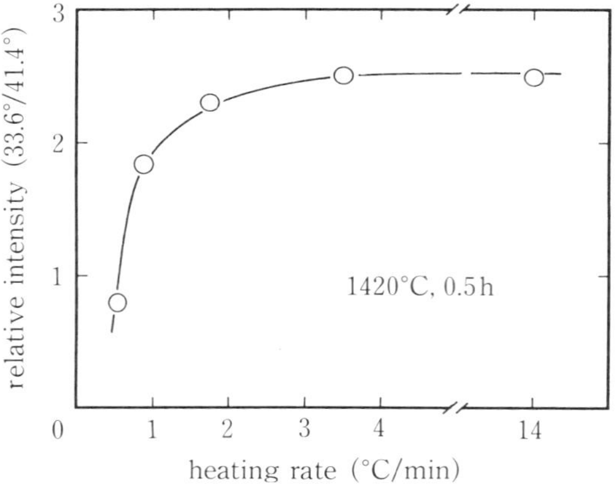

図 1. 3. 7　反応温度 1420°Cまで，異なる昇温速度下で生成した積層欠陥量

1.3.4　積層欠陥の消滅

（1）　積層欠陥の消滅挙動

β-SiC に内在する積層欠陥は，3C が安定な温度範囲において熱処理により

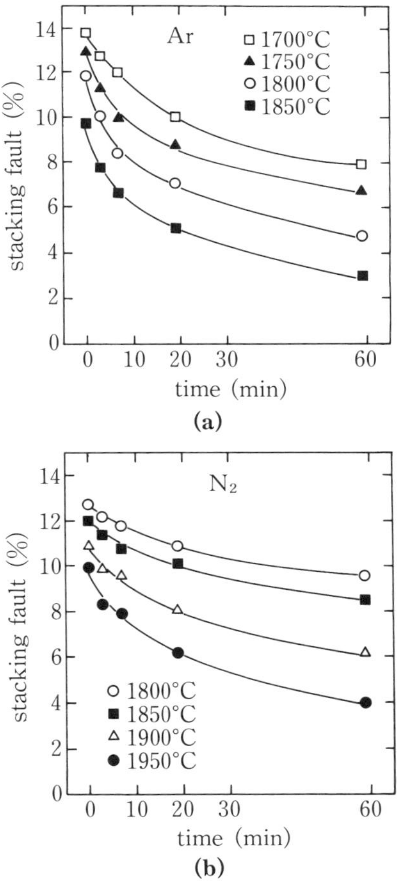

図 1.3.8　一定温度の（a）Ar 下と（b）N_2 下で生成した SiC の積層欠陥密度と加熱時間の関係

消滅する．図 1.3.8 は，さまざまな温度において(a)Ar および(b)N_2 雰囲気で積層欠陥密度が時間とともに減少する様子を示す．図 1.3.8 には N_2 中よりも Ar 中での処理によって，より速く積層欠陥が消滅してゆく様子がはっきり示されている．この事実は，実は熱処理中に固溶する N の役割に基づいている．すなわち，N，C，Si の共有結合半径はそれぞれ 0.075，0.077，0.111 nm であるから，結合距離の違いに基づく格子歪みが N の固溶によって導入され，積層欠陥の消滅速度に影響を及ぼしたと考えられる[7,15]．

(2)　粒成長と表面拡散

図 1.3.9 には，さまざまな温度において(a)Ar および(b)N_2 雰囲気で熱処理した β-SiC の平均粒径の時間変化を示す．粒成長の初期段階では，小さな粒子の急速な消滅による速い粒成長を示すが，終期段階では小さな粒子の消滅に起因する駆動力の低下によって粒成長が抑制される．相対密度はどの試料でも 59～60% と等しいが，N_2 中より Ar 中で熱処理した試料の方が大きな平均粒径を示した．雰囲気によるこの違いは比表面積においても確実に現れている[7,16]．一般に，SiC の初期焼結過程における粒成長を支配するのは表面拡散であることが知られており，これを考慮すると図 1.3.9 の結果は N_2 中熱処理時の表面拡散が Ar 中処理に比較して抑制されることを示唆している．そして，この表面拡散を制御する原因が N の固溶によって導入される格子歪みであると推察される[16-18]．

(3)　積層欠陥の消滅メカニズム

1.3.4(1)と 1.3.4(2)の結果をもとに，積層欠陥の消滅メカニズムのモデルを提案した（図 1.3.10）[7]．(a)初期の粉末充塡状態から出発して，高温における熱処理により，(b)表面拡散によるネック成長が起こり，さらに熱処理の継続によって，(c)大きな粒子が小さな粒子を食ってより大きな粒子に成長する．これらの過程で，ネック成長，粒成長ともに緻密化を伴わずに起こることに注意せねばならない．すなわち，密度はほとんど変化しない．したがって，小粒子がさらに小さくなったり，大粒子に食われて消滅すれば，当然これ

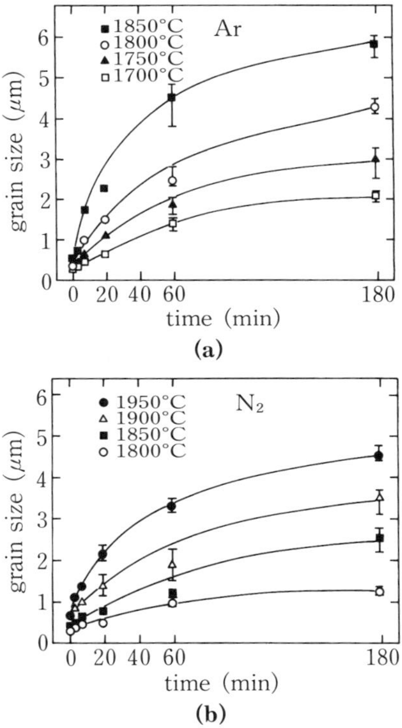

図 1.3.9　一定温度の(a)Ar 下と(b)N_2 下で生成した β-SiC の平均粒径と加熱時間の関係

らに含まれていた積層欠陥がなくなる（成長する大きな粒子に新たに欠陥が導入されることはほとんどない）．これまでの実験結果によれば，積層欠陥の消滅は粒子内で積層面（欠陥面）の直接すべりを通して起こるのではなく，むしろ表面拡散に支配される粒成長を伴った微細構造発達に従って起こる見かけ上の現象であると結論される．

（4）　積層欠陥消滅と粒成長の速度

欠陥消滅速度の解析より，Avrami-Erofeev 式の定数の値（$m=0.58$）から欠陥消滅が拡散律速により進行していることを明らかにした[17]．また，粒成長

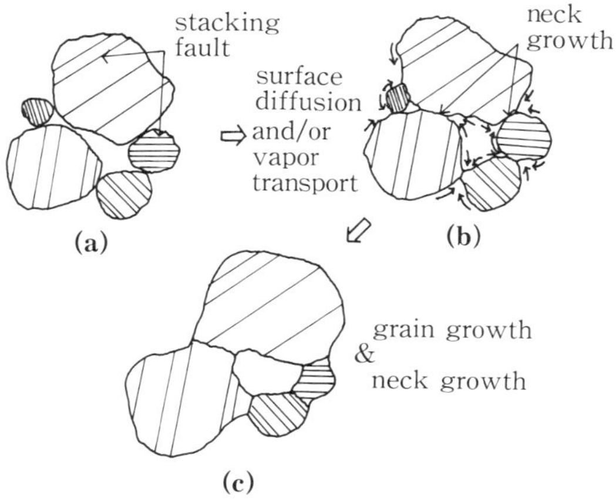

図 1.3.10　粒成長と積層欠陥の消滅メカニズムの模式図

速度は，多孔体の粒成長が表面拡散律速で起こると仮定して導出された，Nichols-Mullins の式によく従った[17]．両者の速度定数から求めた活性化エネルギーは誤差範囲内で一致している（図 1.3.11）．積層欠陥の消滅は，粒子内部で欠陥面が直接すべることによるのではなく，粒成長を伴う微細構造発達に

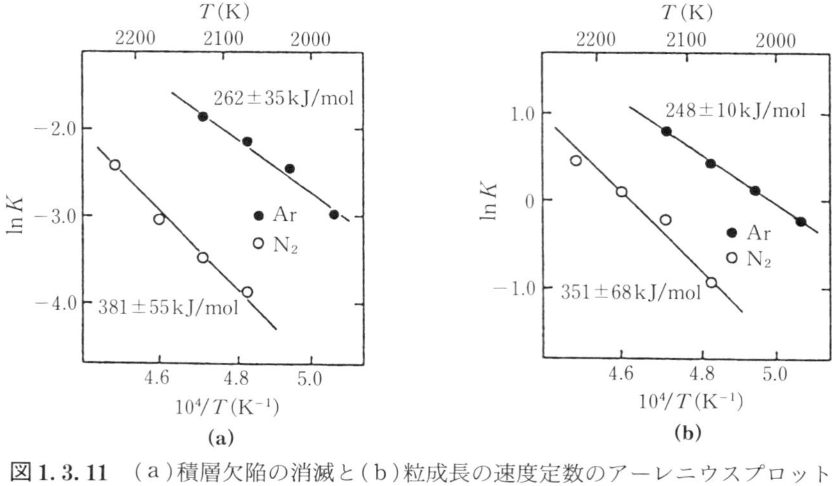

図 1.3.11　(a)積層欠陥の消滅と(b)粒成長の速度定数のアーレニウスプロット

従って起こる見かけの現象であるという前項 1.3.4(3)のモデルを支持する結果と解釈された[17].

参考文献

1) K. Koumoto, S. Takeda, C. H. Pai, T. Sato and H. Yanagida, J. Am. Ceram. Soc., **72** (1989) 1985
2) L. Wang, H. Wada and L. F. Allard, J. Mater. Res., **7** (1992) 148
3) 竹内　伸, 応用物理, **57** (1988) 1341
4) G. Sasaki, K. Hiraga, M. Hirabayashi, K. Niihara and T. Hirai, J. Ceram. Soc. Jpn., **94** (1986) 779
5) Y. C. Zhou and F. Xia, J. Am. Ceram. Soc., **74** (1991) 447
6) P. F. Becher, C. H. Hsueh, P. Angelini and T. N. Tiges, J. Am. Ceram. Soc., **71** (1988) 1050
7) W. S. Seo, C. H. Pai, K. Koumoto and H. Yanagida, J. Ceram. Soc. Jpn., **99** (1991) 443
8) N. W. Jepps and T. F. Page, Progress in Crystal Growth and Characterization, **7** (1983) 259
9) F. Louchet and T. Desseaux, Revue Phys. Appl., **22** (1987) 207
10) X. J. Ning and P. Pirouz, J. Mater. Res., **11** (1996) 884
11) H. Tateyama, N. Sutoh and N. Murakawa, J. Ceram. Soc. Jpn., **96** (1988) 1003
12) V. V. Pujar and J. D. Cawley, J. Am. Ceram. Soc., **78** (1995) 774
13) W. S. Seo and K. Koumoto, J. Am. Ceram. Soc., **79** (1996) 1777
14) W. S. Seo, K. Koumoto and S. Arai, J. Am. Ceram. Soc., **81** (1998) 1255
15) W. S. Seo, K. Koumoto and S. Arai, J. Am. Ceram. Soc., **83** (2000) in press
16) W. S. Seo, C. H. Pai, K. Koumoto and H. Yanagida, J. Ceram. Soc. Jpn., **99** (1991) 1179
17) W. S. Seo and K. Koumoto, J. Mater. Res., 8 (1993) 1644
18) H. Fusamae, W. Shin, W. S. Seo and K. Koumoto, Ceram. Transactions, **71** (1996) 463

1.4　SiCの結晶粒界と界面

1.4.1　はじめに

材料中に存在する粒界や界面はその材料の諸特性と密接に関連していることが多く，材料を設計する場合はその粒界や界面の構造について理解しておく必要がある．高温構造材として用いられるSiCは通常，焼結法によって作製されるので多くの粒界を含んでいる．また，最近は単結晶のSiCも作製できるようになり，薄膜などの基板材料としての応用も期待されている．この場合，薄膜/基板間に存在する異相界面の構造が重要になる．本章ではまず，粒界を考慮する上で基本となる幾何学的なアプローチ法について説明し，粒界性格，小角粒界，対応粒界，構造ユニット，拡張粒界，粒界偏析，アモルファス粒界および異相界面に関して，特にSiCについての実例をあげながら説明する．

1.4.2　粒界性格

粒界の性格は，粒界をはさむ2つの結晶の相対的な方位関係と粒界面の方位によって決定される．粒界性格を厳密に記述するためには，幾何学的に9つの自由度がある[1]．2つの結晶の一方をある回転軸 n の周囲に θ だけ回転し，法線ベクトル $\boldsymbol{P}$ を有する面が界面になる粒界を考える．この際，方位 n および $\boldsymbol{P}$ は各々2つの自由度が与えられるので，巨視的なパラメータは計5つあることになる．残り4つは微視的なパラメータであり，粒界における原子構造緩和から導入される粒界面の剛体変位に関する3つの自由度と粒界面に垂直な変位の1つの自由度である．

さて，粒界は回転角 θ の大きさにより，小角粒界と大角粒界に分類される．物質によっても異なるが，転位芯が互いに重なりあう角度（10～15°）が小角粒界で記述できる限界である[2]．一方，大角粒界においてはある特定の角度において幾何学的なマッチングが良い粒界が出現する．このような粒界は対応粒界とよばれ，そのエネルギーは一般に低く構造的にも安定であり，強度も一般に高い．粒界性格を表現する際に，傾角粒界とか，ねじり粒界ということばをよく用いる．回転軸 n が粒界面に平行な場合を傾角粒界，回転軸が粒界面に垂直な場合をねじり粒界とよんでいる．これらの中間的な粒界を混合粒界とよんでいるが，混合粒界は傾角成分とねじり成分に分けることができる．2つの結晶方位関係が全く同じであっても，粒界面の入り方によって傾角粒界になったりねじり粒界になったりする．

ところで，バルク全体の特性は，数多くの粒界が関わる集合的影響の結果として現れるものである．したがって，バルク試料中に含まれる粒界を後述する対応粒界理論[3]により分類し，それらの存在頻度を統計的に表現した「粒界性格分布」[4]をコントロールすることにより，バルク材料の特性・性能を向上さ

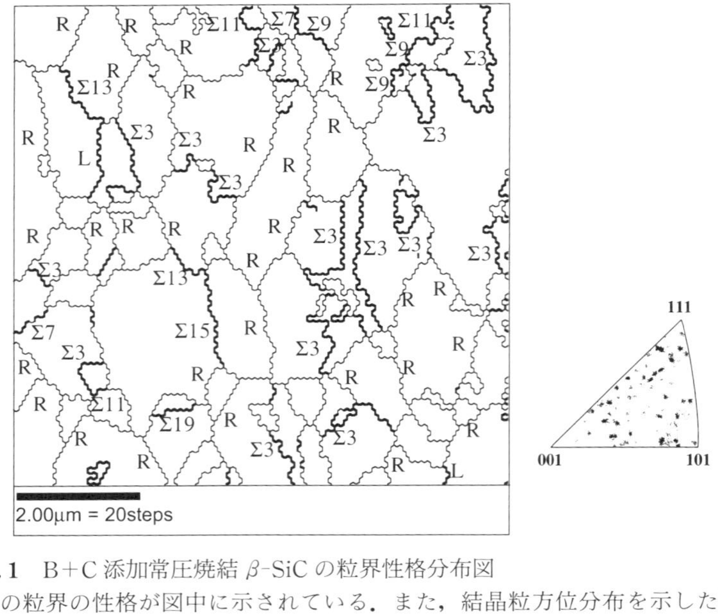

図 1.4.1　B+C 添加常圧焼結 β-SiC の粒界性格分布図

個々の粒界の性格が図中に示されている．また，結晶粒方位分布を示した逆極点図も併記してある

せることができる[5]．この場合，粒界性格分布を評価する必要があるが，最近開発された方位像顕微鏡（Orientation Imaging Microscope, OIM）[6,7] を用いることにより可能となった．図 1.4.1 は B+C 添加系 β-SiC 焼結体の粒界性格分布図である．図中 R と記述しているのは大角度粒界（ランダム粒界），Σ と記述しているのは対応粒界である．これを基に粒界性格分布を統計的に求めることができるようになってきた．通常の焼結においては個々の結晶粒は回転の自由度が制限されるために，焼結体中における結晶粒の方位分布は無秩序であろうと予想される．しかし，図 1.4.1 などに基づく解析結果は，ランダムな方位関係の粒界存在頻度は 65% であり，結晶粒が理想的にランダムに分布したときの理論値 86.7%[8] よりも低く，完全にランダムな方位分布をしているわけではないことを示唆している．これは SiC 焼結体中にはかなりの頻度で対応粒界が存在することに起因している．

1.4.3　小 角 粒 界

小角粒界は，2 つの結晶の相対角度が小さく，転位が周期的に導入されることによってその相対角度を補償している．傾角粒界の場合は刃状転位が，また，ねじり粒界の場合はらせん転位が導入される．図 1.4.2 に単純な小傾角粒界の模式図を示す．これより，相対角度 θ の小傾角粒界には刃状転位が h の間隔で周期的に並んでいることがわかる．ここで，θ と h，また転位のバーガースベクトル $\boldsymbol{b}$ との間には，

$$\theta=\tan^{-1}\left(\frac{b}{h}\right) \tag{1.4.1}$$

の関係がある[9]．一方，ねじり粒界についても小さいねじり角の場合，転位粒界として記述できるが，この場合はらせん転位のネットワークを形成することが知られている．図 1.4.3 は，2 つの単結晶 SiC を約 0.2° のねじり角度で接合した粒界の電子顕微鏡像である[10]．これより，粒界に沿って転位が周期的に導入されていることがわかるが，この転位はらせん転位であることが確認されている．

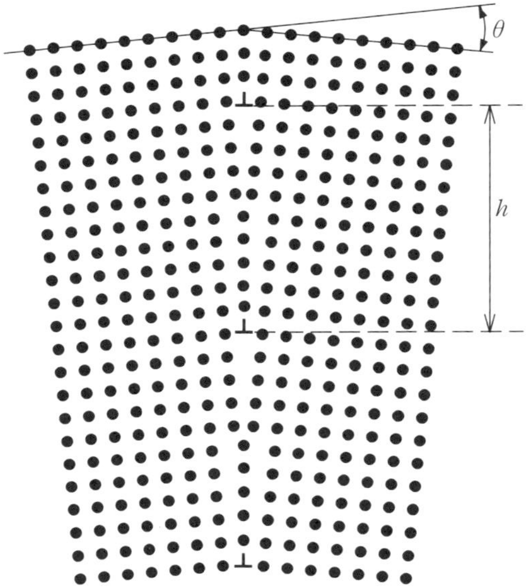

図 1.4.2　傾角 θ の小傾角粒界の模式図

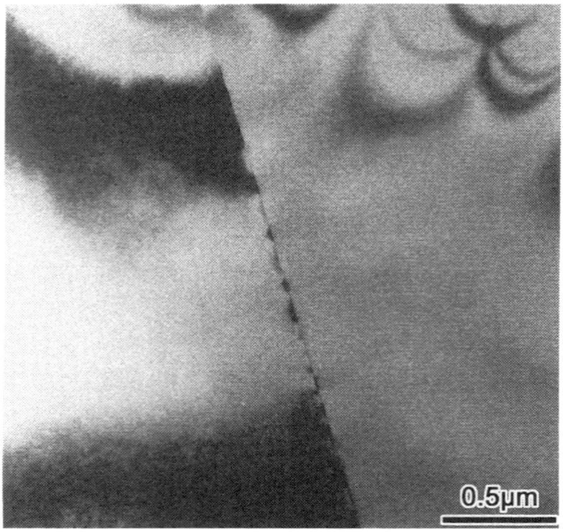

図 1.4.3　SiC の⟨0001⟩10° ねじり粒界の電子顕微鏡像[10]

1.4.4　対応粒界

2 つの結晶のひとつを回転軸 n の周囲に θ だけ回転させた場合の 2 つの結晶の重なりを考える．この際，原点は共有しているが，回転軸と回転角度によって原点以外にも周期的に重なる格子点が形成される[3)]．これを対応格子点と呼ぶ．もとの結晶格子の単位胞の体積とここで形成される対応格子の単位胞の体積の比を Σ 値とよぶ．粒界は，この格子の重ね合わせに対して，その方位と位置を決定することによって記述できる．もし，対応格子点密度の高い面を粒界にすれば，この粒界は対応格子点と同じ 2 次元周期構造を有することになる．Σ 値が物理的な意味を持つのは，比較的小さな Σ 値の粒界であり，これを対応粒界とよんでいる[3,11)]．例えば $\Sigma 3$ は双晶に対応するが，図 1.4.1 に示すように SiC 焼結体中には $\Sigma 3$ 粒界の出現頻度が高い．図 1.4.4 は，単純立方格子を〈001〉軸の周りに 36.52° 回転させて重ね合わせた図である[12)]．図中，互いの格子点が重なった点を白丸で示しているが，これが対応格子点に相当す

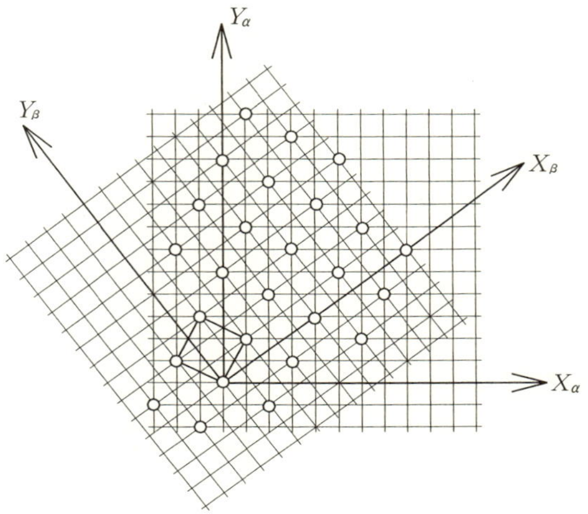

図 1.4.4　単純立方格子を〈001〉軸周りに 36.52° 回転させて重ね合わせた対応格子プロット（$\Sigma 5$ 対応粒界）

る．したがって，対応格子はある特別な角度のときのみに出現することになる．この対応格子の出現する角度 θ は $[hkl]$ 軸を回転軸した場合，以下の式で表される．

$$\theta = 2\tan^{-1}\left(\frac{Ry}{x}\right) \tag{1.4.2}$$

ここで，$R^2 = h^2 + k^2 + l^2$ であり，x，y は整数である．また，このとき，Σ 値は $\Sigma = x^2 + R^2y^2$ で表すことができる．Σ 値は通常奇数の値をとるが，偶数になるときはさらに小さな対応格子が存在していることを示しており，その値を 2^n で割って奇数とした格子と等価になる．粒界面は通常この対応格子点密度を最大にするような方向に入ることが多いが，そのような粒界はエネルギーが低く安定とされている．

図 1.4.5 は香山ら[13)]が強結合近似法によって計算した Si の〈110〉傾角粒界の傾角と粒界エネルギーの関係である．図には各傾角と対応する Σ 値についても示している．これより，$\Sigma 3$，9 および 11 などにおいてエネルギーカスプが観察されることがわかる．同じ Σ 値でもカスプの大きさが異なるが，これは粒界面の違いによりものである．例えば，傾角 70.53° の $\Sigma 3$ の粒界面は

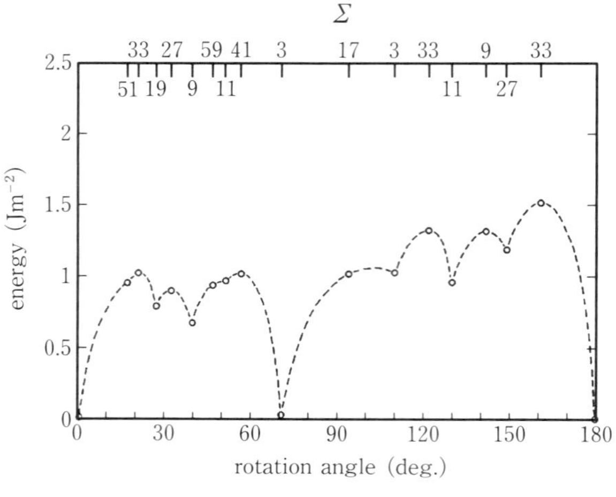

図 1.4.5　Si の〈110〉傾角粒界の傾角と粒界エネルギーの関係（強結合近似法を用いた香山らの計算結果[13)]）

(111)であるが，傾角 109.47° の粒界面は(112)である．SiC の粒界の場合は極性を考慮する必要があるが[14]，その依存性はおおむね Si の場合と同様の傾向を示すと考えられている．いずれにしても単純な幾何学から導かれる対応粒界において一般に粒界エネルギーが低くなるという結果は重要である．

1.4.5　構造ユニット

対応格子理論はあくまでも幾何学から導かれるものであって，粒界エネルギーと直接関係しているのは粒界における周期的な原子配列である．これを取り扱うモデルとして，構造ユニットモデルが提唱され，現在広く受け入れられている[15]．この考えは，粒界は幾つかの構造ユニットの組み合わせで構築されると考えるものである．対応粒界だと安定な構造ユニットで形成され，かつ構造ユニットの歪みも小さくなる．逆に構造ユニットが大きく歪む粒界は粒界エネルギーが高くなる．最近の高分解能電子顕微鏡観察や第一原理を用いた粒界計算においても構造ユニットモデルが妥当であることが実証されている．図 1.4.6 は SiC の $\Sigma 9$ 対応粒界である[14]．この粒界は⟨011⟩方向から観察されて

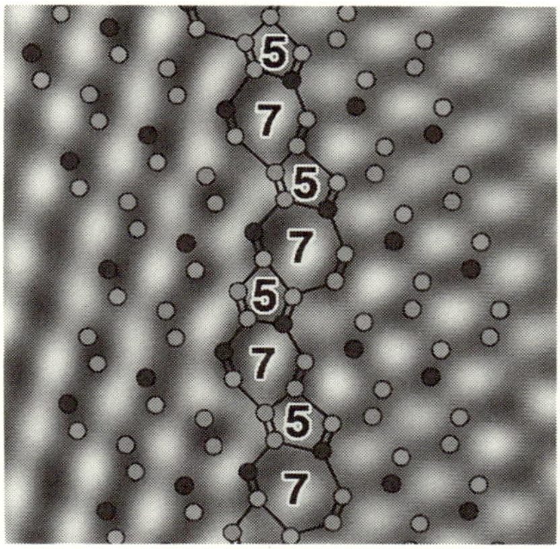

図 1.4.6　SiC の $\Sigma 9$ 対応粒界の高分解能電子顕微鏡写真[14]．粒界が，五員環，七員環の構造ユニットの周期的な配列で形成されていることを示している（大工研：田中博士，香山博士による）

いるが，五員環，七員環の構造ユニットを周期的に配置することで粒界が形成されていることを示している．CVD や昇華再結晶法で作製された SiC には対応粒界が頻繁に観察される．これは，粒界が形成される際に，2 つの結晶間で可能な限り低エネルギーの構造をとるためと考えられている．

1.4.6　拡 張 粒 界

上述の説明は，純粋な結晶同士が直接接合している場合について述べた．しかし，SiC は通常は焼結法で作製されるためその粒界は初期粒子配置に拘束された状態で形成される．図 1.4.7 は，β-SiC 焼結体中に存在する方位差の異なる粒界をそれぞれ高分解能電子顕微鏡によって観察した結果である．図 1.4.7 のいずれの粒界も〈110〉方位を回転軸とする粒界で，(a)は方位差 35°の $\Sigma 9$ 対応粒界（正確な $\Sigma 9$ 対応方位関係からは約 3° ずれているが，Brandon の条件[2] を考慮すれば対応粒界の性格を維持していると判断される)，(b)は方位差が 22° で $\Sigma 19$a 対応方位関係から約 4° ずれた粒界，(c)は方位差 19° の大角度粒界である．これより，SiC の粒界構造は粒界における方位差に大きく依存することがわかる．図(a)のような整合性の高い対応粒界の場合には，粒界層は観察されず，前節で説明した構造ユニットモデルで粒界構造が記述できることがわかる．特に図(a)の粒界は粒界面が{114}面で粒界をはさむ両結晶が鏡面対称となった対称傾角粒界であり，ランダムな方位の粒界に比べ粒界エネルギーが低く，安定な粒界である．しかし，対応方位関係からのずれが大きくなると，図(b)のように粒界の大部分において約 0.25〜0.50 nm（1〜2 原子面間隔程度）の幅にわたり構造が乱れている層が観察される．さらに，図(c)の大角度粒界においては，0.50〜0.75 nm の幅の非晶質のように見える層を介して両結晶粒が接合している．

上述した構造の相違の本質は SiC の有する高い共有結合性と直接関係しているものと考えられている．共有結合の場合，原子結合の異方性が大きいので，粒界におけるボンドの角度歪みやボンド長歪みが大きくなり，その粒界エネルギーは極めて高くなることが予測される[16]．したがって，図 1.4.7 の(b)

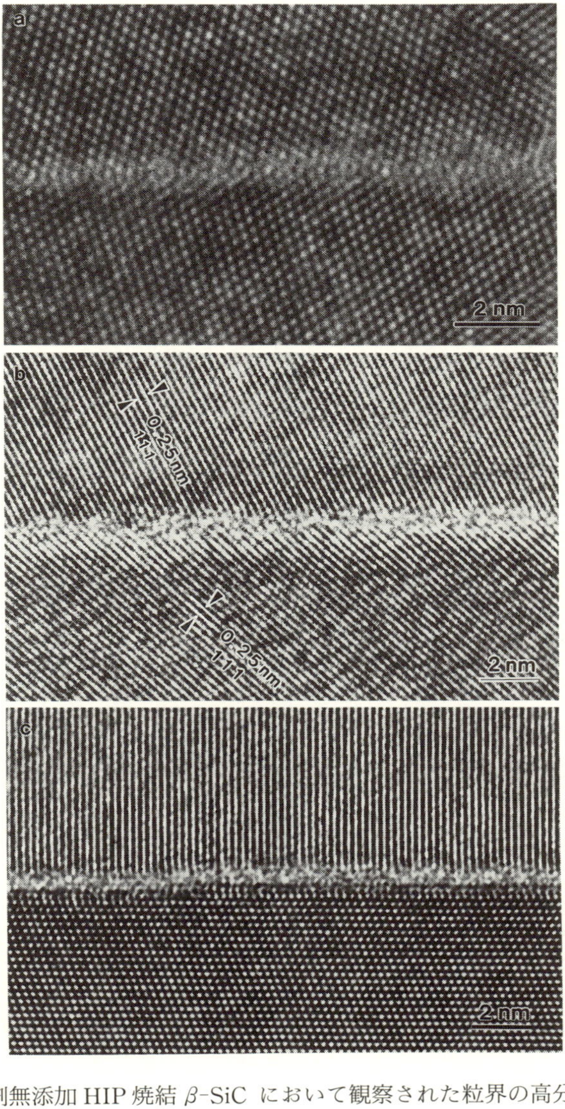

図 1. 4. 7　助剤無添加 HIP 焼結 β-SiC において観察された粒界の高分解能電子顕微鏡像

(a) 方位差 35° の (114) $\Sigma 9$ 対称傾角粒界，(b) 方位差 22° で $\Sigma 19$a の対応方位関係から約 4° ずれた粒界，(c) 方位差 19° の大角度粒界（ランダム粒界）

や(c)で観察される非晶質層のような粒界層は助剤や不純物を主体とする第二相ではなく，高い粒界エネルギーを下げるために粒界のごく近傍の原子がある幅にわたって異方性のない非晶質状の層へ構造緩和したものであると考えられている[17]．このような粒界は共有結合性物質の特徴であるが，転位が拡張することにより自己エネルギーを下げる拡張転位に類似していることから，“拡張粒界”と呼ばれている[17-19]．図 1.4.7(a)のような対応粒界では，粒界エネルギーが元来低いために粒界が拡張して構造緩和する必要はなく，2 つの結晶が直接接合できることになる．

1.4.7　粒 界 偏 析

拡張粒界説の直接的証拠を得るためには，粒界層の組成分析が必要である．拡張粒界説に基づけば粒界における構造緩和層は Si と C から構成されることになる．これを確認するために助剤無添加で焼結した SiC の粒界層の組成について高空間分解能の走査型透過電子顕微鏡，電子線エネルギー損失分光分析法（STEM-EELS）を用いて定量的な解析が行われた[20]．その結果，助剤無添加 β-SiC に観察される粒界層の化学組成は，$SiC_{0.93\pm0.04}O_{0.10\pm0.01}$ であることが判明している[20]．したがって，粒界層は Si と C を主成分としているが，10%程度の酸素が偏析してことがわかる．この結果は，酸素原子の偏析はあるものの粒界層は主に SiC の構造緩和層であるということを示唆しており，拡張粒界説と符合する．

通常の SiC 焼結には B と C を焼結助剤として添加する方法が用いられるが，この焼結材の粒界にも図 1.4.7 に示したのと同様の拡張粒界が存在する[17,19]．しかし，B が粒界に偏析するか否かという問題は長い間議論されてきた．Hamminger ら[21] および Lane ら[22] はオージェ分光分析装置の中で破壊させた B+C 添加 SiC 焼結材の粒界破面を分析し，粒界からは B のピークは検出されないことを報告している．また，同様の試料の粒界分析をナノ電子プローブ-EELS 法で行っても B の存在は確認されていない[19]．しかし最近，Gu らによって低温で HIP 焼結された B+C 添加焼結 β-SiC の粒界に B の偏析を

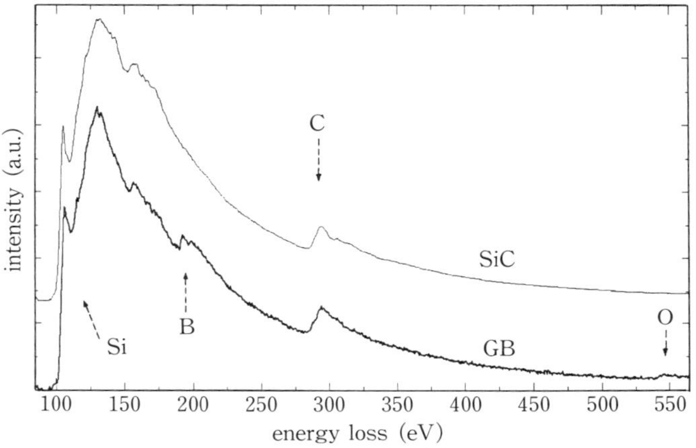

図 1.4.8　比較的低い温度で焼結された（圧力 980 MPa，焼結温度 1873 K）B+C 添加 HIP 焼結 SiC の粒界から得られた EELS プロファイル（Gu らによる[23]）

確認したとする論文が発表された[23]．図 1.4.8 はその測定例であり，粒界における EELS スペクトルには B の K 殻励起端の明瞭なピークが存在することがわかる．これら一連の測定結果の相違は用いた試料の焼結条件によるものである．すなわち，Gu らが測定に供した試料は，980 MPa という超高圧 HIP によって 1873 K という低温で 1 時間の焼結により緻密化させたものである．これに対し，Lane ら[22] および Tsurekawa ら[19] が用いた試料は，それぞれ 2273 K および 2323 K の高温で焼結されている．SiC に B が固溶すると SiC の格子定数が小さくなることから[24]，Suzuki と Hase は B は約 2223 K までは SiC 中にほとんど固溶しないことを明らかにしている[25]．したがって，Gu らが用いた試料には B が粒界に偏析しているが，2273 K 以上で焼結された試料では B が粒内に固溶してしまうことで粒界偏析が観察されなかったという実験結果をうまく説明できる．

1.4.8　アモルファス粒界

酸化物や窒化物などの焼結助剤を用いて焼結したSiCにおいては，粒界にアモルファス粒界が形成されることがある．このアモルファス相は主に助剤成分から構成されており，上述の拡張粒界とは本質的に異なる．このアモルファス相の素性はしばしば高温強度特性を支配しているとされている．図1.4.9は Y_2O_3-Al_2O_3 系助剤を添加して約1900°Cでホットプレス焼結した β-SiC焼結体中に観察されるアモルファス相の高分解能電子顕微鏡像である[26]．これより，アモルファス相の厚みが1 nm程度であることがわかるが，その組成は助剤成分に近いことが確認されている．この試料は高温で粒界すべりが生じ超塑性を示すが，これはこの粒界アモルファス相に起因しているものと考えられている．Clarkeは，粒界アモルファス相の厚みは，粒子間に作用するファンデ

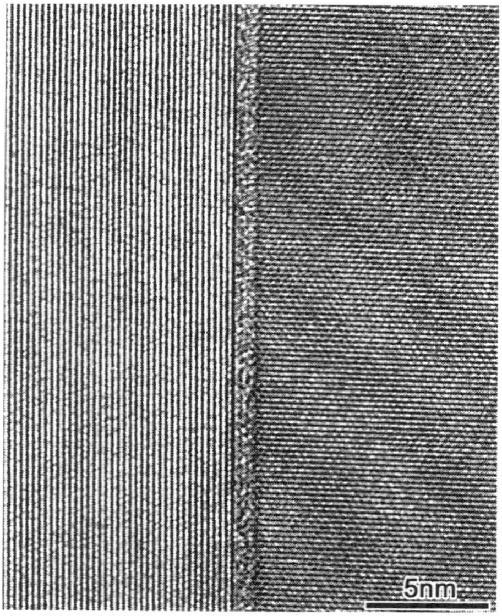

図1.4.9　Y_2O_3-Al_2O_3 系 β-SiC焼結体の粒界アモルファス相の高分解能電子顕微鏡像

ルワールス力とアモルファス相の立体障害力（steric force）とのバランスによって一定になるという理論を提唱している[27]．この理論によれば，粒子間のファンデルワールス力は粒子とアモルファス相の誘電的性質と関連し，また立体障害力はアモルファス相の組成に依存することになるが，実際に幾つかの実験結果をよく説明している．しかし，ナノメータ以下のアモルファス相では，ファンデルワールス力よりも原子間での凝集力やエネルギーの効果の方が大きいことからこの理論には幾つかの問題がある[14]．

1.4.9 異相界面

対応格子理論は，2つの結晶格子の型が異なると適用できない，また対応格子以外の方位関係を定量的に取り扱えないなどの問題がある．特に薄膜や複合材で重要となる異相界面の方位関係については，より一般的な幾何学理論が必要とされる．そこで登場したのが，Bollmannによって提唱されたO（オー）格子理論である[12,28]．対応格子モデルは2つの結晶格子を特別の方位関係で重ね合わせたときにのみ出現する対応格子によって粒界を記述するが，O格子モデルは，任意の変換関係Aをもつ2つの結晶格子が重なり合ってできるパターンを一般的に記述するものである．一方，他の一般的な幾何学的手法として逆格子一致法がある[29]．これは2つの結晶の格子の連続性に着目した界面方位予測法である．2つの結晶の格子の連続性は，互いの格子の平行性と面間隔の一致度を考慮すればよい．したがって，例えば，膜のある逆格子点を$g(HKL)$，基板のある逆格子点を$g(hkl)$とすると，2つの結晶間にほぼ平行で，かつほぼ面間隔の等しい格子面が存在する条件は，$g(HKL) \simeq g(hkl)$となる．これを全ての結晶格子面について考慮することで，3次元的に格子整合性の高い優先方位が予測できる[29]．図1.4.10は，TiとSiCの界面の高分解能電子顕微鏡像である[30]．Tiを6H-SiCの清浄な底面に電子ビームで蒸着すると，両結晶のミスマッチを低くするために，自然には存在しないfccのTiが成長することが知られている[30]．写真よりわかるように，互いの幾つかの格子が可能な限り平行になるように両結晶が接合されている．実際に逆格子一致法

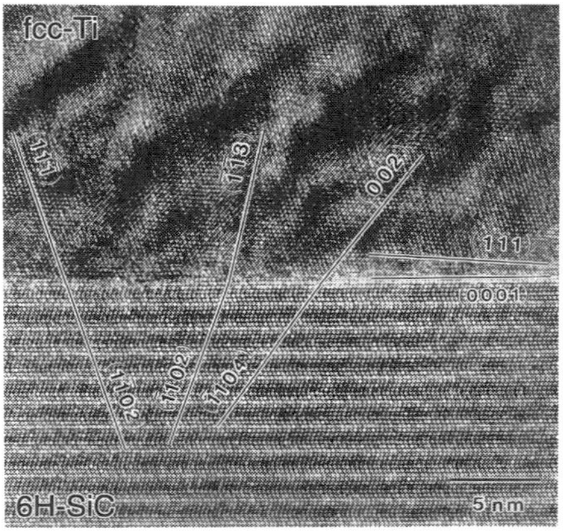

図 1. 4. 10　Ti/SiC 界面の高分解能電子顕微鏡像．格子整合性が高いことがわかる

を用いてその方位を計算すると，図 1.4.10 で観察される方位関係が最も整合性の高い界面であることが示されている[30]．

参考文献

1) A. P. Sutton and R. W. Ballufi, "Interfaces in Crystalline Materials" (Oxford, 1995)

2) D. G. Bandon, Acta Metall., **8** (1966) 1221

3) M. L. Kronberg and F. H. Wilson, Met. Trans., **185** (1949) 501

4) T. Watanabe, Res Mechanica, **11** (1984) 47

5) 例えば, Grain Boundary Engineering 特集号, JOM, **50**(2) (1998)

6) D. J. Dingley, Scan. Elect. Microsc., **11** (1984) 74

7) 解説として, 正橋直哉, まてりあ, **38** (1999) 871

8) 森　実, 東京大学博士論文 (1976)

9) W. T. Read, "Dislocations in Crystals" (McGraw-Hill, New York, 1953)

10) Y. Ikuhara, H. Miyazaki, H. Kurishita and H. Yoshinaga, J. Ceram. Soc. Inter. Ed., **97** (1989) 1521

11) 解説として, 幾原雄一編, "セラミック材料の物理—結晶と界面—" (日刊工業新聞社, 1999)

12) W. Bollmann, "Crystal Defects and Crystalline Interfaces" (Spring-Verlag, 1970)

13) M. Kohyama, R. Yamamoto and M. Doyama, Phys. Stat. Sol. (b) **138** (1986) 387

14) 香山正憲, 固体物理, **34** (1999) 803

15) A. P. Sutton and V. Vitek, Phil. Trans. R. Soc. London, **A309** (1983) 1

16) 猪股吉三, 上村揚一郎, 井上善三郎, 田中英彦, 窯業協会誌, **88** (1980) 628

17) 幾原雄一, 栗下裕明, 吉永日出男, 窯業協会誌, **95** (1987) 638

18) Y. Ikuhara, H. Kurishita and H. Yoshinaga, Proc. 2 nd Inter. Conf. Compo. Interfaces, Cleveland, Elsevier Sci. Pub. (1988) p. 673-84

19) S. Tsurekawa, S. Nitta, H. Nakashima and H. Yoshinaga, Interface Sci., **3** (1995) 75

20) K. Kaneko, M. Yoshiya, I. Tanaka and S. Tsurekawa, Acta Mater., **47** (1999) 1281

21) R. Hamminger, G. Grathwohl and F. Thummler, J. Mater. Sci., **18** (1983) 3154

22) J. E. Lane, C. H. Carter, Jr. and R. F. Davis, J. Am. Ceram. Soc., **71** (1988) 281

23) H. Gu, Y. Shinoda and F. Wakai, J. Am. Ceram. Soc., **82** (1999) 469
24) C. Greskovich and J. H. Rosolowski, J. Am. Ceram. Soc., **59** (1976) 336
25) H. Suzuki and T. Hase, J. Am. Ceram. Soc., **63** (1980) 349
26) G. D. Zhan, Y. Ikuhara, M. Mitomo, R. J. Xie and T. Sakuma, J. Am. Ceram. Soc. (2000) in press
27) D. R. Clarke, J. Am. Ceram. Soc., **70** (1987) 15
28) W. Bollmann, Phil. Mag., **16** (1967) 363
29) Y. Ikuhara and P. Pirouz, Micros. Res. Tech., **40** (1998) 206
30) Y. Sugawara, N. Shibata, S. Hara and Y. Ikuhara, J. Mater. Res., **15** (2000) 2121

1.5 SiC の電子構造計算

1.5.1 はじめに

SiC は耐熱高強度セラミックスや電子デバイスとして多くの注目を集めている．本章では，電子構造計算を用いた SiC の結晶や粒界の理論的研究を紹介する．結晶や欠陥，表面・界面などの安定原子配列や諸性質は，構成する原子と電子の挙動で決まる．より根元的には原子間ボンドの担い手である電子の振る舞いが決定する．最近は，固体物理学の理論と計算手法の進歩，そして電子計算機の飛躍的発展により，高精度の電子構造計算を行い，それに基づいて原子配列や原子の挙動を精密に計算し，さまざまな系の安定構造や諸性質を求めることが可能になってきている．こうした理論のみに基づく（実験値を用いない）高精度理論計算を「第一原理計算」と呼ぶ．本章では，第一原理計算の概要を簡単に説明した後，SiC 結晶の構造や電子的，機械的性質の計算，さらに SiC 対応粒界の構造と性質の計算を紹介する．

1.5.2 第一原理計算とは─密度汎関数理論とバンド計算法

固体の第一原理計算とは，密度汎関数理論に基づくバンド計算やそれを通じた構造や諸性質の計算のことである[1,2]．これにより，結晶や結晶中の欠陥，表面・界面など，さまざまな系の安定構造やエネルギー，諸性質を高精度に求めることができる．例えば，結晶の格子定数は実験値と比べて 1～4%内外の誤差で再現できる．弱点は，バンドギャップがかなり小さめに再現されること，励起状態の性質や一部の 3d 遷移金属化合物のような強相関系の物性をうまく扱えないこと等である．なお，分子軌道法も第一原理計算と呼ばれるが，分子やクラスター用の手法であり，結晶はモデル的にしか扱えない．

さて，固体中の電子は互いに静電反発しながら全体でパウリの原理を満たすように運動する．こうした多電子間の複雑な相互作用や運動を厳密に扱うことは容易ではない．Kohn らが提唱した密度汎関数理論[3)]は，こうした多体問題を基底状態（絶対零度の安定状態）について解決するもので，複雑な相互作用を正しく取り入れて多電子系の基底状態を求める．まず，多電子系の全エネルギーは電子密度分布関数 ρ の汎関数（関数の関数）で表され，全エネルギーを最小にする ρ が基底状態の正しい ρ であることが証明される．そこで，ρ を一電子波動関数の重ね合わせで表し，全エネルギーの変分から一電子波動関数の満たす条件式が得られる．これは，各電子が原子核からの静電場と他電子からの平均の静電ポテンシャル，交換相関ポテンシャルのもとで運動する方程式（Kohn-Sham 方程式）である．これを自己無撞着に解き，一電子波動関数のセットを求めれば，多電子系の基底状態が求まったことになる．こうして，多電子間の複雑な相互作用を直接に扱うことは回避して，基底状態の電子構造や電子密度分布，全エネルギーが効率的に求められる．なお，この理論では交換相関ポテンシャル等が厳密には与えられない問題が残るが，局所密度近似や密度勾配近似でうまく扱えることが示されている．

バンド計算法は密度汎関数理論を結晶に適用する方法である．結晶では同じ周期単位が無限に繰り返す．バンド計算では，この周期条件のもとで上記の Kohn-Sham 方程式を具体的に解く．無限に繰り返す効果が入るので，結晶の広がった電子状態や凝集エネルギーを高精度に扱える．結晶中の欠陥や表面・界面も周期性を持つ大きなセル（スーパーセル）で扱うことができる．

バンド計算法には基底関数の組み立て方によりさまざまな種類があり，第一原理擬ポテンシャル法，FLAPW 法，FP-LMTO 法などがよく使われる．第一原理擬ポテンシャル法[4)]は，内殻電子は扱わずに価電子についてのみの高精度計算を行う方法で，SiC のように構造や性質が価電子で決まる物質に適している．この手法では，電子構造と全エネルギーだけでなく，電子構造に基づく原子に働く力や応力なども容易に計算できる．この第一原理擬ポテンシャル法の計算速度を飛躍的に向上させる技術がいわゆる第一原理分子動力学法[5,6)]で，Car と Parrinello により創始された．電子構造計算を行列対角化によらずに効率的に行うことができ，原子の動きのたびごとに電子構造計算を行って原子に働く力を求め，正しい力に従った原子のダイナミクスや緩和の計算が可能になる．こうした手法により，粒界構造の取り扱いも可能になってきた．

1.5.3　SiC 結晶の安定構造とエネルギー

SiC の結晶多形（3 C，2 H，4 H，6 H）の安定原子配列や凝集エネルギーの第一原理計算が行われている．表 1.5.1 に計算例[7]を示す（同様の計算はほかにもあるが[8]，最も高精度と考えられるものを示す）．結晶内の原子座標と格子定数，格子定数比は全てエネルギー最小になるよう最適化している．格子定数はかなり高精度に再現されている．体積弾性率は少し精度が下がる．

表 1.5.1　SiC の結晶多形（3 C，2 H，4 H，6 H）の格子定数，格子定数比，体積弾性率，全エネルギーの第一原理計算結果[7]（括弧内は実験値）ΔE は，3 C を基準にした全エネルギー値（凝集エネルギーは逆符号）

結晶形	a（Å）	c/a	体積弾性率（MBar）	ΔE（meV/atom）
3 C-SiC	4.358		2.19	0.0
	(4.360[a])		(2.24[a])	
2 H-SiC	3.072	1.641	2.152	+1.8
	(3.076[b])	(1.641[b])	(2.23，2.25[c])	
4 H-SiC	3.069	3.292	2.18	−2.5
			(2.23，2.25[c])	
6 H-SiC	3.077	4.910	2.04	−1.8
	(3.081[d])	(4.907[d])	(2.23，2.25[c])	

[a] 文献 9)，[b] 文献 10)，[c] 文献 11)，[d] 文献 12)

相対的安定性は 4 H>6 H>3 C>2 H の順であるが（4 H が最安定），多形間のエネルギー差 ΔE が数 meV/atom 以下と極めて小さいことが重要である．他の第一原理計算でも絶対値は少し異なるが定性的には同様である．ΔE は絶対零度の内部エネルギー差で，高温では格子振動などのエントロピー項が入った自由エネルギーが安定性を支配する．ΔE が小さいのでエントロピー項が重要で，多形間の相対的安定性は温度や圧力により変わると考えられる．いずれにしても，エネルギー差が小さいことが多形の出現の直接的要因である．

多形間のエネルギー差が小さいことの原因は SiC のイオン結合性にある．図 1.5.1 は 3 C-SiC の Si-C ボンドの価電子密度分布である．zinc-blende 構造と同様の配列の diamond 構造の Si，C のボンド電荷も示す．SiC の場合，価電子が Si から C に引かれて偏極した非対称の分布であり，原子間結合は共有結合性とともにイオン結合性を合わせ持つ．2 H，4 H，6 H の Si-C ボンドの価電子密度分布もほぼ同様である．図 1.5.2 は zinc-blende 構造（3 C-SiC）と wurtzite 構造（2 H-SiC）のボンドの周囲の原子配列を示す．zinc-blende と wurtzite の違いは，第三近接原子同士が⟨111⟩方向（⟨0001⟩方向）で交差した位置にくるか重なった位置にくるかである．wurtzite では⟨0001⟩方向上下のボンド電荷が重なりエネルギー的に不利だが，イオン結合性が強いと第三近接のアニオンとカチオンが近接できるので静電エネルギー利得が期待できる．したがって，4 配位の 2 元化合物は，共有結合性が強いと zinc-blende（例えば GaAs），イオン結合性が強いと wurtzite（例えば AlN）になる傾向がある．SiC は，diamond や Si と同様の配列の zinc-blende 構造で安定であるが，イオン結合性もあるため wurtzite 構造でも安定化し，両者のエネル

(a)　　　(b)　　　(c)

図 1.5.1　(a) 3 C-SiC，(b) Si，(c) diamond の各ボンドの価電子密度分布
ボンドに沿った {110} 断面の価電子密度分布で，太線の丸は，原子位置．価電子密度の等高線間隔は，(a) 0.020 a.u.$^{-3}$，(b) 0.006 a.u.$^{-3}$，(c) 0.020 a.u.$^{-3}$ (1 a.u. = 0.529 Å)

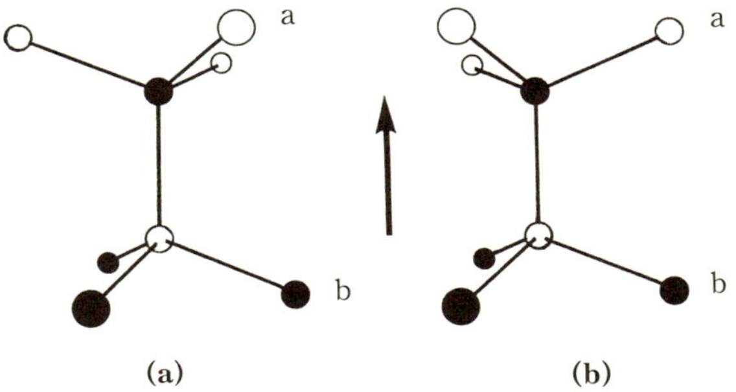

図 1.5.2　zinc-blende（閃亜鉛鉱）構造（a）と wurtzite（ウルツ鉱）構造（b）でのボンドの周囲の原子配列

黒丸と白丸はアニオン(C) とカチオン(Si)．矢印は⟨111⟩方向，または⟨0001⟩方向．a，b はボンドの周囲の第三近接のアニオンとカチオンのペア

ギー差が極めて小さくなる．3 C-SiC の積層欠陥エネルギーが小さいことも同様の理由である．

SiC の多形構造は⟨0001⟩方向の原子層の積層の仕方で分類でき，cubic な積層（3 C）と hexagonal な積層（2 H）で分けて，6 H と 4 H は，hexagonal な積層が各々33%，50%を占める構造である．計算結果の詳細な分析[7]によると，6 H や 4 H では，cubic な積層領域と hexagonal な積層領域との間の微妙な電子分布のやりとりによる静電相互作用で，3 C や 2 H よりわずかに安定化するようである．

1.5.4　SiC 結晶のバンド構造

図 1.5.3 は 3 C-SiC のバンド構造の計算例である[13]．同じ形のブリユアンゾーンを持つ Si や diamond のものも示す．図 1.5.4 は 6 H，4 H，2 H-SiC の計算例である[7]．結晶中の電子の波動関数はブリユアンゾーン内の波数ベクトル $\boldsymbol{k}$ をもつ波（波長 $2\pi/|\boldsymbol{k}|$）として表される．バンド構造図の横軸は，ブリユアンゾーン内の対称性の高い $\boldsymbol{k}$ 点や線分（対称性に従ってギリシア文字等で示す習慣がある）で，各 $\boldsymbol{k}$ 点での固有状態のエネルギー値を縦軸に図示し

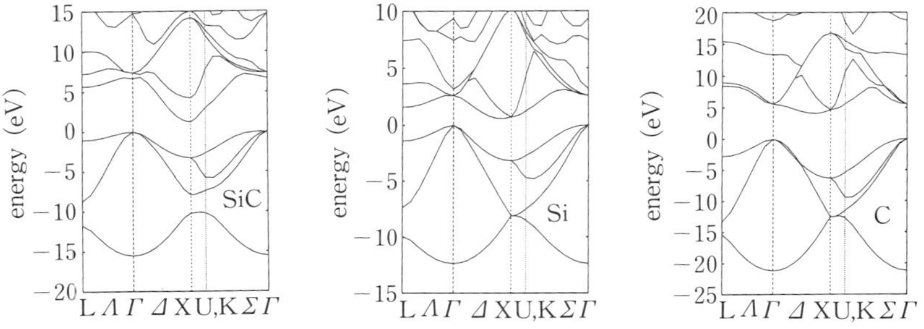

(a)　　(b)　　(c)

図 1.5.3　(a) 3 C-SiC，(b) Si，(c) diamond のバンド構造図[13)]

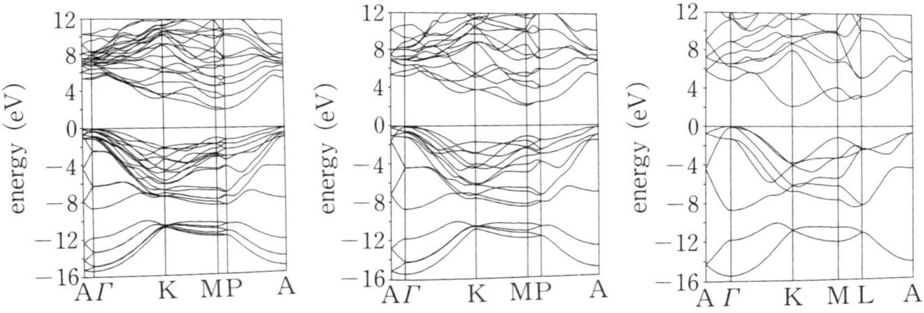

(a)　　(b)　　(c)

図 1.5.4　(a) 6 H-SiC，(b) 4 H-SiC，(c) 2 H-SiC のバンド構造図[7)]

ている．

3 C-SiC のバンド構造は Si と diamond の中間的な様相を持つ．−15〜0 eV が価電子バンドで，バンドギャップを挟んで上が伝導バンドである．価電子バンドまでが電子に占有されている．Si や diamond の場合と同様，近似的に Si 原子と C 原子の sp^3 混成軌道間の結合性軌道が価電子バンドを構成し，反結合性軌道が伝導バンドを構成するといえる[14)]．したがって共有結合性が強い．もちろん，上記のように価電子が C 側に強く引かれた分布をしており，部分的にイオン結合性を持つ．Si や diamond と異なり，価電子バンドが上部と下部に分かれていることは，こうした極性を反映している．なお，価電子バンド

の上端は Γ 点，伝導バンドの下端は X 点で，間接ギャップ（価電子バンドの上端と伝導バンドの下端が同じ $\boldsymbol{k}$ 点ではない）である．6H，4H，2H はいずれも六方晶で，類似したブリユアンゾーンを持つ．いずれも −15〜−10 eV が下部価電子バンド，−9〜0 eV が上部価電子バンドで，3C-SiC と同様である．いずれも間接ギャップで，伝導バンドの下端は，6H，4H が M 点，2H は K 点である．

バンドギャップの実験値は，3C，6H，4H，2H の順，つまり hexagonal な積層の割合が増える順に 2.39 eV，3.02 eV，3.27 eV，3.33 eV と大きくなる．一方，図のバンド構造からの値は 1.24 eV，1.98 eV，2.14 eV，2.05 eV で，約 2/3 の大きさで，4H と 2H の大きさも逆である．上述のようにギャップ値が正しく再現できないことが現在の第一原理計算の弱点である（伝導バンドが下方にずれて再現される）．最近，多体効果をより厳密に扱ってバンドギャップを精度良く求める手法（GW 近似）が開発されており，かなり改善される[15]．

1.5.5 SiC 結晶の機械的性質

結晶の微小変形や一軸引張の過程について，電子構造計算を繰り返して原子位置を緩和しながらエネルギーや応力の第一原理計算を行い，弾性定数やヤング率，引張強度など，機械的性質を高精度に求めることが可能である．表

表 1.5.2 3C-SiC 結晶の弾性定数，ヤング率，引張強度の第一原理計算結果[16]

単位はいずれも GPa. E, σ は各方向への一軸応力引張計算におけるヤング率と最大引張応力（破壊強度）

	C_{11}	C_{12}	C_{44}	E_{111}	σ_{111}	E_{100}	σ_{100}
計算値	405	135	254	558	50.4	338	101
実験値	390[a]	142[a]	256[a]	610[b]	53.4[b]		
				580±10%[c]	23.74[c]		

[a] 音速からの見積もり，文献 17)，[b] ナノロッドでの実験値，文献 18)，[c] ウイスカでの実験値，文献 19)

1.5.2 に 3 C-SiC 結晶での計算例を示す[16]．弾性定数が精度良く計算できている．一軸引張の計算は，結晶が破壊するまで伸ばす過程の計算で，電子の動きも取り入れて結晶の「理想強度」を厳密に与える．

1.5.6　SiC 粒界の原子・電子構造と機械的性質

結晶以外に点欠陥[20]，表面[21]，金属との界面[22]，粒界などの第一原理計算が行われている．粒界の計算例を紹介する．図 1.5.5 は，3 C-SiC の {122}$\Sigma=9$ 対応粒界の安定構造である[23]．図に垂直な⟨011⟩軸につき約 38.9° 回転し {122} 面を界面とする傾角粒界で，界面に沿って五員環と七員環の構造ユニットがジグザグに周期的に配列し，⟨011⟩方向にも同じ構造が繰り返す．界面ですべてのボンドがつながり四配位であり，Si-C ボンドのボンド長・角歪みは，-2.9～$+2.9$%，$-22.4°$～$+27.9°$ である．Si-Si，C-C の同種原子ボンドも存在し，ボンド長と電子密度分布は Si や diamond のものに類似している．粒界エネルギー（結晶からのエネルギー上昇）は 1.27 J/m^2 で，表面に比して安定である．ボンドの再構成に対応して，ギャップ内に深い準位は存在しない．

この原子配列が多結晶 SiC 薄膜中に存在することが電子顕微鏡で確認され

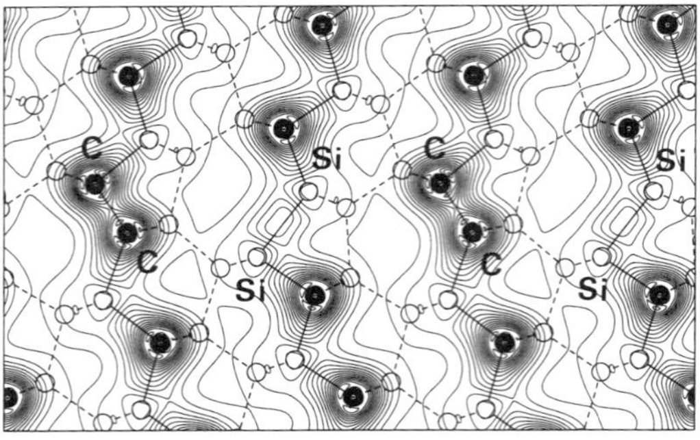

図 1.5.5　3 C-SiC の {122}$\Sigma=9$ 対応粒界の安定原子配列と価電子密度分布
⟨011⟩方向からの投影図で，原子位置とボンドを丸と直線で示す．価電子密度を描いた {022} 断面上にない原子とボンドは破線で示す．価電子密度の等高線間隔は 0.020 a.u.$^{-3}$

ている[24]．実は，この構造はSiとCの別を除くとSiの$\Sigma=9$粒界と同じである．一般にSiでは〈011〉傾角の対応粒界が頻繁に観察され，界面は配位数欠陥を持たない五員環や七員環の構造ユニットの配列で安定に構成されることが理論計算と電顕観察で判明している[23]．SiCの対応粒界も基本的に同様であることが電顕観察で見出されている[24]．もちろん，同種原子ボンドや複数の配列構造の存在など複雑な様相も存在する．また，焼結体の粒界はさらに複雑であり，そうした複雑構造の計算が期待される．いずれにしても，局所的になるべく四配位を保つような原子配列であることが予想される．

さて，この粒界の引張強度の第一原理計算結果[25]を図1.5.6に示す．上記の結晶の一軸引張と同様に界面に垂直方向にスーパーセルのサイズを伸ばしながら原子位置を自由に緩和させるもので，実際に絶対零度でゆっくり引張る実験に相当する．引張歪み14%で最大応力約42 GPaとなり破壊している．この破壊強度は表1.5.2の結晶の〈111〉方向の強度の約80%であり，ボンドの再構成に対応して極めて強い界面であるといえる．図1.5.7は，破壊過程の原子と電子の挙動である．C-Cボンドの後ろのSi-Cボンドから破壊が始まる．C-Cボンドが強くて短いため，そこに局所的な応力が集中するためである．引き続き界面のSi-Cボンドが破断し，最後にSi-Siボンドが破断した．Si-Cボン

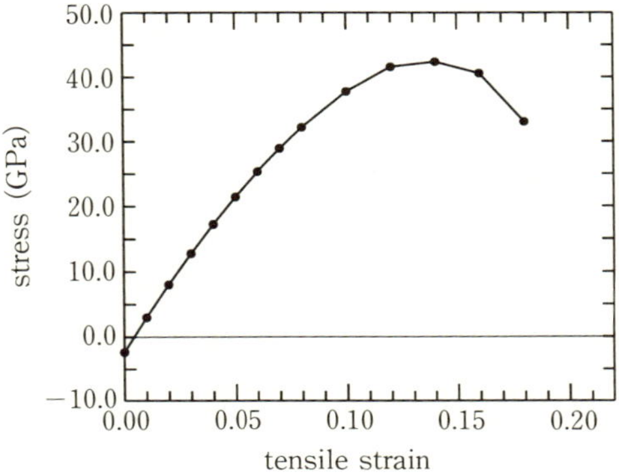

図1.5.6　3C-SiCの{122}$\Sigma=9$対応粒界の第一原理計算による引張試験の結果．界面に垂直方向の一軸引張における応力-歪み曲線

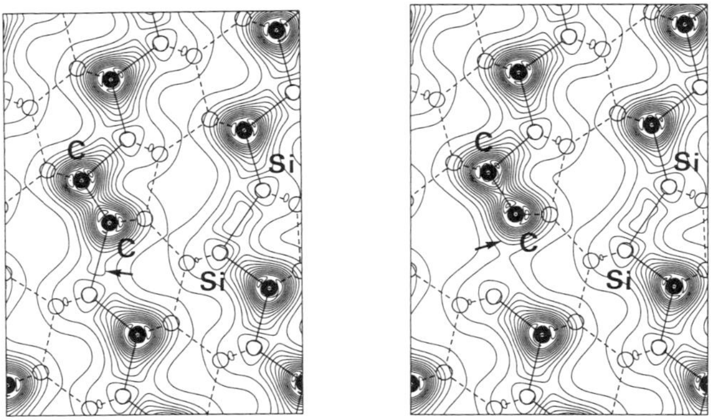

(a)　　　　　　　　(b)

図 1.5.7　3 C-SiC の {122}$\Sigma=9$ 対応粒界の第一原理計算による引張試験での界面破壊の様子[25)]

（a）引張歪み 12%，（b）引張歪み 14% での原子配列と価電子密度分布を示す（対応粒界の 1 周期分）．（a）では C-C ボンドの後ろの Si-C ボンドの伸びが 27.8%（完全結晶のボンド長比）に達し，切れかかっている．（b）では，ボンド電荷がほとんど消失している（矢印はこのボンドの同じ価電子密度の等高線を示す）

ドの破断について，一般にボンドの伸びが約 20% を越えると一気に弱化し，約 30% を越えるとボンド電荷が消失することが観察された．

一方，通常の SiC セラミックスの引張強度は 1 GPa 以下であり，14% も伸びない．実際のセラミックスでは，すでに存在しているクラック先端に応力集中が生じ，その進展で破壊するためである．しかし，クラック先端近傍では今回の計算と同様の現象が起きていると考えられる．クラックの進展は，クラック先端の局所応力が臨界値を越えると一気に起こると考えられ，今回の界面やバルクの強度の理論値は，こうした臨界値に相当すると考えられる．

以上から，一般に界面ボンドが再構成した安定な対応粒界は，バルク並の引張強度を持つといえる．しかし，界面の同種原子ボンドの存在が，強度や破壊の様相に影響するようである．

参 考 文 献

1) 金森順次郎 他, “固体―構造と物性”（岩波書店, 1994）

2) 藤原毅夫, “固体電子構造”（朝倉書店, 1999）

3) P. Hohenberg and W. Kohn, Phys. Rev., **136**（1964）B 864 ; W. Kohn and L. J. Sham, ibid., **140**（1965）A 1133

4) J. R. Chelikowski and M. L. Cohen, “Handbook on Semiconductors Vol. 1”（ed. by P. T. Landsberg, Elsevier, 1992）p. 59

5) R. Car and M. Parrinello, Phys. Rev. Lett., **55**（1985）2471

6) M. C. Payne et al., Rev. Mod. Phys., **64**（1992）1045

7) C. H. Park et al., Phys. Rev. B, **49**（1994）4485

8) K. J. Chang and M. L. Cohen, Phys. Rev. B, **35**（1987）8196 ; C. Cheng et al., J. Phys. C, **21**（1988）1049 ; P. Kackell et al., Phys. Rev. B, **50**（1994）10761, 17037 ; M. J. Rutter and V. Heine, J. Phys. Condens. Matter, **9**（1997）8213

9) “Physics of Group Ⅳ Elements and Ⅲ-Ⅴ Compounds, Vol. 17a of Landolt-Bornstein Tables”（ed. by O. Madelung et al., Springer, 1982）

10) R. F. Adamsky and K. M. Merz, Z. Kristallogr., **111**（1959）350

11) D. H. Yean and J. R. Ritter, J. Phys. Chem. Solids, **32**（1971）653 ; R. D. Carnahan, J. Am. Ceram. Soc., **51**（1968）223 ; E. Schreiber and N. Soga, ibid., **49**（1966）342

12) A. H. Gomes de Mesquita, Acta Crystallogr., **23**（1967）610

13) O. F. Sankey et al., Modelling Simul. Mater. Sci. Eng., **1**（1993）741

14) W. A. ハリソン, “固体の電子構造と物性”（現代工学社, 1983）

15) B. Wenzien et al., Phys. Rev. B, **52**（1995）10897

16) W. Li and T. Wang, Phys. Rev. B, **59**（1999）3993

17) D. W. Feldman et al., Phys. Rev., **173**（1968）787

18) E. W. Wong et al., Science, **277**（1997）1971

19) J. J. Petrovic et al., J. Mater. Sci., **20**（1985）1167 ; ibid., **22**（1987）517 ; N. H. Macmillan, ibid., **7**（1972）239

20) J. Bernholc et al., Mater. Sci. Eng. B, **11**（1992）265

21) A. Catellani et al., Phys. Rev. B, **57**（1998）12255 ; M. Sabisch et al., ibid., **55**（1997）10561

22) J. Hoekstra and M. Kohyama, Phys. Rev. B, **57** (1998) 2334 ; M. Kohyama and J. Hoekstra, ibid., **61** (2000) 2672
23) M. Kohyama, Mater. Chem. Phys., **50** (1997) 159 ; M. Kohyama et al., MRS Symp. Proc., **491** (1998) 287 ; 香山正憲, 固体物理, **34** (1999) 803
24) K. Tanaka and M. Kohyama, "Electron Microscopy 1998, Vol. II" (ed. by H. A. C. Benavides et al., IOP, 1998) p. 581 ; Mater. Sci. Forum, **294-296** (1999) 187
25) M. Kohyama, Phil. Mag. Lett., **79** (1999) 659

1.6　SiC 結晶中の転位とその運動

1.6.1　転位の構造

一般に結晶転位の構造は，転位線の方向とバーガースベクトルの組み合わせで異なる[1]．バーガースベクトルは結晶の周期ベクトルに等しい場合（完全転位）と，異なる場合（不完全転位）があり，後者では転位線の片側に必ず面欠陥を伴う．

転位の歪みエネルギーはバーガースベクトルの大きさ b の 2 乗に比例するので，SiC 結晶中の完全転位では b が最も小さい $a/2\langle 1\bar{1}0\rangle$ や $a/3\langle 11\bar{2}0\rangle$ がエネルギー的に有利である．しかし，

$$\frac{a}{2}\langle 1\bar{1}0\rangle \rightarrow \frac{a}{6}\langle 1\bar{2}1\rangle + \frac{a}{6}\langle 2\bar{1}\bar{1}\rangle \qquad \text{(立方晶)} \qquad (1.6.1)$$

$$\frac{a}{3}\langle 11\bar{2}0\rangle \rightarrow \frac{a}{3}\langle 01\bar{1}0\rangle + \frac{a}{3}\langle \bar{1}010\rangle \qquad \text{(六方晶)} \qquad (1.6.2)$$

のようにバーガースベクトルが分解し，2 つの不完全転位（ショックレイ部分転位）に拡張したほうが b^2 の和すなわち歪みエネルギーが減少する．このとき，2 つの不完全転位の間にできる積層欠陥の形成エネルギーと分解による歪みエネルギーの低下の兼ね合いで，部分転位に拡張するか，また拡張する場合の部分転位の間隔（拡張幅）が決まる．SiC では，c 面（六方晶・三方晶の (0001) 面，立方晶の {111} 面）で上記の転位拡張が起こっていることが，透過型電子顕微鏡（TEM）で観察される(図 1.6.1)．

転位の周りの歪み場は転位線からの距離の 2 乗に反比例するので，転位線が最密原子列方向に平行で原子列間隔が広いほうが，転位線の形成エネルギーが低くなる．すなわち SiC 中の転位線は$\langle 10\bar{1}\rangle$や$\langle 1\bar{2}10\rangle$に沿ったパイエルスポテンシャル（PP）の谷に落ち込む傾向がある．一般に，バーガースベクトルに

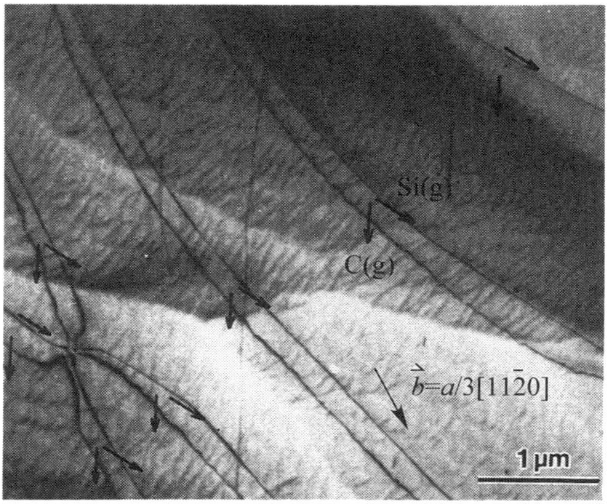

図 1.6.1　6 H-SiC の c 面拡張転位の TEM 写真

平行な転位線部分をらせん転位，直角な転位線部分を刃状転位とよぶが，SiC では上記の理由から，バーガースベクトルと 60° をなす 60° 完全転位や，30° 部分転位，90° 部分転位が安定構造として存在する．

化合物半導体結晶では，バーガースベクトルが c 面に平行でかつ刃状成分を持つ転位は，過剰半平面の入る方向によって，過剰半平面の端（転位芯）の原子種が異なる．A 面側*1 から過剰半平面が入る転位を β 転位*2，B 面側から過剰半平面が入る転位を α 転位と呼ぶ．以上のことから，c 面で拡張する転位は，図 1.6.2 のように 6 種類のバリエーションがある．このうち，拡張した α-60° 転位のまわりの原子配置を具体的に示したものを図 1.6.3 に示す．一般に四面体結合性結晶では積層欠陥は狭い c 面に入る[2] ことから，過剰半平面の端にある原子は α 部分転位では A 原子ではなく B 原子である点に注意してほしい*1．また図 1.6.3 では，転位芯に沿ってダングリングボンドが並んでお

*1　四面体結合する AB 化合物半導体の c 軸方向に隣接する A-B ボンドを，A → B へ結ぶ方向を A 極性と定義し，A 極性側に現れる結晶表面を A 面と呼ぶ．

*2　α，β の命名の由来は，当初転位は拡張しておらず 60° 完全転位の過剰半平面は広い（111）面で終わっていると考えられていたことによる．しかし定義自体は結晶の極性が与えられれば一意的である．

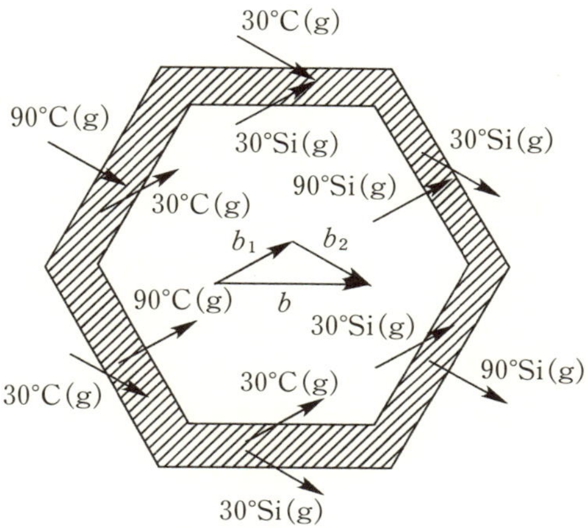

図 1.6.2　c 面拡張転位成分の種類

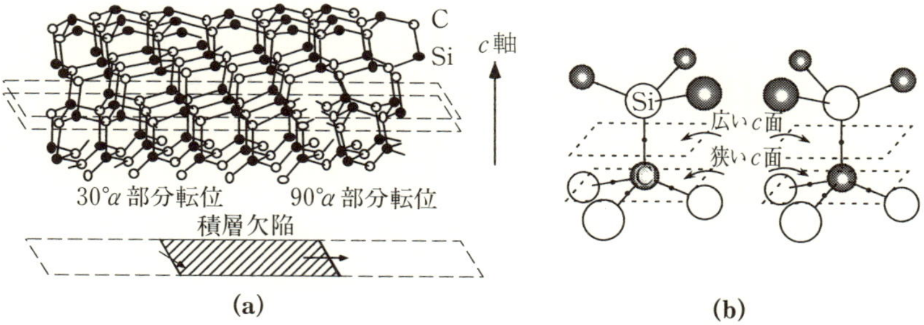

図 1.6.3　(a) c 面拡張転位の芯構造（六方晶中の α–60° 転位の場合，下方すなわち B 面側から過剰半平面が入っている)，(b) 狭い c 面と広い c 面

り，転位が電気的に活性となる要因のひとつと考えられている（1.6.5 参照).

SiC 結晶中の転位には，c 面転位と同じバーガースベクトル（$\boldsymbol{b}=a/2\langle 1\bar{1}0\rangle$ または $a/3\langle 11\bar{2}0\rangle$）を持つ柱面転位やピラミダル転位もあるが，これらを総称して a 転位と呼ぶ．このほかに六方晶では c 軸方向のバーガースベクトルを持った転位（c 転位）が存在し，c 面がらせん成長するときの核として重要な働きをする[3)]．特に巨大バーガースベクトル（$b>1$ nm）を持つらせん転位のコアは，大きな歪みエネルギーの発生を避けるため，空洞になっていることがあり，hollow tubes と呼ばれる[4]．

1.6.2　転位の運動機構

転位の運動機構には，転位芯近傍の局所すべりで実現するすべり運動と，転位芯における原子の出入りを必要とする上昇運動とがある．

上昇運動は刃状成分を持つ（過剰原子面を持つ）転位でのみ起こり，転位芯の移動は，過剰原子面の端にある原子がマトリックスに放出されるか（格子間原子を放出するか空孔を吸収），原子を吸収するか（格子間原子を吸収するか空孔を放出）して起こる[5]．上昇運動が持続するためには原子拡散が必要なので，転位の上昇運動は自己拡散が可能な高温でないと起こらない．SiC のような化合物結晶で上昇運動が起こるためには，Si 原子と C 原子が両方とも拡散する必要がある．このため上昇運動は遅い方の拡散種の拡散速度で律速される．上昇運動の駆動力には，バーガースベクトル方向に働く垂直応力に由来する力学的な力と，過剰点欠陥の吸収消滅を促す熱力学的力がある．

一方，転位のすべり運動は，一般にバーガースベクトルを含む結晶面（すべり面）に沿って起こる．バーガースベクトルとすべり面の組み合わせをすべり系という．例えば 3C–SiC の c 面をすべり面とする a 転位のすべり系は，$a/2\langle 1\bar{1}0\rangle/\{111\}$ のように表記される．すべり運動の駆動力は，すべり面上でバーガースベクトル方向に働く（分解）せん断応力 τ である．バーガースベクトル $\boldsymbol{b}$ の転位に単位長さあたり働く力は

$$F = \tau b \tag{1.6.3}$$

で与えられる[5]．

すべり運動する転位は，結晶の周期性に起因したポテンシャル変動（PP）を感じる[6]．SiC に限らず，最隣接原子配位が sp^3 軌道混成に由来する四面体構造をとる多くの共有結合性半導体結晶では PP が高く，これがすべり運動の主たる障害となる．高温では，転位線の一部が熱的ゆらぎによって PP の稜線を越え（キンク対生成），生成したキンクが転位線に沿って移動する（キンク

移動）ことによって，転位線全体が PP の谷から次の谷へ移動する（パイエルス機構）．一般に四面体結合性半導体では，立方晶で $a/2\langle 1\bar{1}0\rangle/\{111\}$，六方晶で $a/3\langle 11\bar{2}0\rangle/(0001)$ が容易すべり系である．これは，パイエルス応力（絶対零度で熱的助けを借りずに純力学的に転位がいっせいに PP を越えるのに必要な分解せん断応力）が，バーガースベクトルの大きさとすべり面間隔の比が小さいほど指数関数的に小さくなる[7]のがひとつの理由である．ところが四面体結合性半導体では一般に，拡張せず完全転位のまま広い c 面ですべる shuffle set という状態ではなく，狭い c 面で拡張してすべる glide set と呼ぶ状態で運動している[2,8,9]（図 1.6.3 は実は glide set の芯構造）．

化合物半導体では一般に転位移動度（易動度）は，30° 部分転位よりも 90° 部分転位が，β 転位よりも α 転位が（ただし n 型のばあい），また先行（leading）する部分転位のほうが後続（trailing）する部分転位よりも移動度が大きいことが知られている[2]．3 C-SiC 中の 90° 部分転位に関する第一原理計算[10]によれば，β 部分転位（転位芯は Si 原子なので 90° Si(g) と表記；g は glide set の意）よりも α 部分転位（90° C(g) と表記）のほうが移動度が高い．しかし，3 C-SiC 結晶での TEM 観察の結果[11]は，逆に Si(g) のほうが C(g) よりも移動度が大きいことを強く示唆している．また，転位線は Si(g) がなめらかな形状を示すのに対して，C(g) はジグザグした形をしている[11]．これは C(g) では 30° セグメントよりも 90° セグメントのほうが移動度が大きいためと考えられる．

六方晶 SiC のすべり系は c 面すべりのほか，$a/3\langle 11\bar{2}0\rangle/\{1\bar{1}00\}$ の柱面すべり[8]，$a/3\langle 11\bar{2}0\rangle/\{1\bar{1}01\}$ のピラミダルすべり[12]が存在する．図 1.6.4 は室温のインデンテーションにより導入された 6 H-SiC 結晶中の柱面すべり転位ループである[8]．柱面の刃状転位は室温でもすべり運動し，パイエルスポテンシャルが小さいことを示唆する不規則な形状をしていることがわかる．しかし c 面転位のようには拡張していない．

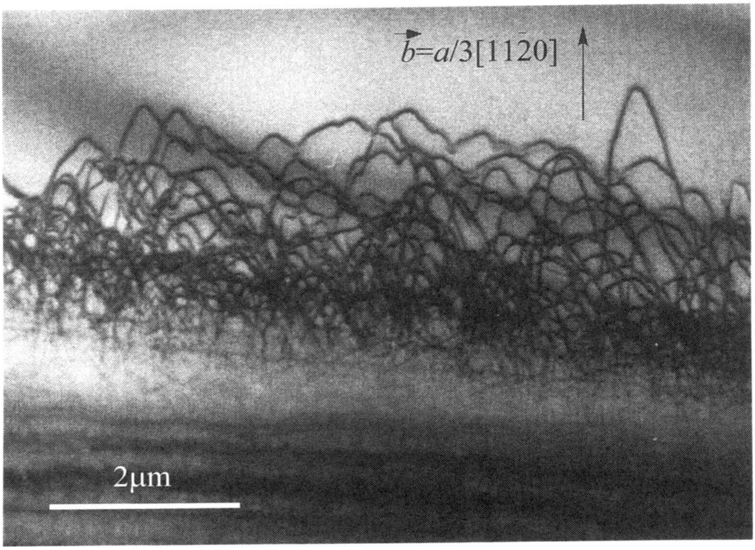

図 1.6.4　室温インデンテーションで 6 H 結晶に導入された柱面 a 転位ループ

1.6.3　高温変形における転位の役割[13)]

SiC の高温強度に関しては古くから研究があるが，焼結材に関する実験が多く，変形機構に関しては転位よりも粒界すべりや拡散流動に基づくモデルが多い[14)]．しかし，6 H 単結晶を用いた変形実験[15,16)]や 4 H 単結晶を用いた実験[17)]の結果は，転位すべりによる塑性変形がかなり低温から起こることを示している．図 1.6.5 に示す降伏応力の温度依存性からわかるように，c 面すべりは柱面すべりより変形応力が低い（圧縮方位 C の結果については後述する）．変形速度の応力指数 n の値は圧縮方位 C で $n=3$ という転位すべりの特徴を示す．活性化エネルギー Q は，著者らの解析[15)]によれば $Q=3.4\pm0.7$ eV であったが，その後 Samant ら[16-18)]は，約 1300℃を境にして，6 H 結晶では低温で $Q=2.1\pm0.7$ eV，高温で $Q=4.5\pm1.2$ eV，4 H 結晶では低温で $Q=1.8\pm0.7$ eV，高温で $Q=5.4\pm0.6$ eV という値を得ている．これは約 1300℃を境に後

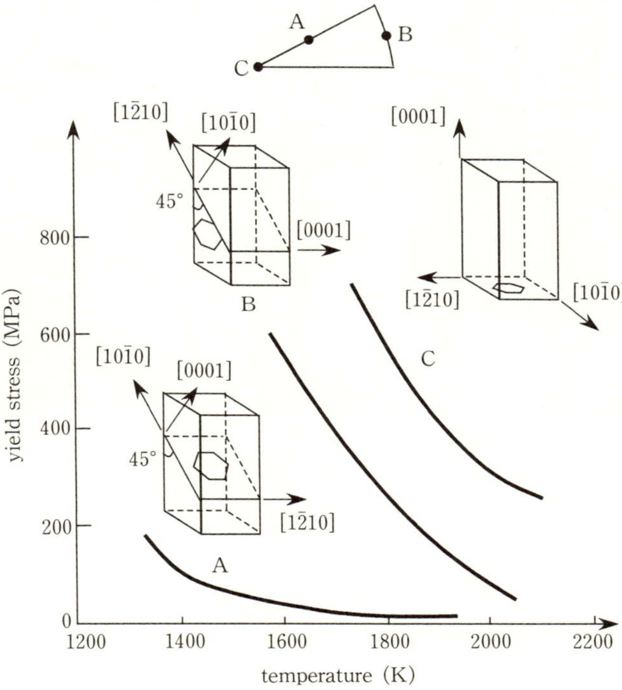

図 1.6.5　6 H-SiC 単結晶の圧縮降伏応力の温度依存性

述するように転位のすべりモードが異なるためと考えられる．

マクロな圧縮試験は 600°C以下では困難であるが，硬度試験は低温でも可能である[19]．図 1.6.6 は室温から高温にわたって塑性変形によって 6 H 結晶に導入された転位の典型的形状の TEM 写真である[9]．高温（1200°C以上）で変形した試料中には，拡張転位がペアで増殖し，転位線は特定の結晶方位にあまり沿っていないのが観察される．これに対し低温変形試料では，非常に広がった積層欠陥が観察され，積層欠陥の端にある部分転位線の形状は〈11$\bar{2}$0〉方向に沿って直線的で，パイエルス機構で律速される場合の特徴を示している．

転位の拡張幅 w は，図 1.6.7 のように，部分転位間の弾性的斥力 ($\propto w^{-1}$) と積層欠陥による引力の釣り合いで決まる．SiC が他の半導体結晶と比較して

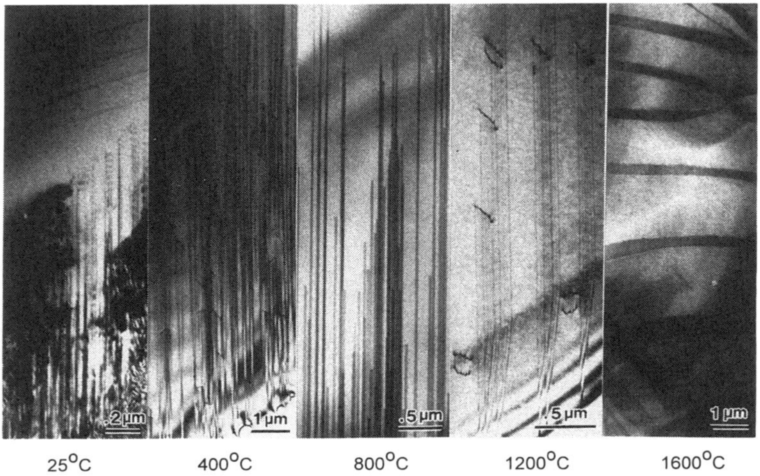

図 1.6.6　6 H-SiC の c 面転位形状の変形温度依存性
（左より 25°C，400°C，800°C，1200°C，1600°C）

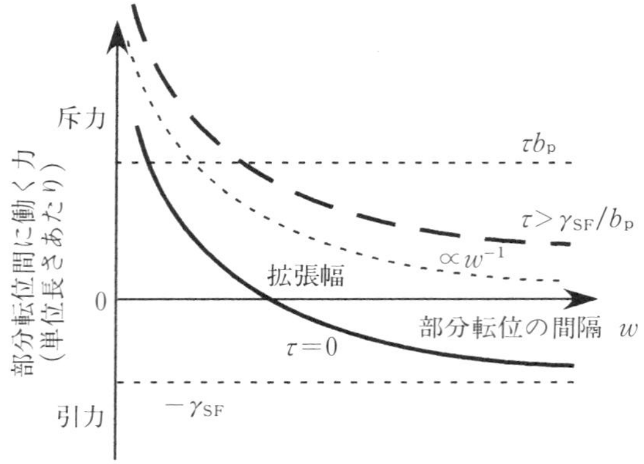

図 1.6.7　部分転位間の弾性的斥力と積層欠陥による引力の釣り合い
太い破線は外力がバーガースベクトル b_p の部分転位に働く場合

際立った特徴は，c 面の積層欠陥エネルギー γ_{SF} が小さく，SiC に種々の多形構造が存在する理由となっている．特に 6 H-SiC では $\gamma_{SF} = 2.5 \pm 0.9$ mJ/m^2 と非常に低く[8,20]，平衡状態でも 200 nm 前後の非常に大きな幅で転位が拡張する．γ_{SF} が大きい Si など普通の半導体結晶では，少々の外部応力が加わったくらいでは，2 つの部分転位は積層欠陥の引力によりペアになって運動する．ところが，外部応力がある値を越えると，積層欠陥が広げられる．その臨界応力は，部分転位のバーガースベクトルの大きさを b_p とすると，(1.6.3)式からわかるように γ_{SF}/b_p で，この値は γ_{SF} の小さな 6 H-SiC では約 14 MPa と非常に小さく，低温変形試験では外部応力がこの値を優に越えるのが普通である．すでに 1.6.2 で述べたように，3 C-SiC 結晶の TEM 観察[11] によれば，Si(g)のほうが C(g)よりも移動度が大きい．Si(g)/C(g)ペア*3 のうち移動度の小さな C(g)部分転位を後に残しながら，移動度の高い Si(g)部分転位だけが積層欠陥を引き伸ばすような形ですべると考えられる．

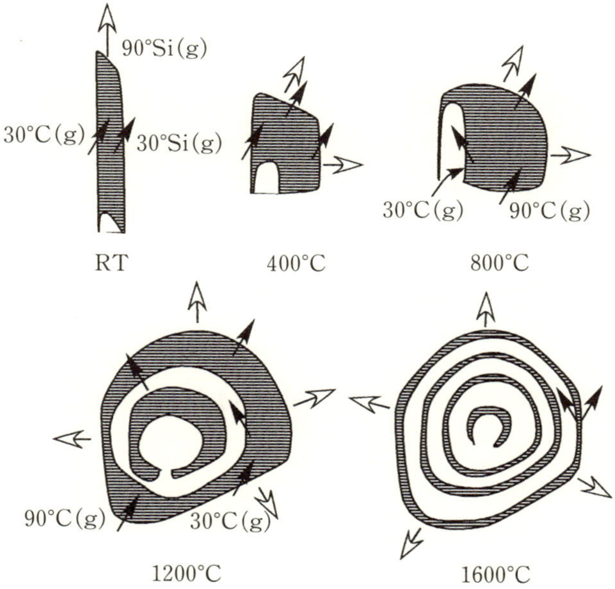

図 1.6.8　6 H-SiC の c 面転位の運動モードの温度変化（模式図）

---

*3　例えば，先行部分転位が β 転位（転位芯に Si 原子），後続転位が α 転位（転位芯に C 原子）であるとき，この部分転位のペアを Si(g)/C(g)（g は glide 転位を意味する）と表記する．

塑性変形において顕著な塑性歪みを得るためには転位増殖が必要である．ふつう転位増殖は Frank-Read（FR）機構によって起こるが，1.6.4 で述べるようにこれは拡張転位がペアですべらないと実現しない．このため，c 面転位のすべりモードは図 1.6.8 に模式的に示したように，高温では転位増殖が起こるが，低温ではひとつのすべり面を部分転位が 1 回しかすべれないので塑性歪みはあまりかせげない．Pirouz ら[21] は，ペア増殖の有無が SiC の脆性-延性遷移の原因であると主張している．

転位すべりによって焼結体のような多結晶が任意の形に変形するためには，六方晶では $a+c$ 転位（$\boldsymbol{b}=a/3\langle 11\bar{2}0\rangle+c[0001]$）の活動が必要となる．図 1.6.5 の圧縮方位 C は，そのような $a+c$ 転位にせん断応力が働くような方位であるが，変形試料中には c 面，柱面いずれも a 転位しか観察されない．活性化エネルギーは $Q=5\pm1$ eV，応力指数は $n=5.5\pm1.5$ で，転位すべり律速よりも拡散律速をうかがわせる．活性化エネルギーがバルク中の自己拡散における値(Si[22]，C[23] とも約 9 eV)よりはるかに小さく，C の粒界拡散の測定値[24] に近い．塑性流動は柱面刃状転位に沿うパイプ拡散により，直交する c 面刃状転位が上昇運動を起こすことによって進行しているものと推定される．

1.6.4　転位機構による多形変態

SiC は，例えば，熱処理によって 3 C → 6 H，塑性変形によって 6 H → 3 C のように，異なる多形構造の間で相互に転移を起こす．SiC の多形転移の機構には，古くはスパイラル成長モデル[1,25]，新しくは部分転位 2 重交差すべりモデル[26] がある．前者は，c 軸に平行に適当な巨大バーガースベクトルを持つらせん転位が存在し，この周りをスパイラル成長することによってバーガースベクトルの値で決まる種々の多形が発生するというものである．しかし，このようならせん転位の存在は実験的には確証がないし，都合のよいバーガースベクトルを持ったらせん転位がなぜ始めに存在するのか物理的理由があまりない欠点がある[27]．また，既存の構造から別の多形構造への転移を説明するモデルにもなっていない．

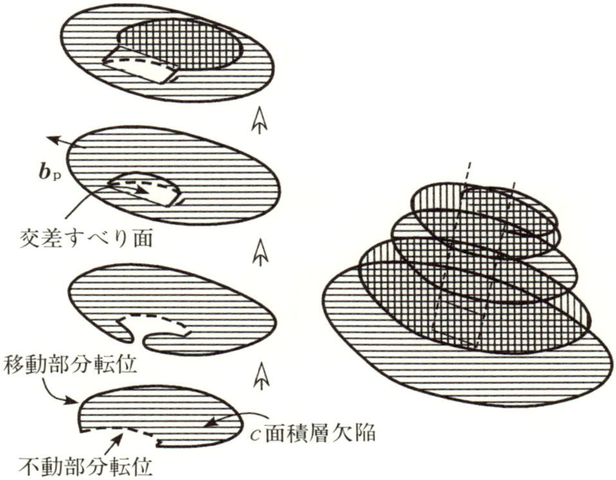

図 1.6.9　2 重交差すべりモデルによる SiC の多形の転移

2 重交差すべりモデル（図 1.6.9）は，1.6.3 で述べた c 面拡張転位の増殖の機構と深い関係がある．部分転位が積層欠陥を引き伸ばしながら FR 源（ポール）をまわり込むと，すでに積層欠陥が存在するので，それ以上進行しようとすると非常にエネルギーが高い面欠陥ができるため止められてしまう．すなわち部分転位単独では同じすべり面で増殖できない．しかし，もし交差すべり面に十分なせん断応力がかかっていると，そのらせん部分は交差すべり面に移ることができる．部分転位の運動は積層欠陥を作り，積層欠陥の導入は別の多形構造を局所的に作ることと等価である．ある多形構造が熱力学的に安定であれば，交差すべりした部分転位は，その多形構造を実現するように再びもとのすべり面と平行な c 面に交差すべりを起こす確率が高い．新しいすべり面には障害となる積層欠陥はないので，部分転位は再びループ状に広がることができる．まわり込んだ部分転位は，積層欠陥を避けて再び交差すべりを起こす．このような過程を繰り返すことにより，熱力学的に安定な構造へと転移を起こす．このモデルの利点は，巨大らせん転位のような特殊な欠陥を格別に考えなくても，熱力学的安定性に従いながらある既存の構造から別の構造へと転移が起こることを説明できることである．しかし，交差すべり面に必然的にできる積層欠陥の形成エネルギーはかなり大きいはずであるし，そのような交差すべり面にのった積層欠陥が観察された例はまだない．

1.6.5　SiC 中の転位の特殊な振る舞い

転位芯にはダングリングボンドが存在することを 1.6.1 で指摘した．一般に半導体中の転位の移動度は結晶の電気的状態に敏感であるが，これは転位が電気的に活性であることに由来する[9]．例えば，伝導タイプが n 型と p 型では転位移動度がかなり異なるのが普通である．SiC ではフェルミ準位の違いによるものかどうかまだ不明であるが，緑色結晶（n 型）と黒色結晶（p 型）とでは，高温硬度値が後者のほうが 20%ほど小さい．

半導体では，電子-正孔対を作るような光や荷電粒子線を結晶に照射すると転位のすべり速度が著しく促進される現象（電子励起転位すべり効果）がある[9]．SiC でも TEM で転位を観察していると，電子線照射によって 90° 部分転位が室温でもすべり運動する様子が観測される[28]．効果は電子線の照射中だけ起こり可逆的である．電子励起転位すべり効果の機構は，転位に付随してエネルギーギャップ中に電子準位ができ，これを介して，電子励起で生成した電子-正孔対が非発光的に再結合するときに開放するエネルギーが転位の運動を助けるように使われるためと解釈されている[9]．電子励起転位すべり効果は半導体レーザの転位増殖による急速劣化の一原因と考えられており，特にワイドギャップ半導体で起こりやすいことから，SiC を青色発光材料に用いようとする際に，この効果の存在は留意すべきである．

参考文献

1）鈴木秀次, “転位論入門”（アグネ, 1967）p. 16

2）H. Alexander, “Dislocations in Solids vol. 7”（ed. by F. R. N. Nabarro, North-Holland, Amsterdam, 1986）p. 113

3）S. Amelinckx, Nature, **168**（1951）431

4）J. Heindl, W. Dorsch, H. P. Strunk, St. G. Muller, R. Eckstein, D. Hofmann and A. Winnacker, Phys. Rev. Lett., **80**（1998）740

5）文献 1）p. 89

6）文献 1）p. 213

7）S. Takeuchi and T. Suzuki, “Strength of Metals and Alloys”（Pergamon Press, Oxford, 1988）p. 161

8）K. Maeda, K. Suzuki, S. Fujita, M. Ichihara and S. Hyodo, Philos. Mag., **A57**（1988）573

9）K. Maeda and S. Takeuchi, “Dislocations in Solids vol. 10”（ed. by F. R. N. Nabarro and M. S. Duesbery, North-Holland, Amsterdam, 1996）p. 443

10）P. K. Sitch, R. Jones, S. Oberg and M. I. Heggie, Phys. Rev. B, **52**（1995）4951

11）X. J. Ning and P. Pirouz, J. Mater. Res., **11**（1996）884

12）S. Amelinckx and G. Strumane, J. Appl. Phys., **31**（1960）1359

13）前田康二, 窯業協会誌, **94**（1986）784

14）例えば, A. Gallardo-Lopez, A. Munoz, J. Martienz-Fernandez and A. Dominguez-Rodeiguez, Acta Mater., **47**（1999）2185 の引用文献

15）S. Fujita, K. Maeda and S. Hyodo, Philos. Mag., **A55**（1987）203

16）A. V. Samant, W. L. Zhou and P. Pirouz, Phys. Stat. Sol.（a）**166**（1998）155

17）J. H. Demenet, M. H. Hong and P. Pirouz, J. Phys. Cond. Matter（2000）in press

18）A. V. Samant and P. Pirouz, Int. J. Refractory Metals & Hard Materials, **16**（1988）277

19）S. Fujita, K. Maeda and S. Hyodo, J. Mater. Sci. Letters, **5**（1986）450

20）M. H. Hong, A. V. Samant and P. Pirouz, Philos. Mag., **A80**（2000）919

21）P. Pirouz, A. V. Samant, M. H. Hong, A. Moulin and L. P. Kubin, Mater. Res., **14**（1999）2783

22) M. H. Hon, R. F. Davis and D. E. Newbury, J. Mater. Sci., **15** (1980) 2073
23) M. H. Hon and R. F. Davis, J. Mater. Sci., **14** (1979) 2411
24) M. H. Hon and R. F. Davis, J. Mater. Sci., **14** (1979) 2411
25) F. C. Frank, Philos. Mag., **42** (1951) 1014
26) P. Pirouz, Inst. Phys. Conf. Ser., No. **104** (1989) 49
27) N. W. Jepps and T. F. Page, J. Cryst. Growth & Characterization, **7** (1983) 259
28) K. Maeda, K. Suzuki and M. Ichihara, Microsc. Microanal. Microstruct., **4** (1993) 211

1.7 ラマン分光と SiC 多形の評価

1.7.1 はじめに

SiC 結晶が多くの多形（ポリタイプ）を持つことは古くから知られていて，これまで数百にのぼる多形が報告されている．Si-C 原子面の積層構造が異なる多形が，どのような機構で発生するのかはまだよくわかっていない．これまでどのような積層構造の SiC 多形が存在するのかが種々の手法を用いて調べられてきた．代表的な手法として X 線回折（XRD），高分解電子顕微鏡による格子像測定，蛍光分光，ラマン散乱分光があるが，この中でラマン分光は，非破壊計測法であること，短時間計測が可能なことから多形判定法として広く使われるようになってきた[1]．最近では SiC がエレクトロニクス材料として注目され，単結晶，エピタキシャル結晶膜が作られるようになってきた．これらの結晶の成長中あるいは高温熱処理中に，異なる多形が発生することがしばしば起こる．この結晶の微小領域構造やセラミックス内の結晶粒の多形を計測するために顕微ラマン分光法が活用されている．

この章ではラマン散乱測定から多形判定をどのようにして行うのか，その原理について述べ，続いてラマン測定法の概略を説明する．さらにラマンスペクトルによる多形構造判定法について説明する．ラマン分光による多形判定は単結晶のみならず，結晶粒の集合体であるセラミックスにも適用できる．後半部で，ラマン散乱による SiC 結晶内の積層欠陥解析の例を紹介する．最後に，ラマン分光のセラミックスへの応用についてもふれる．

1.7.2 ラマン散乱による SiC 多形の判定

SiC 多形は超格子構造を持っている．GaAs-AlAs を人工のヘテロ超格子とすれば，SiC 多形は自然ホモ超格子といえる．一番短周期で閃亜鉛鉱型構造を持っているのが 3C–SiC である．高次多形の周期（c 軸方向の単位胞の長さ）は基本多形である 3C–SiC の整数倍（n 倍）になっている（3C–SiC の ⟨111⟩ 軸は c 軸に対応している）．したがってそのブリユアンゾーンの大きさは 3C–SiC の $1/n$ になる．その結果，図 1.7.1 に示すように，多形のフォノンの分散曲線は 3C–SiC の分散曲線を n 重に折り返したもので近似される[1]．この折り返しによって新たに $q=0$ の点に現れたモードを折り返しモード（folded mode）と呼ぶ．この折り返しモードの多くがラマン散乱で観測される．

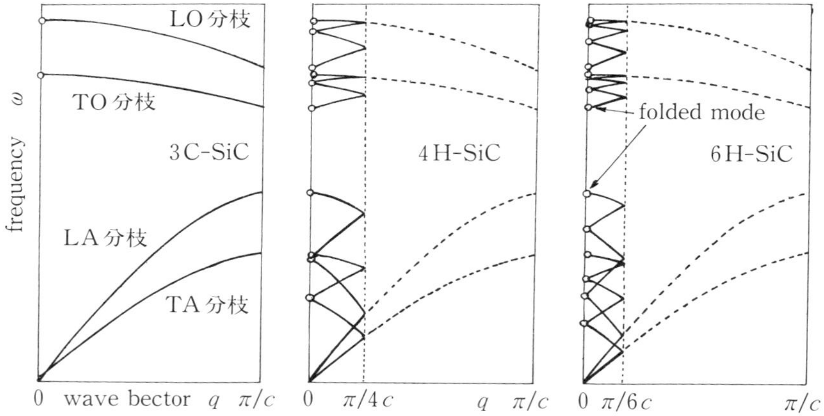

図 1.7.1　3C–SiC，4H–SiC，および 6H–SiC に対して，c 軸方向に伝搬するフォノン分散曲線と折り返しモードを示した．高次多形の分散曲線は 3C–SiC の分散曲線を折り返した曲線で近似される．折り返しモードの多くがラマン散乱で観測される

結晶におけるフォノンに対するラマン散乱の強度 W は入射光と散乱光の偏光ベクトル $\boldsymbol{e}_i$，$\boldsymbol{e}_s$ が結晶主軸となす角度に依存していて，次式

$$W=A(\boldsymbol{e}_i\cdot\mathbf{R}\cdot\boldsymbol{e}_s)^2$$

$$A\propto\frac{n(\omega)+1}{\omega}\quad\text{（ストークス散乱の場合）}\qquad(1.7.1)$$

$$n(\omega)=\frac{1}{\exp(\hbar\omega/kT)-1}$$

のように表される．ここで ω はフォノンの振動数で，$\mathbf{R}$ はラマンテンソルで，テンソルの形は各結晶系に対して決まっていて，ラマン散乱の教科書には必ず与えられている．ラマン散乱ではフォノンと入射光，散乱光の間でエネルギー保存則が成立していて，ストークス散乱に対して次式で与えられる．

$$\hbar\Omega = \hbar\omega_{\mathrm{i}} - \hbar\omega_{\mathrm{s}} \tag{1.7.2}$$

ここで，Ω，ω_{i}，ω_{s} はそれぞれフォノン，入射光，散乱光の振動数である．フォノンによるラマン散乱過程ではエネルギー保存則と同様に，波数ベクトル保存則が入射フォトン，散乱フォトン，フォノンの間で成り立つ．ストークス散乱に対して保存則は $\boldsymbol{q} = \boldsymbol{k}_{\mathrm{i}} - \boldsymbol{k}_{\mathrm{s}}$ と表される．ここで $\boldsymbol{q}$，$\boldsymbol{k}_{\mathrm{i}}$，$\boldsymbol{k}_{\mathrm{s}}$ はそれぞれフォノン，入射，散乱フォトンの波数ベクトルである．可視光レーザを使用した場合，$\boldsymbol{k}_{\mathrm{i}}$，$\boldsymbol{k}_{\mathrm{s}}$ はブリユアンゾーンの大きさに比べ十分小さいから，観測されるフォノンモードの波数ベクトルは $q \fallingdotseq 0$ のものに限られる．

高次多形では，この折り返しの回数に応じて $q=0$ のフォノンモードの数が増加する．この折り返しモードは超格子の X 線回折で見られるサテライトに対応している．SiC 多形の折り返しモードのラマンバンドは，対応する 3 C-SiC のフォノンの分枝と還元波数ベクトルの値を用いて，FTO(x)，FTA(x) と表示される．6 H 多形の折り返しモードに対応する 3 C-SiC のフォノンの還元波数ベクトル（$x = q/q_{\mathrm{B}}$）は 0，2/6，4/6，6/6 である．

ラマン散乱で強く観測されるモードは，横波音響（TA）分枝と横波光学（TO）分枝の折り返しモード（FTO，FTA）である[1,2]．この折り返しモードの振動数およびその散乱強度は多形の周期，積層構造を反映している．したがって，SiC のラマンスペクトルの測定から容易に多形の判定がつく．特に低波数領域に現れる TA 分枝の折り返しモード（FTA）は，ダブレット構造を持ち，非常にシャープなラマン線を与えるので，多形の精密判定にはこのモードをモニタとして用いるとよい．またこのモードの振動数，強度の解析から，c 軸方向の Si-C 原子面の積み重なり方（積層構造）が求まる[1,3,4]．また SiC デバイスを作成するために不純物のドーピングが行われているが，これらの結晶の電子物性（キャリア移動度など）の評価にもラマン散乱が用いられる[5]．

1.7.3　SiC 多形のラマン測定

レーザのような単色性の強い光を物質に照射したとき，照射光と異なった波長の光が散乱される．これがラマン散乱であるが，ラマン散乱は物質に固有なスペクトルを示す．この現象を利用してラマン分光法が材料評価の分野で広く用いられるようになってきた．図 1.7.2 にラマン測定システムの概略図を示す．測定システムは光源部，試料部，分散系，検出系，データ収集部に分けられる．

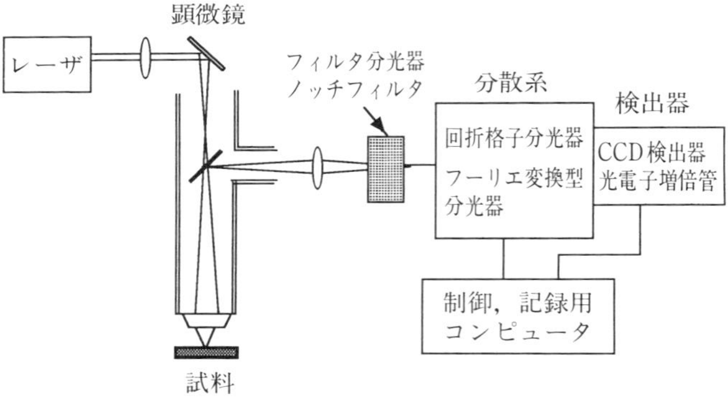

図 1.7.2　ラマン測定システムのブロック図

［光源部］

ラマン散乱の励起に用いられるレーザは可視域で発振するアルゴンレーザが多く用いられているが，用途に応じて YAG レーザ，クリプトンレーザ，カドミウム蒸気レーザや波長可変の Ti：サファイアレーザが用いられる．SiC は間接遷移型半導体で比較的ルミネッセンスが弱いため，不純物を大量にドープしていない限り，アルゴンレーザが励起光源として適している．

［分散系］

試料から散乱された光は分光され光検出器で検出される．分光器として回折格子を備えたダブルモノクロメータやフーリエ変換型分光器が使われている．

単にスペクトルの概略を見るためには小型の分光器でよいが，歪みを定量的に評価する，あるいは微小な欠陥を検出する，あるいはラマンバンドの形状から欠陥の評価を行うためには，焦点距離が 1 m クラスのダブルモノクロメータが必要になる．

[検出系]

検出器としてこれまで光電子増倍管が主流であったが，最近はマルチチャネル検出器として CCD 検出器が普及してきた．この検出器を用いると，機械的な波長掃引をせずにスペクトルが同時計測できるので，短時間で波長精度の高いスペクトルが得られる．SiC のラマン線は比較的強いので，CCD 検出器を使用すれば数十秒～数分程度の測定時間で結晶のラマンスペクトル測定が可能である．ラマン測定で，これまでの大きな問題点は，ラマン信号が蛍光に比べて非常に微弱で，簡単に測定できなかったことであった．しかし最近開発された高量子効率で低雑音の冷却型 CCD 検出器を用いて，多くの物質のラマン散乱測定が短時間で容易に行われるようになってきた．

[試料室]

励起レーザ光はレンズを用いて集光され，試料に照射される．開口数（numerical aperture）の大きい顕微鏡の対物レンズを用いるとレーザ光をミクロン程度に絞ることができる．光学顕微鏡を用いた顕微鏡ラマンシステムでは，ミクロサイズの微小領域や微粒子の多形判定が容易に行える．このラマン顕微鏡システムで，線状照射法あるいは面状照射法を用いて 1 次元あるいは 2 次元ラマン画像計測ができる．これまで異なる多形ドメインの空間分布や，欠陥の分布，さらに p-n 接合の自由キャリアの分布などが調べられている[1]．

ラマン散乱は（1）光を用いた非破壊ミクロ評価法であること，（2）真空を必要としないこと，（3）試料形状があまり問題にならないことに加えて（4）物性評価ができるなどの特徴を持っている[6]．

測定配置として，後方散乱配置や直角散乱配置などがあるが，入射光と散乱光の伝搬方向が反平行な後方散乱配置がよく用いられる．

1.7.4　SiC 多形のラマンスペクトル

SiC 結晶の c 面（0001）を用いて，後方散乱配置で測定した基本的多形（3 C，4 H，15 R，6 H，21 R）のラマンスペクトルを図 1.7.3(a)～(e)に示す．この測定配置では E タイプの FTO，FTA モードのラマンバンドが一般に強く観測される．また A タイプの LO（＝FLO(0)）モードが～967 cm^{-1} に強く観測されるが，それ以外の FLO モード，FLA モードの強度は非常に弱い[1,2]．また c 軸を含む面（ab 面）を用いて後方散乱配置で測定した場合は A タイプの TO モードが観測されるようになる．この TO モードの振動数は E タイプの TO（＝FTO(0)）モードと振動数が異なり，かつ多形依存性を示す[7]．したがってセラミックスの結晶粒の多形を TO モードの振動数から判定する場合にこのことに留意する必要がある．

ラマン測定による多形の判定は比較的低次の（短周期の）多形に対しては容易である．c 面に対する後方散乱配置では横波折り返し（FT）モードが強く観測されるので，これらのラマン線の波数から判定できる．表 1.7.1 に代表的な幾つかの多形のラマン線の振動数（波数）を示した．＊印をつけたのは FTA，FTO モードでそれぞれ最大強度を持つラマンバンドで，このモードを調べるだけでも多形結晶の判定ができる[8]．この FTO，FTA バンドは，対応する 3 C-SiC のモードの還元波数 $x=q/q_B$ が多形の hexagonality(h)に等しい，すなわち $x=h$ の場合に，最大強度を持つことが証明されている[8]．hexagonality は多形の積層構造の中に六方積層配置が含まれる割合である．

FTO モードは 760～800 cm^{-1} の領域に現れるので測定がしやすく，純粋な多形の判定にはこの領域の測定で十分である．しかし，多形ドメインが混ざっている場合には，異なる多形の FTO モードが重なり，判定がしにくい．さらに測定する面が c 軸を含む面であれば A_1(TO)モードが観測されるが，このモードの振動数は c 面で観測した FTO モードの振動数と異なるので[7]，結晶粒の方位が乱雑な多結晶における多形の判定が不正確になる．一方，低波数領域の FTA モードは非常にシャープで，かつその振動数が測定配置に依存しな

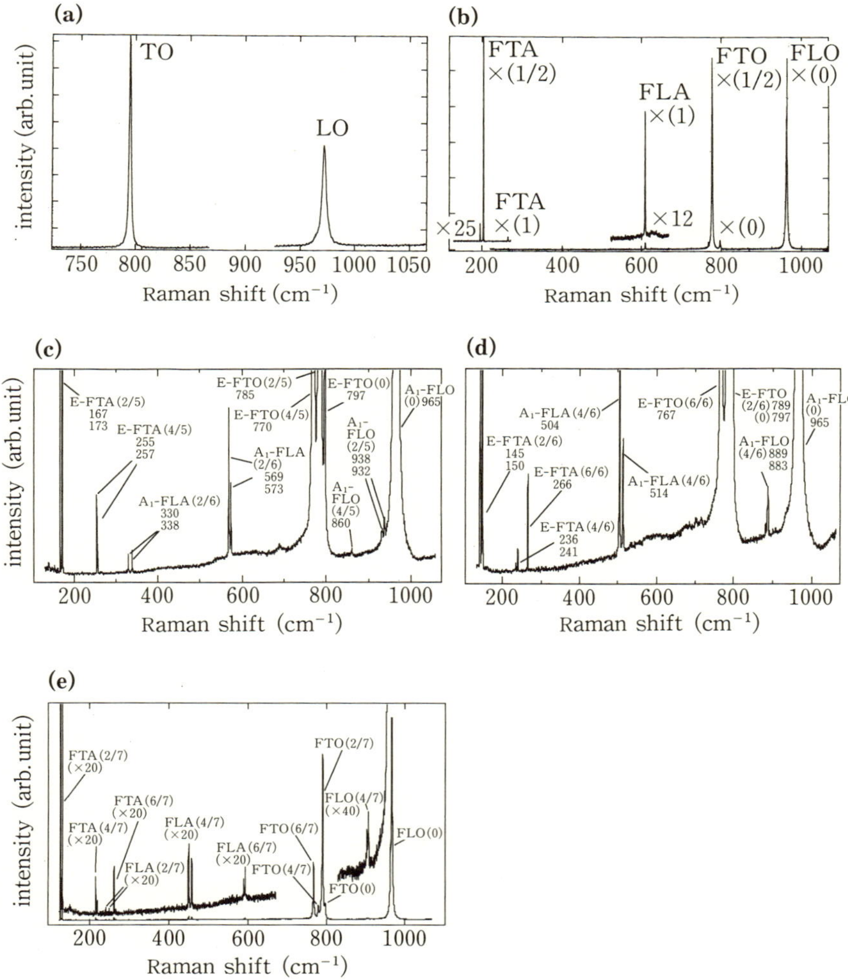

図 1.7.3　典型的な SiC 多形のラマンスペクトル．測定は結晶の（0001）面を用い後方散乱配置で行った

（a）3 C-SiC，（b）4 H-SiC，（c）15 R-SiC，（d）6 H-SiC，（e）21 R-SiC

表 1.7.1　典型的な SiC 多形におけるラマン振動数

多形		振動数（cm^{-1}） planar acoustic	planar optic	axial acoustic	axial optic
	$x=q/q_B$	FTA（E）	FTO（E）	FLA（A_1）	FLO（A_1）
3 C	0	—	796*	—	972
2 H	0	—	799	—	968
	1	264*	764*	—	—
4 H	0	—	796	—	964
	2/4	196，204*	776*	—	—
	4/4	266		610	838
6 H	0	—	797	—	965
	2/6	145，150*	789*	—	—
	4/6	236，241		504，514	889
	6/6	266	767	—	—
8 H	0	—	796	—	970
	2/8	112，117*	793*	—	—
	4/8	203		403，411	917，923
	6/8	248，252		—	—
	8/8	266	768	615	
15 R	0	—	797	—	965
	2/5	167，173*	785*	331，337	932，938
	4/5	255，256	769	569，577	860
21 R	0	—	797	—	967
	2/7	126，131*	791*	241，250	
	4/7	217，220	780	450，458	905，908
	6/7	261	767	590，594	

E(E_1，E_2)対称性を持つ FTA と FTO モード，および A_1 対称性を持つ FLA と FLO モードについてのみ取り上げた．* 印は各 FTA，FTO モードのうちで最大強度を持つラマンバンドを示す．

いので，FTO モードより FTA モードから多形の判定をする方が確かである．ただし FTA バンドは FTO バンドと比べると強度が弱く，低波数領域に存在するのでバックグラウンド光が強く，顕微ラマン測定が困難な場合がある．

長周期の多形の場合や未知の多形に対しては，まず折り返しモードの振動数から周期を決め，次に強度プロファイルを種々の多形構造に対する計算プロファイルにフィットさせ，最適多形構造を求める[3,4]．これまで基本多形以外に 27 R，33 R，45 R，51 R 多形のラマン測定と構造解析が行われた．これまでにラマン散乱法で構造同定がなされた最長周期の多形は 132 R（Zhdanov notation：$[(33)_3(32)_2(33)_222]_3$）である[4]．

1.7.5　積層欠陥（不整）の評価

SiC の積層欠陥がラマン散乱で検出できることが最近わかってきた．SiC 結晶粒では，原子面の配列が乱雑な積層不整または積層欠陥がしばしば発生する．この積層欠陥は単に原子面の配列が乱雑になった構造（stacking error）の場合と，部分転位を伴う場合がある．この部分転位は SiC の電気的性質に大きな影響を及ぼすと考えられている．この積層欠陥は高波数領域の FTO ラマンバンドおよび低波数域の FTA バンドに影響を与える[1]．図 1.7.4 に積層欠陥をほとんど含まない 6 H-SiC 結晶と，高密度の積層欠陥を含む 6H-SiC の結晶のラマンスペクトルを示す[1]．積層不整の度合いが比較的小さい場合は，FTA バンドの裾の広がりやラマンバンドの非対称性などが生じるが，この度合いが大きくなると FTO バンドと FTA バンドの歪み，さらに 700〜800 cm^{-1} の領域と 0〜265 cm^{-1} の領域にわたるブロードなバックグラウンドが観測されるようになる．ある特定のモードの強度の増大も認められる．積層欠陥によるこのようなスペクトル変化の理由として（1）フォノンの寿命の低下，（2）波数ベクトル保存則の破れによる，$q=0$ モード以外のフォノンモードのラマン活性化，（3）ラマン散乱過程に対する偏光選択則の破れが挙げられる．

このラマンスペクトルの解析から XRD 測定と同様に積層不整の度合い，積層不整の性質がわかると期待される．これまでアチソン法で作製したバルク結晶の欠陥，熱処理による多形転移時に発生する不整が調べられている．α-SiC に対しては種々の積層不整モデルによるラマンスペクトルのシミュレーションが行われ，測定スペクトルとの比較，さらに XRD による解析との比較検討が行われた[9]．また積層欠陥を含む 3 C-SiC についてもラマン測定とモデル計算との比較がなされている[10]．

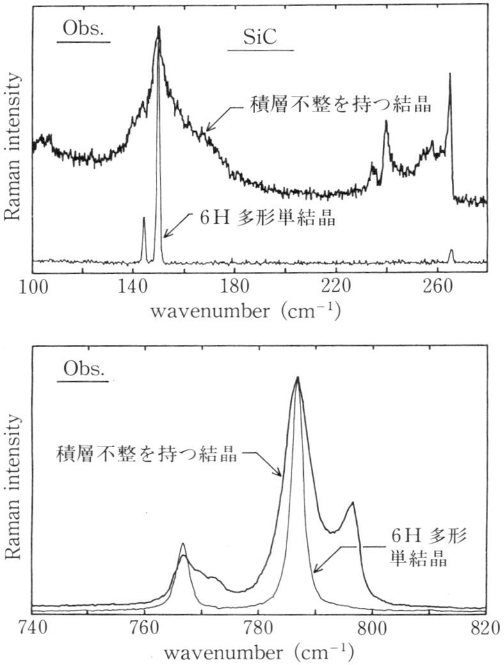

図 1.7.4　積層欠陥を多く含む 6 H-SiC と欠陥の少ない 6 H-SiC 結晶のラマンスペクトルの比較．アチソン法で作製した試料を用いた

1.7.6　セラミックスのラマン散乱と XRD

セラミックス中には幾つかの異なる多形の領域が存在し，多形の組成比は原料，焼成条件によって変わる．この異なる多形領域の存在比をラマン測定と X 線回折実験（XRD）から求め，比較することが行われている．ラマン測定と XRD 測定の結果には非常に強い相関があるが，しかし若干（～10%程度）の食い違いが存在していて，今後の詳細な検討が待たれている．

参考文献

1) S. Nakashima and H. Harima, Phys. Stat. Sol. (a), **162** (1997) 39
2) D. W. Feldman, J. H. Parker, Jr., W. J. Choyke and L. Patrick, Phys. Rev., **170** (1968) 698
3) S. Nakashima and K. Tahara, Phys. Rev. B, **40** (1989) 6339
4) S. Nakashima, K. Kisoda and J. P. Gauthier, J. Appl. Phys., **75** (1994) 5354
5) H. Harima, S. Nakashima and T. Uemura, J. Appl. Phys., **78** (1995)
6) 中島信一, 三石明善, 応用物理, **53** (1984) 558
7) S. Nakashima, A. Wada and Z. Inoue, J. Phys. Soc. Jpn., **56** (1987) 3375
8) S. Nakashima and M. Hangyo, Solid State Commun., **80** (1991) 21
9) S. Nakashima, H. Ohta, M. Hangy and B. Palosz, Phil. Mag. B, **70** (1994) 971
10) S. Rohmfeld, M. Hundhausen and L. Ley, Phys. Rev. B, **58** (1998) 9858

1.8 SiC 系超塑性

1.8.1 はじめに

セラミックス超塑性が見出されてまだ 15 年ほどしか経過していないが，この間における研究の進展には目を見張るものがある．セラミックス超塑性の研究は，当初，正方晶ジルコニア多結晶（TZP）を中心に進められ，変形機構の解析は主として微細結晶粒組織を有する金属材料について確立された現象論的手法によってなされてきた．しかし，その後セラミックス固有の現象が数多く見出されてきており，この分野の研究の進展に多大の貢献をしている．

本稿ではまず，研究が進んでいる TZP をはじめとする酸化物系セラミックスの超塑性変形の特徴について概観し，次いで SiC 系，Si_3N_4 系などの粒界液相あるいはアモルファス相を含む非酸化物系セラミックスの超塑性変形について述べる．微細結晶粒超塑性の主たる変形様式は，結晶粒界すべりである．前者の多くは結晶粒界が固相/固相界面と見なしうるものであり，金属材料に関する現象の理解がある程度までは適用可能である．これに比べると，後者の粒界に液相あるいはアモルファス相を含む系では，変形中にさまざまな組織変化が起こり，定常状態での変形という取扱いが難しい．SiC 系あるいは Si_3N_4 系セラミックスの超塑性変形挙動の解析に関しては，今後の研究の進展に期待される部分が多い．

1.8.2 微細結晶粒超塑性の特徴

表 1.8.1 は，金属材料，セラミックスおよび金属間化合物の微細結晶粒超塑性の特徴をまとめたものである[1]．多結晶材料については，超塑性が発現する臨界の結晶粒径があるといわれており，金属材料および金属間化合物について

表 1.8.1 金属材料，セラミックス，金属間化合物の微細結晶粒超塑性の比較[1)]

	金属材料	セラミックス	金属間化合物
最大伸び	5500% (Al 青銅，1985)	1038% (TZP＋SiO_2，1993)	810% (Ti_3Al，1992)
臨界粒径	10 μm	1 μm	10 μm
応力 (σ)-歪み速度 ($\dot{\varepsilon}$) 関係	3 領域	1 領域（？）	3 領域
活性化エネルギー (Q)	粒界拡散	格子拡散（？）	粒界拡散（？）
歪み速度感受性指数 (m)	～0.5	～0.5	～0.5
粒界指数 (p)	2	2 あるいは 3	？
ネッキング	生じる	生じない	生じる
破断伸びを支配する因子	m	$\dot{\varepsilon}$ exp (Q/RT)	m（？）

はおよそ 10 μm，セラミックスでは約 1 μm である．セラミックスで超塑性が起こる臨界粒径は，金属材料や金属間化合物に比べると約 1/10 である．

微細結晶粒超塑性の変形挙動の解析は，歪み速度 ($\dot{\varepsilon}$) と定常変形応力 (σ) の関係を与える次式をもとになされている．

$$\dot{\varepsilon}=A\frac{\sigma^n}{d^p}\exp\left(-\frac{Q}{RT}\right) \qquad (1.8.1)$$

ここで，A は材料定数，d は結晶粒径，n および p はそれぞれ応力指数および結晶粒径指数，Q は活性化エネルギー，R は気体定数，T は変形温度である．

(1.8.1)式は，定常クリープ変形の議論に用いられる構成方程式である．超塑性変形するセラミックスでは，しばしば応力-歪み曲線に変形応力が歪みによらずほぼ一定値をとる領域が現れ，通常はこの応力を定常変形応力とみなして，(1.8.1)式をもとに現象論的な議論がなされる．この場合には変形機構を判断するうえで，n（あるいはその逆数である歪み速度感受性指数 m），p お

および Q の 3 つのパラメータが用いられる*1.

図 1.8.1 は，これまでに報告された TZP のデータを整理して，$\dot{\varepsilon}d^2$ と応力の関係を両対数プロットしたものである[3]. データはかなりばらついてはいるものの，その多くは $n=2$ の直線関係で近似できる．この種の整理によっていくつかの興味深い結果が明らかになっている．例えば，応力レベルによってデータが異なっていることである．応力が 100 MPa でのばらつきは 10 倍以内の範囲におさまっているが，応力 5 MPa では実に 2 桁ものばらつきが見られる．低応力下での大きなばらつきは，TZP の不純物量に依存している．不純物の総量が 0.10 mass%以上の TZP のデータは，全応力範囲で $n=2$ の直線関係で記述できるのに対して，0.10 mass%以下の純度の高い材料についてのデータは低応力レベルで明らかにこの直線関係から下側にシフトしている．以前は高純度 TZP に見られるこの種の現象を，応力レベルによって異なる 2 つの変形機構が律速しているものと仮定されていた[4]. しかし，Jiménez-Melendo らは，低応力領域の n 値は一定ではなく，応力が低下するにつれて n が大きくなることを指摘し，この結果はむしろ，しきい応力 σ_0 を導入することにより合理的に説明できるとしている．すなわち (1.8.1)式は次の形で記述される．

$$\dot{\varepsilon}=A\frac{(\sigma-\sigma_0)^n}{d^p}\exp\left(-\frac{Q}{RT}\right) \tag{1.8.2}$$

$$\sigma_0=\frac{C}{d}\exp\left(\frac{Q_0}{RT}\right) \tag{1.8.3}$$

σ_0 は(1.8.3)式のような温度依存性を有していると考えることができる．ここ

---

*1　厳密にいえば，超塑性変形中の応力一定の状態は，変形中の結晶粒成長に起因する硬化と，引張変形の進行に伴う歪み速度の減少およびキャビテーションによる軟化が釣り合った見かけ上の現象であり[2]，(1.8.1)式による現象の解析にはおのずから限界があることを認識しておかねばならない．

セラミックスの超塑性は，きわめて高い温度で発現するものであり，実験の困難さもあってデータのばらつきはかなり大きい．例えば，これまでに最も研究報告の多い TZP のデータも研究者ごとにかなりばらついており，実験結果の解釈も異なっている．しかし，TZP をはじめとするこれまでの酸化物系セラミックスに関する超塑性変形挙動の解析結果によれば，$\dot{\varepsilon}$ と σ の関係については金属材料のそれと本質的な相違は認められないといっていいように思われる．

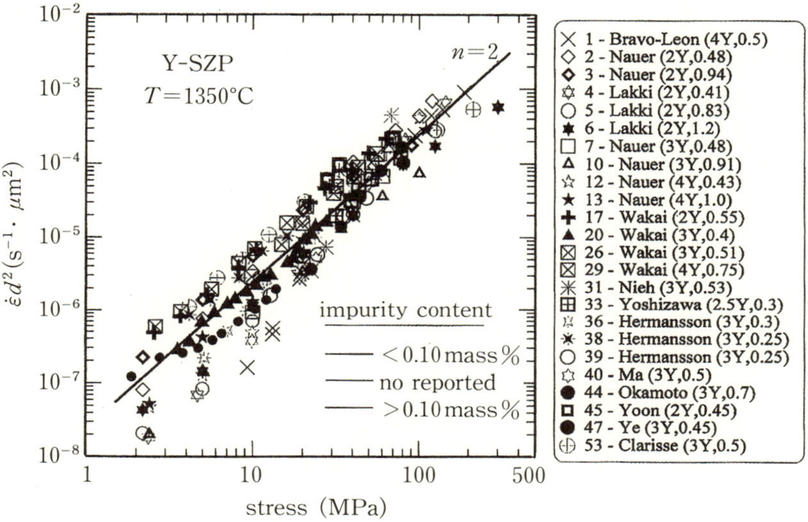

図 1.8.1 TZP の $\dot{\varepsilon}$ と σ の関係の整理[3)]

で，C は定数，Q_0 が活性化エネルギー項である．本稿では TZP の変形機構の詳細を議論する余裕はないが，ここで得られている結論は，金属材料についての解析と本質的な差はない．このことは，表 1.8.1 にまとめた変形パラメータの結果からもうかがえることである．

一方，超塑性セラミックスの延性を支配する因子は，金属材料とセラミックスでは異なっていることが指摘されている．よく知られているように，金属材料の高温伸びは歪み速度感受性指数（m；n 値の逆数）とよい相関関係があり，m 値がおよそ 0.3 以上になると超塑性とよばれるような大きな伸びが得られるようになる[5)]．ところが，Kim らの解析によると，超塑性セラミックスの破断伸びは m 値と相関性が見られず，図 1.8.2 に示されているようにむしろ Zener-Hollomon（ZH）因子でうまく記述できる[6)]．ZH 因子は変形応力と関連するパラメータであり，Kim らの結果に従えば，セラミックスでは変形応力が低くなるほど伸び値が大きくなるということになる．確かに，この法則は多くのセラミックスについてかなり広い温度および歪み速度範囲で成立するものであるが，この法則に反する多くの事例が最近になって報告されてきている．例えば，TZP-TiO_2 系セラミックスの延性のデータはその一例であり[7]，伸び値を支配する因子には応力以外のパラメータが重要な役割を果たしていることが指摘されている．

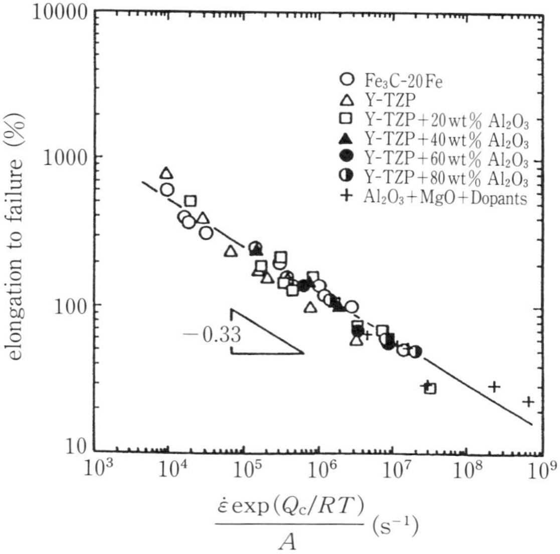

図 1.8.2　超塑性セラミックスの伸び値と ZH パラメータの関係[6]

さらに顕著な例は，ガラス相を添加した TZP の延性に関するデータである．一般に，ガラス相添加は TZP の高温変形応力を低下させるが，この応力低下は必ずしも延性の改善にはつながらない．図 1.8.3 は，TZP および 2 種類のガラス相を添加した TZP の 1400°C における伸び値を比較したものである[8]．アルミノシリケートガラスの添加は，TZP の変形応力を大幅に低下させるにもかかわらず，伸び値はガラス無添加の TZP よりもむしろ減少している．純粋な SiO_2 の添加は，変形応力をそれほど低下させるわけではないが，TZP の延性向上には極めて有効である．この結果は，従来の現象論的解析では理解不可能であり，結晶粒界構造や粒界の局所的な化学結合状態に関する議論が不可欠である[9]．ここで特に付言しておきたいことは，ジルコニア結晶粒はガラス相によって濡れにくいということである．TZP に意図的にガラス相を添加しても，結晶粒界面（2 粒子界面）にはガラス相は存在せず，この界面は図 1.8.4 に示したように固相/固相界面と見なしうるものである[10]．この材料の伸び値は，固相/固相界面における原子間結合状態が決定的な役割を果たしている[11]．この点で，TZP は後述する SiC 系や Si_3N_4 系セラミックスとは

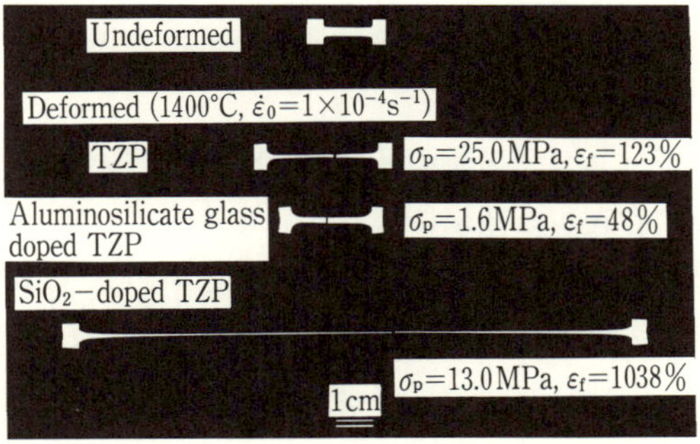

図 1.8.3　TZP および 2 種類のガラス添加 TZP の 1400°Cにおける伸び値の比較[8]

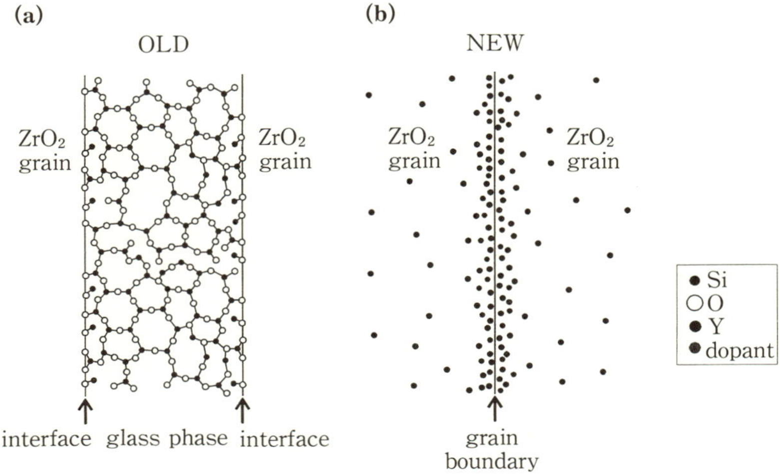

図 1.8.4　ジルコニアの結晶粒界構造の模式図
（a）ガラス相の存在，（b）固相/固相界面

本質的に異なっている．

1.8.3　粒界ガラス相を含むセラミックスの変形機構

粒界ガラス相を含む多結晶体の変形が，ガラス相自体の粘性流動によって支配される場合には，歪み速度 $\dot{\varepsilon}$ は応力 σ に比例して

$$\dot{\varepsilon}=\frac{\sigma}{\eta} \tag{1.8.4}$$

と書かれる．ここで η はガラス相の粘度である．

一方，結晶粒界に存在する液相による拡散クリープの促進のモデルは，Raj と Chyung によって与えられた[12]．彼らに従って，Coble の粒界拡散律速のクリープの構成方程式の拡散係数として液相中の拡散係数 D_{b} を用いると，次式が導かれる．

$$\dot{\varepsilon}=\frac{A'\sigma\Omega C\delta D_{\mathrm{b}}}{kTd^3} \tag{1.8.5}$$

ここで，A' は定数，Ω は原子容，C は液相中の当該原子の溶解度，δ は粒界液相の厚さ，k はボルツマン定数である．Stokes-Einstein の公式を用いると，(1.8.5)式は

$$\dot{\varepsilon}=\frac{2.3\sigma\Omega C\alpha}{\eta d^3} \tag{1.8.6}$$

と書かれる．(1.8.6)式中の α は，粒界構造に関連するパラメータである．この式が，粒界液相を有する多結晶セラミックスの拡散律速の溶解・析出クリープの速度式である．一方，クリープ変形が界面反応律速の溶解・析出機構によって律速される場合には，歪み速度を与える速度式は

$$\dot{\varepsilon}=\frac{K\sigma\Omega C}{d\kappa T} \tag{1.8.7}$$

となる．ここで K は定数，κ は界面反応速度定数である．拡散律速および界面反応律速のいずれの場合も，応力指数は 1 となるが，結晶粒界指数は前者で 3，後者で 1 となる．

若井は，結晶粒界にステップが存在する場合の溶解・析出機構を考察し，以

下の結論を得ている[13]．すなわち，溶解・析出が拡散律速で起こる場合には，速度式は（1.8.6）式とほとんど同じ形となるが，界面反応律速の場合には応力指数がステップ密度に依存する．（1.8.7）式のような $\dot{\varepsilon}$ と σ の直線関係は，ステップ密度が塑性変形中に一定である場合にのみ成り立ち，密度が応力の関数で与えられるときには，指数 n も 1 より大きくなる．ステップが 2 次元核生成するときの速度式は

$$\dot{\varepsilon}=\frac{K'\sigma^n\Omega C}{dkT}\left(\frac{D_s}{\lambda_s}\right) \tag{1.8.8}$$

となる．ここで，K' は定数，D_s および λ_s はそれぞれに吸着層中の溶質の拡散係数および平均拡散距離である[13]．（1.8.8）式の応力指数は 1 から 9 の範囲の値をとり，らせん状のステップ成長に対しては $n=2$ となる．

1.8.4　変形挙動の特徴

前節では，粒界ガラス相を含むセラミックスの変形機構の概要を述べた．これらのモデルはいずれも，変形中の組織変化などはなく，単一の機構で変形が進行する場合の理想的な状況を取り扱ったものである．ところが後述するように，SiC 系や Si_3N_4 系セラミックスの超塑性変形は，必ずしも定常変形といえる状態ではない．このためもあって，これまでに報告されている測定結果および現象の解釈も研究者によって異なり，変形挙動を単一の機構で理解するのは容易ではない．ここではこの事実を念頭に置いたうえで，SiC 系および Si_3N_4 系の超塑性変形のデータを見ていくことにする．

図 1.8.5 は，1775°Cにおける SiC セラミックスの応力-歪み曲線である[14]．ここで用いられている材料は，SiC に添加する酸窒化物助剤を適切に選択して高温変形中の相および組織安定性を高めたものである[15]．試料調製に努力を払うことによって，最大 170％の伸びが達成されている．また，変形応力と歪み速度の関係をプロットした結果 $n\simeq2$ となることが確かめられている．しかし，SiC 系の超塑性に関する研究はまだ始まったばかりであり，変形機構の詳細をこれ以上議論できるには至っていないように思われる．SiC 系セラミック

スが液相焼結によって作られていることを考えると，その超塑性変形を理解するには，Si_3N_4 系セラミックスについての議論がベースとなると考えてよいであろう．Zhan らによれば[16]，この系の超塑性の研究は（1）Si_3N_4 基ナノコンポジット[17,18]，（2）α-Si_3N_4 粉末を出発原料とするサイアロン[19-23]，（3）α-Si_3N_4 単体[24-27]，（4）微細結晶粒 β-Si_3N_4[28-30]，（5）ロッド状の形態の結晶粒を有する β-Si_3N_4 単体[31] に分類される．

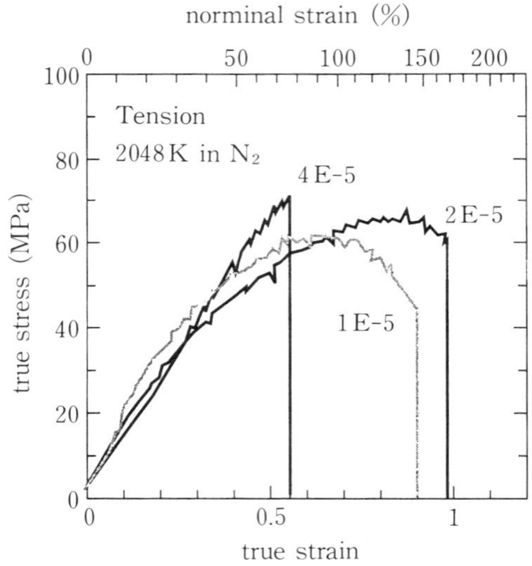

図 1.8.5　SiC の 1775°C における応力-歪み曲線[14]

表 1.8.2 は，これまでに報告された Si_3N_4 基セラミックスの超塑性変形のデータをまとめたものである[16]．この結果によれば，n 値あるいは Q 値などの変形パラメータとして種々の値が報告されており，変形機構の理解は容易ではない．例えば，n が 1 あるいは 2 程度といったような前述の粘性流動もしくは溶解・再析出機構と矛盾しない値も報告されているが，一方では $n=0.5$ といった報告も複数ある．Chen と Hwang は，サイアロンの変形応力と歪み速度の関係が応力レベルによって異なり，低応力下では $n\simeq1$，高応力になると $n\simeq0.5$ の遷移が生じることを見出している[20]．彼らによれば，低応力下の変

表 1.8.2 Si_3N_4 セラミックスの超塑性変形データ[18)]

Material	Test†	Temperature (°C)	$\dot{\varepsilon}$ (s^{-1})	Stress (MPa)	n	Q ($kJ \cdot mol^{-1}$)	Ref. No.
Si_3N_4/SiC (70/30)	T	1550-1650	~2×10^{-5} (1600°C)	~60	1.5-2.3	649-698 (100 MPa)	18
β'-SiAlON (>20% amorphous)	C	1550-1600	~1×10^{-3} (1550°C)	>100	0.5	560	20
β'-SiAlON (>20% amorphous)	T	1550	<3×10^{-4}	~10	1.47	940	21
α'-SiAlON (Li/Y)	C	1550-1625	~4×10^{-3} (1550°C)	~100	0.5	550-890	23
β-Si_3N_4 (Y/Mg, equiaxed)	C	1500	~1.8×10^{-4}	40			28
β-Si_3N_4 (Mg/Al/Ca, equiaxed)	C	1500-1600	~3.5×10^{-4} (1500°C)	40			29
α-Si_3N_4 (PAS)	C	1400-1700	~1×10^{-4} (1500°C)	~100	2	390 (10 MPa)	25
β-Si_3N_4 (acicular)	T	1600	~2×10^{-5}	~40			31
β-Si_3N_4 (HIP, α/β=10/90)	C	1600-1700	~2×10^{-5} (1643°C)	~100			24
α-Si_3N_4 (α/β=70/30)	C	1595	~1×10^{-4}	>100	0.82-0.84	960 (100 MPa)	27
	T	1570-1617	~5×10^{-5}	~40	2.5		
β-Si_3N_4 (Y/Mg, equiaxed)	C	1450-1650	~7×10^{-4} (1550°C)	~100	1.0-1.4	344 (20 MPa)	16

† T: tension, C: compression.

形は粒界液相のニュートン粘性，高応力下では shear-thickening が律速機構となっている．後者は，塑性変形の進行中に組織変化が関与する変形様式のひとつの例である．この考え方に従えば，液相は結晶粒と接する部分に Stern 層を有しており，この層は固相に近い状態と見なしうるものである．応力がある程度高くなると Stern 層の間に存在する液相は，この応力の作用によって容易に外部に浸出し，このため結晶粒界は液相のない状態になりうる．そのような場合には，変形を進行させるためにはより高い応力が必要となる．ただし，Si_3N_4 系において高応力下で常に shear-thickening 現象が生じるか否かは明らかになっているとは言い難い[24,25]．

高温変形中に Stern 層が形成されるか否かは別として，応力下では粒界アモルファス相の厚さに分布が生じることは確かなようである．焼結後の Si_3N_4 の結晶粒界（2 粒子界面）には，厚さがおよそ 1 nm のアモルファス相が認められている[32]．この厚さは Clarke モデルと合致することから[33]，Si_3N_4 系セラミックスは液相によって濡れやすく，2 粒子界面にはこの程度の厚さのアモルファス相（高温では液相）が存在していることが一般に受け入られている．ところが，粒界アモルファス相の厚さは応力によって変化し，引張応力が作用する粒界では厚さが増し，圧縮応力が働く粒界では減少することが確かめられている[34]．図 1.8.6 は，超塑性変形した Si_3N_4 の結晶粒界の HRTEM 像である[24]．図（a）は付加応力に垂直，（b）は平行な粒界面を示しており，応力軸と粒界のなす角度によってアモルファス相の厚さが全く異なっていることがわかる．

このほかにも，SiC 系や Si_3N_4 系の高温変形中にはさまざまな組織変化が生じるので，焼結状態の組織を前提に変形挙動を議論するのは正しくない．例えば，変形中には粒界ガラス相の組成変化，結晶粒の成長あるいは形態の変化，結晶粒の配向性の変化，相転移などが生じることが見出されている．しかし，これらの現象に関する研究成果の蓄積はまだ十分とはいえず，変形機構の詳細を議論するには今後の研究に待たれるところが多い．

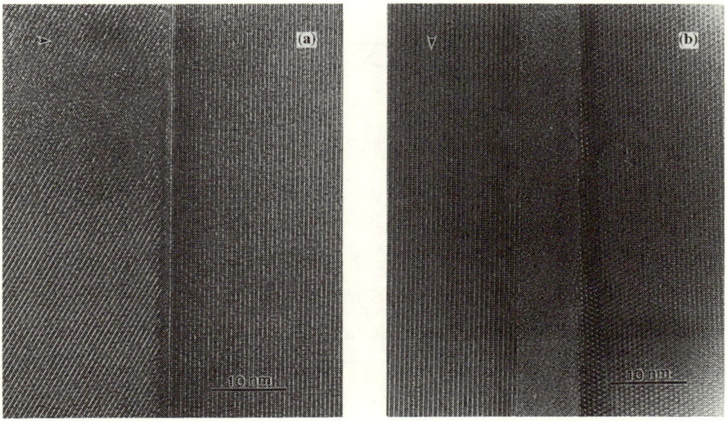

図 1.8.6　Si_3N_4 の結晶粒界に存在するアモルファス相
（a）付加応力に垂直，（b）平行[24)]

1.8.5 おわりに

SiC 系や Si_3N_4 系など，液相あるいはガラス相によって粒界が濡れやすいセラミックスでは，粒界多重点はもとより 2 粒子界面にもアモルファス層が存在し，高温変形挙動はこのアモルファス相自体の変形もしくはこの相中の物質移動によって支配される．また，この種のセラミックスでは，変形中に種々の組織変化あるいはアモルファス相の組成変化が起こり，変形挙動の定量的な解析は難しい．今後，この種の現象の解析が進み，セラミックス超塑性の研究に新たな展望が開かれることを期待したい．

謝　　辞

科学技術庁無機材質研究所　三友　護博士には，SiC 系セラミックス超塑性に関して最新の研究成果を提供していただくとともに Si_3N_4 系のデータを引用する許可を得た．記して感謝の意を表する．

参 考 文 献

1) 佐久間健人, まてりあ, **36** (1997) 881
2) K. Kajihara, Y. Yoshizawa and T. Sakuma, Scripta Metall. Mater., **28** (1993) 559
3) M. Jiménez-Melendo, A. Dominguez-Rodriguez and A. Bravo-Leon, J. Am. Ceram. Soc., **81** (1998) 2761
4) A. H. Chokshi, Mater. Sci. Eng., **A166** (1993) 119
5) D. A. Woodford, Trans. ASM, **62** (1969) 291
6) W.-J. Kim, J. Wolfenstine and O. D. Sherby, Acta Metall. Mater., **39** (1991) 199
7) T. Kondo, Y. Takigawa and T. Sakuma, Mater. Sci. Eng., **A231** (1997) 163
8) T. Sakuma and Y. Yoshizawa, Mater. Sci. Forum, **170-172** (1994) 369
9) Y. Ikuhara, P. Thavorniti and T. Sakuma, Acta Mater., **45** (1997) 5275
10) T. Sakuma, Mater. Sci. Forum, **304-306** (1999) 3
11) A. Kuwabara, S. Yokota, Y. Ikuhara and T. Sakuma, Mater. Sci. Forum, 印刷中
12) R. Raj and C. K. Chyung, Acta Metall., **29** (1981) 159
13) F. Wakai, Acta Metall. Mater., **42** (1994) 1163
14) T. Nagano, K. Kaneko, G.-D. Zhan and M. Mitomo, J. Am. Ceram. Soc., 印刷中
15) Y. M. Kim and M. Mitomo, J. Am. Ceram. Soc., **82** (1999) 273
16) G.-D. Zhan, M. Mitomo, T. Nishimura, R-J. Xie, T. Sakuma and Y. Ikuhara, J. Am. Ceram. Soc., **83** (2000) 841
17) F. Wakai, Y. Komada, S. Sakaguchi, N. Maruyama and K. Niihara, Nature, **344** (1990) 421
18) T. Rouxel, F. Wakai and K. Izaki, J. Am. Ceram. Soc., **75** (1992) 2363
19) I.-W. Chen and L. A Xue, J. Am. Ceram. Soc., **73** (1990) 2585
20) I.-W. Chen and S.-L. Hwang, J. Am. Ceram. Soc., **75** (1992) 1073
21) X. Wu and I.-W. Chen, J. Am. Ceram. Soc., **75** (1992) 2733
22) S.-L. Hwang and I.-W. Chen, J. Am. Ceram. Soc., **77** (1994) 2775
23) A. Rosenflanz and I.-W. Chen, J. Am. Ceram. Soc., **80** (1997) 1341

24) P. Burger, R. Duclos and J. Crampon, J. Am. Ceram. Soc., **80** (1997) 879
25) J. A. Schneider and A. K. Mukherjee, Ceram. Eng. Sci. Proc., **17** (1996) 341
26) F. Rossignol, T. Rouxel, J. L. Besson, P. Goursat and P. Lespade, J. Phys., **III 5** (1995) 127
27) T. Rouxel, F. Rossignol, J. L. Besson and P. Goursat, J. Mater. Res., **12** (1997) 480
28) M. Mitomo, H. Hirotsuru, H. Suematsu and T. Nishimura, J. Am. Ceram. Soc., **78** (1995) 211
29) T. Nishimura, Y. Bando, M. Mitomo and H. Hirotsuru, "The Proceedings of the Fourth European Ceramic Society Conference" (ed. by A. Bellosi, Gruppo Editoriale Fatnza Editrice, 1995) p. 265
30) C.-M. Wang, M. Mitomo, T. Nishimura and Y. Bando, J. Am. Ceram. Soc., **80** (1997) 1213
31) N. Kondo, F. Wakai, T. Nishioka and A. Yamakawa, J. Mater. Sci. Lett., **14** (1995) 1369
32) I. Tanaka, H-J. Kleebe, M. K. Cinibulk, J. Bruley, D. R. Clarke and M. Rühle, J. Am. Ceram. Soc., **77** (1994) 911
33) D. R. Clarke, J. Am. Ceram. Soc., **70** (1987) 15
34) G.-D. Zhan, M. Mitomo, Y. Ikuhara and T. Sakuma, J. Mater. Res., 印刷中

1.9 SiC の酸化

1.9.1 SiC のパッシブ酸化

SiC などのシリコン基セラミックスは，高温で優れた耐酸化性を有することから，高温構造材料や高温発熱体として広く用いられている[1]．これらのシリコン基セラミックスの優れた耐酸化性は，表面に形成される酸化皮膜（SiO_2）中での酸素の拡散係数が，多くの酸化物の中で高温で特に小さいことや，Pilling-Bedworth 比（基材と生成する酸化物の体積比）がほとんど 1 に近いため，歪みの少ない密着性の優れた皮膜が形成されることなどに起因している．このような保護性の SiO_2 皮膜が形成される酸化挙動をパッシブ酸化（保護酸化）という．SiC のパッシブ酸化の挙動については，従来，主に焼結体を用いて数多くの研究例が報告されている[2]．SiC の酸化速度は，多くの場合，保護皮膜中での酸化種の拡散が律速となり，(1.9.1)式で示される放物線則に従った挙動が認められているが[3]，焼結助剤として添加されている不純物によって大きく変化することが知られている．

$$(\Delta w)^2 = k_p t \tag{1.9.1}$$

ここで，Δw は，単位時間単位面積当たりの質量増加，t は時間，k_p は放物線速度定数である．図 1.9.1 にこれまで報告されている SiC の k_p をまとめて示す[2]．Al_2O_3 などの酸化物を焼結助剤として含む SiC 焼結体では，焼結助剤と SiO_2 が反応してシリケイト相を形成するため，1500〜1600 K 以上の高温で酸化速度が著しく上昇する．B や C を焼結助剤とする SiC 焼結体では，微量の助剤の添加でも高密度の SiC が得られ，耐酸化性の劣化は少ない．図中には，焼結体に含まれる不純物の種類と量（mass%）を示した．SiC 本来の酸化機構を明らかにするため，単結晶や CVD 材などの高純度・高密度試料を用いた研究も行われている．図 1.9.2 に各種高純度 SiC の O_2 中での k_p の温度変化を示す[3]．生成する酸化膜は SiO_2（クリストバライトあるいは非晶質）であり，酸化の律速段階は，約 1700 K 以下では Si-O ネットワーク中での分子状酸素の拡散，1700 K 以上では酸素原子の空孔あるいは格子間拡散が律速段階であると考えられている[4]．なお，単結晶 SiC では，図 1.9.3 に示したように，立方晶（β 型）の場合には(111)面，六方晶（α 型）の場合には(0001)面が Si 面と C 面の積層構造になっており，Si 面よりも，C 面の方が酸化速度が大きい[5]．

一方，酸化の律速段階が，外界からの酸素の拡散ではなく，酸化によって生成した CO や SiO などのガスの外方拡散の可能性も指摘されている[6]．しかし，これらのガスの外方拡散が律速であれば，酸化が顕著になるとともに SiC/SiO_2 界面に CO や SiO などのガスが蓄積して，バブルが発生するはずである．従来，1600～1800 K の温度域でバブルの発生が幾つか報告されているが，それらは，主に SiC 中に不純物として含まれている遊離炭素の選択的な

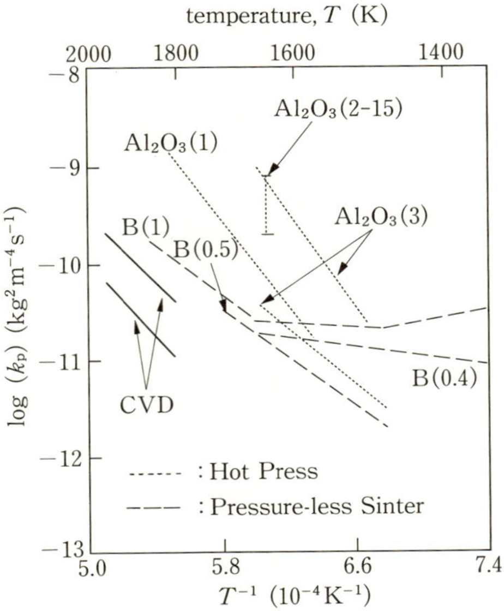

図 1.9.1　各種 SiC の放物線速度定数（k_p）の温度変化（括弧内の数字は焼結助剤の mass%）

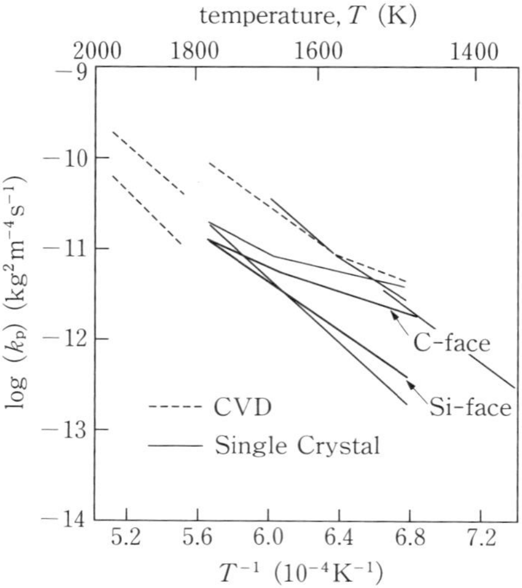

図 1. 9. 2　高純度 SiC の放物線速度定数（k_p）の温度変化

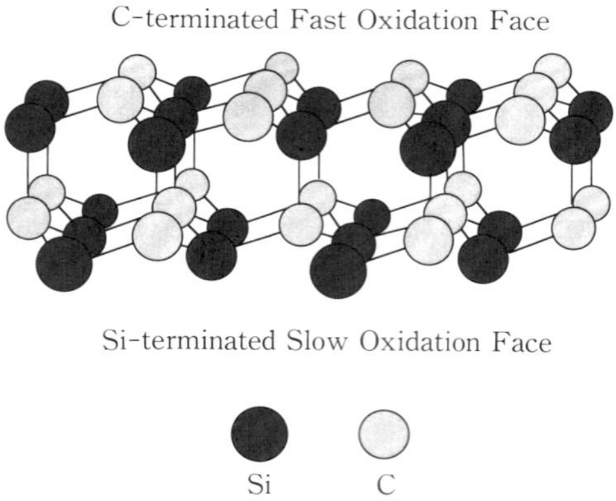

図 1. 9. 3　単結晶 SiC の Si 面と C 面の結晶格子の模式図

酸化によるものと考えられており[7]，1900 K 以下の温度域では高純度 SiC ではバブルの発生は認められていない．しかし，2000 K 以上ではバブルが発生し，CVD SiC を C/C コンポジットなどの耐酸化被覆材として使用する際には，このバブルの発生が SiC の使用温度の上限を決定することから，バブル発生の機構を明らかにすることは重要である．図 1.9.4 に CVD SiC の CO_2-Ar 雰囲気中でのバブル発生に伴う質量増加の様子を示す[3]．バブルの発生とともに急激に質量増加が起こり，次にバブルが破れて質量減少が起こる．この過程が繰り返され，鋸の刃のような質量変化が起こる．図 1.9.5 に実験後の試料表面

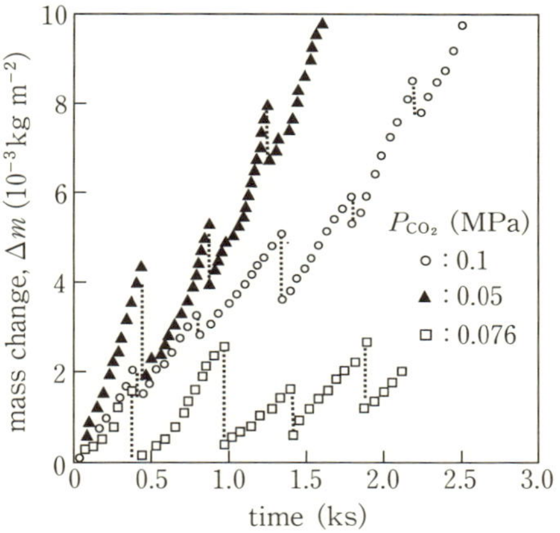

図 1.9.4　SiC の CO_2-Ar 雰囲気中でのバブル発生に伴う質量増加（2048 K）

図 1.9.5　SiC 表面に生成したバブルの一例（1923 K）

に生成したバブルの一例を示す[8]．このようなバブルが発生・成長するためには，バブル内のガスの圧力が外気の圧力（通常 0.1 MPa）を越えなければならない．SiC/SiO_2 界面に CO が蓄積すると界面での炭素の活量が増加して，遊離炭素が共存することも想定される．遊離炭素が SiC/SiO_2 界面に存在するとバブル内のガスの全圧が 1 気圧を越える温度は著しく低下することから[1]，例えば，スペースシャトルのノーズコーンや翼端に使用されている C/C コンポジットへの SiC 被覆では，Si 過剰の組成の SiC が用いられている[9]．

1.9.2　SiC のアクティブ酸化

高温・低酸素分圧の雰囲気では，SiC 表面に保護性の SiO_2 膜が形成されず，酸化によって SiO および CO ガスが発生して，顕著な質量の損耗が見られる．このような酸化挙動をアクティブ酸化（活性酸化）という．O_2-Ar などの雰囲気での SiC のアクティブ酸化は，(1.9.2)式で表される．

$$SiC(s) + O_2(g) = SiO(g) + CO(g) \qquad (1.9.2)$$

図 1.9.6 に SiC のアクティブ酸化速度 (k_a) と酸素分圧 (P_{O_2}) の関係を示す．

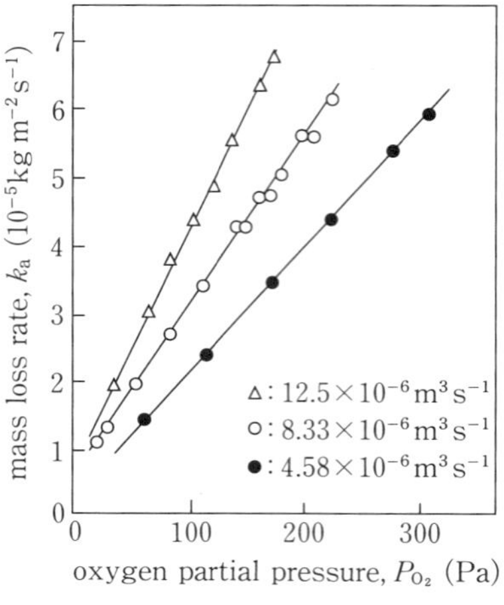

図 1.9.6　SiC のアクティブ酸化と酸素分圧の関係

いずれのガス流速でも k_a は P_{O_2} と直線関係にある．また，k_a は $V^{1/2}$（V：ガス流速）および $T^{1/2}$（T：温度）に比例することから，SiC のアクティブ酸化速度の律速段階は，ガス境界層中での物質移動であると考えられている[10]．

図 1.9.7 に CO-CO_2 雰囲気中でのアクティブ酸化速度（k_{CO}）の P_{CO_2}/P_{CO} 依存性を示す．k_{CO} の値は，ある P_{CO_2}/P_{CO} で極大になる[11]．その極大よりも低 P_{CO_2}/P_{CO} 域では，表面に多孔質の炭素の生成が認められ，この領域での SiC のアクティブ酸化は(1.9.3)式で表される．

$$2\,SiC(s) + CO_2(g) = 2\,SiO(g) + 3\,C(s) \tag{1.9.3}$$

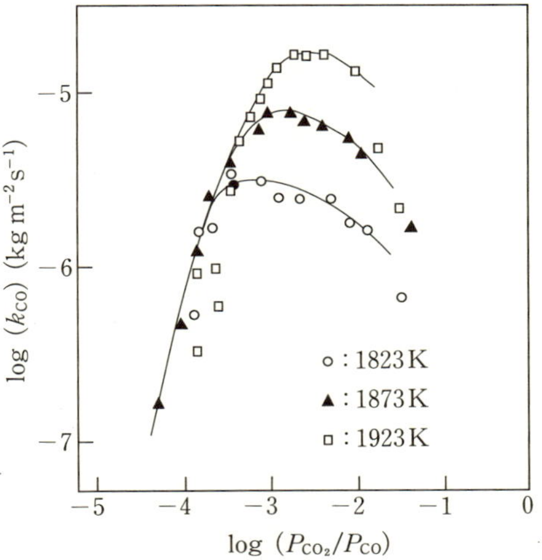

図 1.9.7 SiC の CO-CO_2 雰囲気でのアクティブ酸化速度と P_{CO_2}/P_{CO} 比の関係

アクティブ酸化速度は，P_{CO_2}/P_{CO} の増加とともに増大し，ほとんど温度に依存しない．この領域では CO_2 ガスの内方拡散が律速段階であると考えられている．k_{CO} がほぼ極大を示す P_{CO_2}/P_{CO} の領域では，SiC の表面には何も生成物は認められない．この領域での酸化は(1.9.4)式で表される．

$$SiC(s) + 2\,CO_2(g) = SiO(g) + 3\,CO(g) \tag{1.9.4}$$

その極大よりも高 P_{CO_2}/P_{CO} 域では SiC 表面には SiO_2 が認められ，P_{CO_2}/P_{CO} の上昇とともに，SiO_2 の形態は粒状から多孔質の膜状に変化する．この領域

では P_{CO_2}/P_{CO} の増加とともに k_{CO} は減少する．図 1.9.8 に $P_{CO_2}/P_{CO}=10^{-2.5}$～$10^{-2}$ のときの k_{CO} のアーレニウスプロットを示す．それぞれの直線の傾きから計算される活性化エネルギーの値は，(1.9.5)式の反応のエンタルピーに等しく，この P_{CO_2}/P_{CO} 域でのアクティブ酸化の律速段階は，生成した固相の SiO_2 が再度 SiO ガスに分解する過程であると考えられている[12]．

$$SiO_2(s)+CO(g)=SiO(g)+CO_2(g) \quad (1.9.5)$$

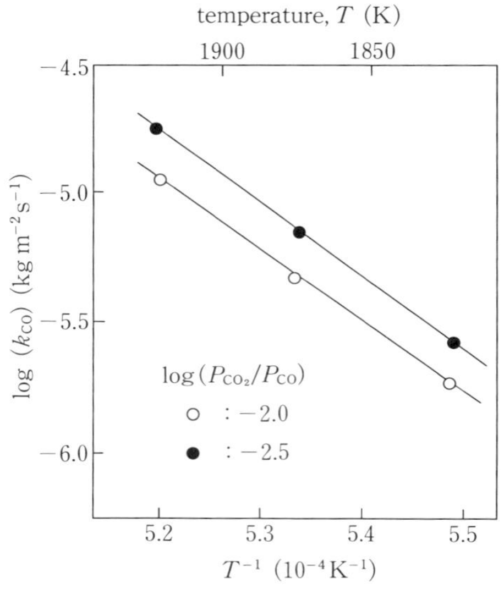

図 1.9.8　SiC の CO-CO_2 雰囲気でのアクティブ酸化速度の温度変化

1.9.3　SiC のアクティブ-パッシブ転移

酸素中での SiC のパッシブ酸化反応は，(1.9.6)式で表される．

$$SiC(s)+\frac{3}{2}O_2(g)=SiO_2(s)+CO(g) \quad (1.9.6)$$

図 1.9.9 に Si-C-O 系の相安定図の一例を示す．(1.9.6)式の反応が起こるためには，酸素分圧 (P_{O_2}) は少なくとも 10^{-10} Pa 以上でなければならない．しか

し，この $P_{O_2}>10^{-10}$ Pa の全ての範囲で，保護性の高い SiO_2 膜が形成されるわけではない．SiC を高温の純 Ar 気流中に保ち，徐々に P_{O_2} を上昇していくと，図 1.9.10 に示したように，例えば 1873 K では，P_{O_2} が 146 Pa 以下では質量減少（アクティブ酸化）が進行し，$P_{O_2}=160$ Pa 付近で，質量増加（パッシブ酸化）へと変化する[10]．図 1.9.9 で SiO_2 膜が安定になる P_{O_2}（約 10^{-10} Pa）よりも 10^8 倍もの高い酸素分圧でもアクティブ酸化が進行する．この違いの原因は，高温・低酸素分圧下では SiO_2(s)が不安定になり，SiO(g)が安定になることによる．

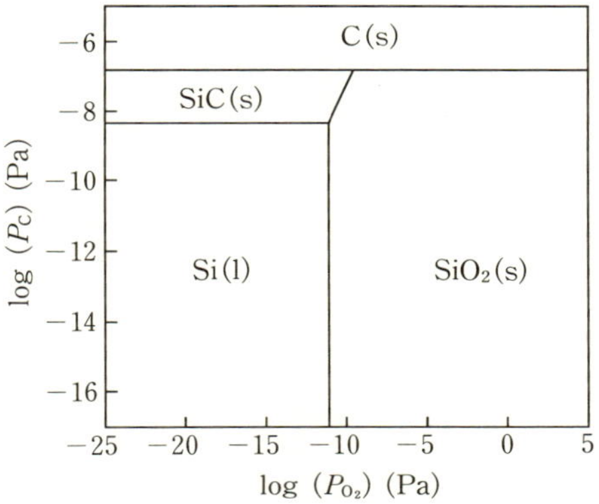

図 1.9.9　Si-C-O 系の相安定図（1873 K）

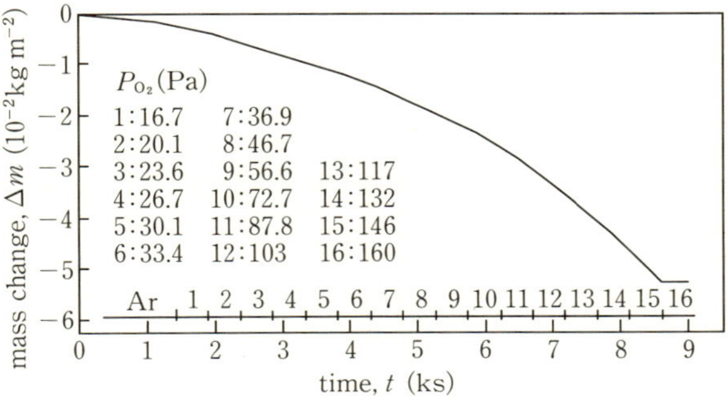

図 1.9.10　SiC の Ar-O_2 中での酸素分圧と質量変化の関係（1873 K）

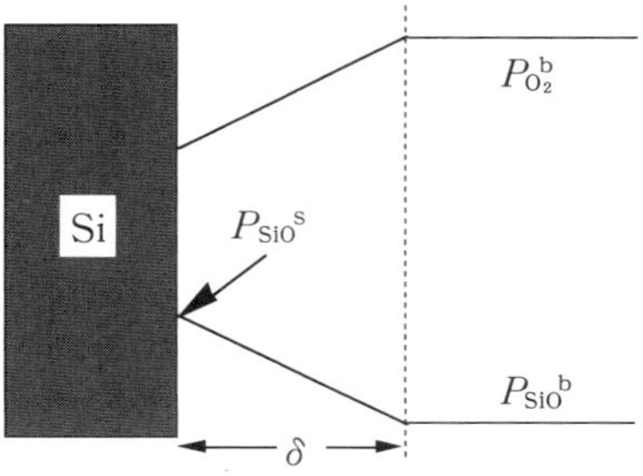

図 1.9.11　Wagner モデルの模式図

従来，アクティブ酸化からパッシブ酸化への転移は，主に，図 1.9.11 に示した Wagner モデル[13)]によって解析が試みられてきた．このモデルでは，例えば金属 Si の場合，Si 表面近傍に厚さ δ のガス境界層があると仮定する．外界のガス流中での酸素分圧を $P_{O_2}^{b}$，Si 表面での値を $P_{O_2}^{s}$ とし，同様に Si 表面での SiO 分圧を P_{SiO}^{s}，外界のガス流中での値を P_{SiO}^{b} とする．ただし，$P_{O_2}^{s}$ および P_{SiO}^{b} は，ともにほとんど 0 と見なすことができる．また，ガス境界層中での O_2 と SiO ガスの流束は定常状態では等しいので，Fick の第一則から，

$$\frac{2D_{O_2}P_{O_2}^{b}}{\delta_{O_2}RT}=\frac{D_{SiO}P_{SiO}^{s}}{\delta_{SiO}RT} \tag{1.9.7}$$

ここで，D_X はガス種 X の境界層内での拡散係数，R は気体定数，T は温度である．

$\delta_{SiO}/\delta_{O_2}=(D_{SiO}/D_{O_2})^{1/2}$ と近似できるので，

$$P_{O_2}^{b}=\frac{1}{2}\left(\frac{D_{SiO}}{D_{O_2}}\right)^{\frac{1}{2}}P_{SiO}^{s} \tag{1.9.8}$$

Wagner モデルでは，Si 表面での P_{SiO} が(1.9.9)式の反応の平衡分圧(P_{SiO}^{eq})に達すれば，アクティブ酸化からパッシブ酸化に転移すると仮定する．

$$\mathrm{Si(s)+SiO_2(s)=2\,SiO(g)} \tag{1.9.9}$$

したがって，アクティブ-パッシブ転移酸素分圧($P_{O_2}^{t}$)は(1.9.10)式で与えられる．

$$P_{O_2}^{t}=\frac{1}{2}\left(\frac{D_{SiO}}{D_{O_2}}\right)P_{SiO}^{eq} \tag{1.9.10}$$

SiC の O_2 中での $P^t_{O_2}$ の実験値は，例えば 1873 K では 160 Pa であるのに対し，Wagner モデルからの計算値は約 1000 Pa であり，約 1 桁の差で計算値と実験値が一致している．

一方，Heuer らは Volatility 図を用いて SiC のアクティブ-パッシブ転移の解析を行っている[14]．図 1.9.12 に 1873 K での Si-C-O 系の Volatility 図を示す．図中の②～⑤は以下のそれぞれの反応での生成ガス種と P_{O_2} の関係を示している．

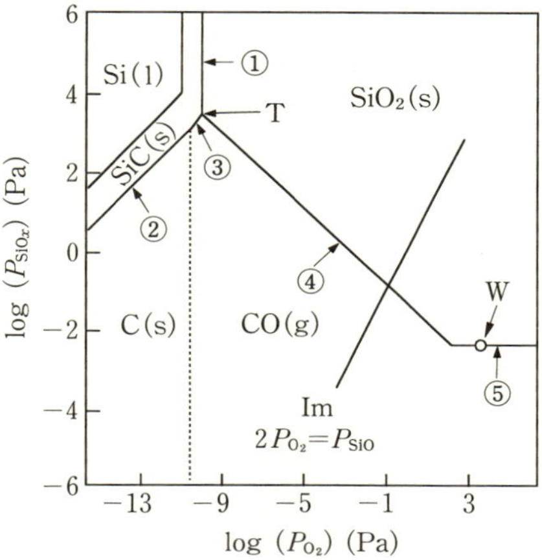

図 1.9.12 Si-C-O 系の Volatility 図（1873 K）

① $SiC(s)+\frac{3}{2}O_2(g) \rightarrow SiO_2(s)+CO(g)$

② $SiC(s)+\frac{1}{2}O_2(g) \rightarrow SiO(g)+C(s)$

③ $SiC(s)+O_2(g) \rightarrow SiO(g)+CO(g)$

④ $SiO_2(s) \rightarrow SiO(g)+\frac{1}{2}O_2(g)$

⑤ $SiO_2(s) \rightarrow SiO_2(g)$

$P_{O_2}<10^{-10}$ Pa 以下では，この系で最大の蒸気圧を有しているのは SiO(g) であり，$P_{O_2}=10^{-10}$ Pa 付近で P_{SiO} は極大（約 3×10^3 Pa）になる．また，P_{SiO} は，

$P_{O_2}=10^{-10}$ Pa 以上の範囲で，P_{O_2} の上昇とともに低下する．実際の酸化の過程では，SiO ガスは外界から供給される O_2 と SiC との反応によって生じるので，常に $2P_{O_2} \geqq P_{SiO}$ の関係（ただし，例えば CO/CO_2 雰囲気では $P_{CO} \geqq P_{SiO}$）を満足しなければならない（図 1.9.12 中，Im 線）．もし，SiC を Im 線付近の条件に保持すると，SiC 表面ではほぼ飽和蒸気圧の SiO ガスが存在する．この SiO ガスは外界から拡散してきた O_2 ガスと反応して SiO_2(s)霧が発生し，この SiO_2(s)霧が SiC 表面に達すると，SiO_2(s)が SiC 表面を覆いパッシブ酸化と同様な状態になることから，Im 線付近の P_{O_2} でアクティブ-パッシブ転移が起こりうる．Wagner モデルでは，(1.9.10)式より，P_{O_2} が Volatility 図内の T 点での P_{SiO}（SiC(s)/SiO_2(s)平衡で決まる SiO(g)分圧）と同程度（約 0.4 倍）になるとき（図 1.9.12 中，W 点）がアクティブ-パッシブ転移が起こることになることから，Wagner モデルの予測値をアクティブ-パッシブ転移が起こる最大の $P^t_{O_2}$，Im 線を最低の $P^t_{O_2}$ と見なすことができる[14]．図 1.9.13 に従来報告されている SiC の $P^t_{O_2}$ をまとめて示す[2]．いずれの報告値

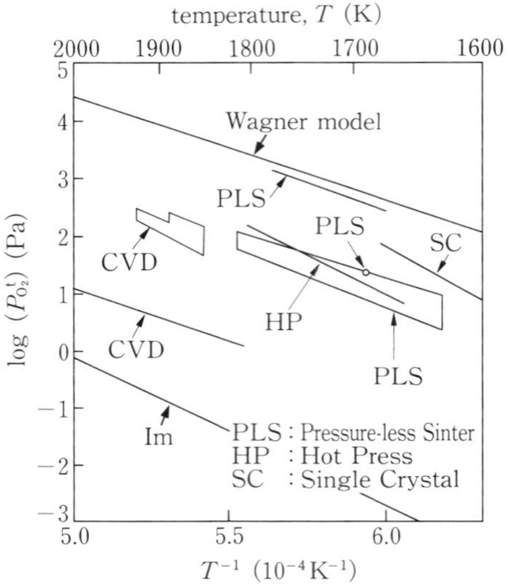

図 1.9.13　各種 SiC のアクティブ-パッシブ転移酸素分圧 ($P^t_{O_2}$) の温度変化

も，Wagner モデルから予測される値と Im 線の中間にある．

これらのモデルとは別に，多元系の熱力学計算によってこのアクティブ-パッシブ転移を説明することが可能である[14]．SiC をある P_{O_2} に保ち，SiC 表面近傍で外界のガス相と局部的に平衡が成立していると仮定すると，Si-C-O 系にあるすべてのガス種と固相種の自由エネルギーの総和が極小になる条件を計算すれば[15]，どのような P_{O_2} のときに SiC が酸化して SiO_2(s)が生成するのか，あるいは SiO(g)が生成するのかを求めることができる．図 1.9.14 に計算結果の一例を示す．P_{O_2} が 100～200 Pa 付近で安定な固相種が SiC から SiO_2(s)に変化し，それと同時に SiO(g)の分圧も急激に低下する．この P_{SiO} が急激に低下し，安定な固相が SiC から SiO_2 に変化する P_{O_2} をアクティブ-パッシブ転移酸素分圧（$P_{O_2}^{t}$）と見なすことができる．

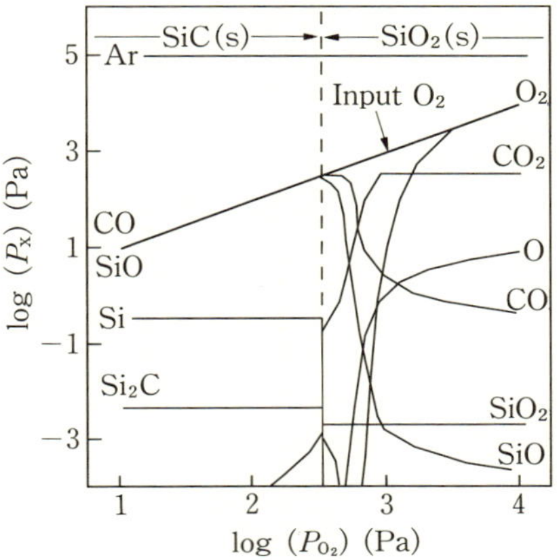

図 1.9.14　Si-C-O 系での熱力学計算による安定な固相種とガス種の分圧（1873 K）

参考文献

1) N. S. Jacobson, J. Am. Ceram. Soc., **76** (1993) 3
2) T. Narushima, T. Goto, T. Hirai and Y. Iguchi, Mater. Trans. JIM, **38** (1997) 821
3) T. Goto, H. Homma, T. Hirai, T. Narushima and Y. Iguchi, "High Temperature Corrosion and Materials Chemistry" (ed. by P. Y. Hou, M. J. McNallan, R. Oltra, E. J. Opila and D. A. Shores., Electrochem. Soc., 1998) p. 395
4) T. Narushima, T. Goto and T. Hirai, J. Am. Ceram. Soc., **72** (1989) 1386
5) C. E. Ramberg, K. E. Spear, R. E. Tressler and Y. Chinone, J. Elelctrochem. Soc., **142** (1995) L 214
6) K. L. Luthra, J. Am. Ceram. Soc., **74** (1991) 1095
7) G. H. Schroky, Adv. Ceram. Mater., **2** (1987) 137
8) T. Goto, T. Hirai, T. Narushima and Y. Iguchi, "Mass and Charge Transport in Ceramics", Ceramic Transaction Vol. 71 (ed. by K. Koumoto, L. S. Sheppard and H. Matsubara, Am. Ceram. Soc., 1996) p. 245
9) N. S. Jacobson and R. A. Rapp, NASA/TM-106793 (January, 1995)
10) T. Narushima, T. Goto, Y. Iguchi and T. Hirai, J. Am. Ceram. Soc., **74** (1991) 2583
11) T. Narushima, T. Goto, Y. Yokoyama, Y. Iguchi and T. Hirai, J. Am. Ceram. Soc., **76** (1993) 2521
12) T. Goto, T. Narushima, Y. Iguchi and T. Hirai, "Corrosion of Advanced Materials—Measurements and Modelling", NATO ASI Series E, (ed. by K. G. Nickel, Kluwer Academic, 1994) p. 165
13) C. Wagner, J. Appl. Phys., **29** (1958) 1259
14) A. Heuer and V. L. K. Lou, J. Am. Ceram. Soc., **73** (1990) 2785
15) T. M. Besmann, ORNL/TM-5775 (April, 1977)

2 SiC 粉末の合成と SiC 単結晶の育成

2.1 焼結用 α-SiC 粉末の合成

SiC は古くから研削材，研磨材，および耐火物などに使用されてきた工業材料である．現在の世界の年間生産量はほぼ 50 万 t に達し，そのほとんどを α-SiC が占める．

SiC は 1890 年，アメリカの Edward G. Acheson がダイヤモンドの合成実験を試みている際に偶然発見されたものといわれている．彼はこの物質を炭素と粘土中のアルミナとの化合物と考えたので，特許申請の際に Carbon と Corundum を組み合わせて Carborundum という商品名を与えた．Acheson と同じ頃に，フランスの Henri Moissan も石英と炭素から類似の化合物を得ている．SiC は天然には希にしか存在しないため人造合成鉱物といえる[1,2]．

続いて Acheson はコークスとケイ石（シリカ）から SiC を安価に量産する方法を開発し，1891 年に Carborundum 社を設立し製造を開始した．日本では 1917 年に鹿児島電気軌道社が SiC 砥粒の研究を始めたのが最初といわれる．1930 年代に大正電気精錬所および日本沃度社らが量産を開始した．しかし，現在は多量の電力を必要とすることから，そのほとんどが海外で生産されている．

近年になって GE 社の S. Prochazka はホウ素と炭素を焼結助剤として，緻密な SiC 焼結体が得られることを見出した[3]．この発明によって SiC の用途が構造材料にも拡大してきた．最近では純度の向上に伴い，半導体製造装置の熱処理用部材などにも用途先が広がっている[4,5]．

2.1.1 Acheson 法による α-SiC の合成

製造方法は Acheson 法と呼ばれる電気抵抗炉法である．炉の模式図を図 2.1.1 に示す[1]．一定の距離で相対する固定電極間にケイ石とコークスを配合した原料を敷き詰め，電極間を黒鉛粉でつなげる．さらに原料で覆った後，これに通電し黒鉛粉のコア部に発生するジュール熱で反応を進行させる．SiC の生成反応はシリカの還元炭化で行われる．全体としては次式で括られる．

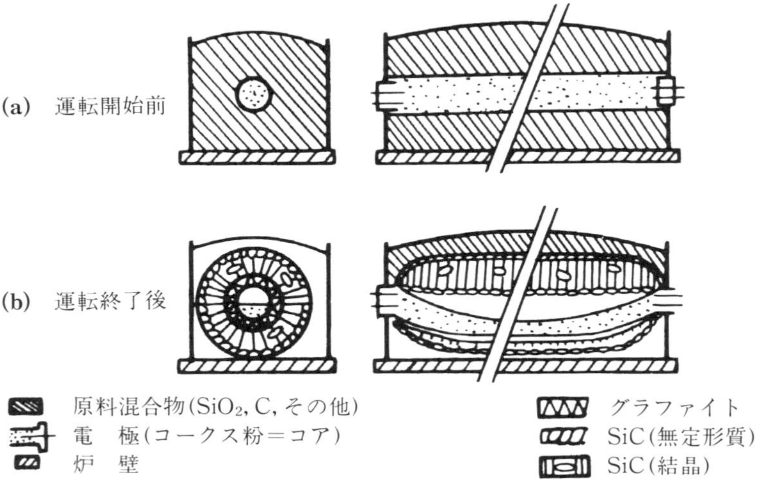

図 2.1.1　反応前後のアチソン炉の模式図[1]

$$SiO_2(s)+3C(s)\rightarrow SiC(s)+2CO(g) \cdots\cdots ①$$

$$\Delta H=136\ \mathrm{kcal/mol}\quad (2700\ \mathrm{K})$$

吸熱反応であり，1 t の SiC 合成に必要な電力は約 8 千 kWh である．反応は主として気相を介した反応であり，次式に示すような反応が考えられる[6,7]．

$$SiO_2(s, l)+C(s)\rightarrow SiO(g)+CO(g) \cdots\cdots ②$$

$$SiO(g)+2C(s)\rightarrow SiC(\beta)+CO(g) \cdots\cdots ③$$

$$SiC(\beta)\rightarrow SiC(\alpha) \cdots\cdots ④$$

$$SiO(g)+SiC(s)\rightarrow 2Si(l, g)+CO(g) \cdots\cdots ⑤$$

$$SiO_2(s,l)+Si(l, g)\rightarrow 2SiO(g) \cdots\cdots ⑥$$

$$2Si(l, g)+CO(g)\rightarrow SiC(\alpha, \beta)+SiO(g) \cdots\cdots ⑦$$

ケイ石とコークスの混合物を加熱すると 1500～1600°Cで細かい β-SiC が生成

する．さらに2000°C以上に加熱すると再結晶して高温域で安定な α-SiC になる．一度 α 型になった結晶は温度が下がっても β 型に戻ることはない．2500〜2600°Cになると SiC の分解が始まる．炉内温度が 2000〜2200°Cとなるように電力調整を行い，2 日間ほど通電して反応を進める[8)]．原料のほかに普通，木の鋸屑が添加される．上記反応式からも明らかなように大量の CO ガスが発生するため，原料層に通気性をもたせ，ガスの排出を容易にさせる．α-SiC には C（黒色 SiC）と GC（緑色 SiC）の 2 種類がある．GC の場合には純度の高い原料が使用されるが，ほかに Fe，Al などの不純物を揮散させるために塩化ナトリウムを添加することが普通行われている．

通電中の炉断面の温度分布は，中心が高温で外側が低温の同心円的な温度勾配を持つ．SiC は中心から外側の反応可能な温度域までの間に輪状に生成する．反応後の炉内の状態は中心部に黒鉛粉，その周辺に一度 SiC になってから熱分解した黒鉛層が分布している．その外を製品となる柱状，板状に発達した緻密な α-SiC の多結晶塊が放射状に取り囲む．次に結晶が小さくポーラス

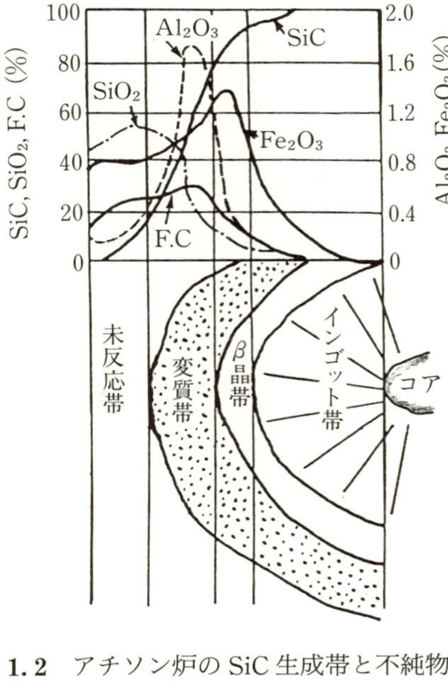

図 2.1.2　アチソン炉の SiC 生成帯と不純物分布[2)]

な α-SiC と β-SiC 晶帯とが続き，変質帯，未反応帯がその外側に残る[1)]．未反応部は回収して再利用される．図 2.1.2 に SiC の生成帯と不純物の分布の一例を示す[2)]．K. Konopicky らは，不純物は高温側から低温側に移り，SiC の反応開始温度から原料が溶融する温度領域に偏析すると報告している[9)]．インゴット中には SiC 結晶の間隙や結晶界面に，Si，FeSi，結晶質やガラス質のケイ酸塩相，黒鉛などの夾雑物が介在している．また，SiC 結晶内には微細な気泡が認められ，そこにも同様な組成物が含まれる．こういった不純物は極めて微細に粉砕すれば除去できる．夾雑物のほかに，SiC 結晶自体に微量の Fe，Mn，Cu，Ca，V，Ni，B，Al，N，Ti などを含んでいることが多い[10)]．固溶した不純物は，色調，多形，電気的特性などの諸物性に影響を及ぼすので重要である．

冷却後，未反応部分を取り除き，コア側に付着した分解黒鉛や外側の変質帯を丹念に剝ぎ取る．インゴットは粉砕，磁力による除鉄，脱炭，酸洗，水洗，篩い分けや分級といった整粒工程を経て製品となる．緻密で大きな結晶は研削・研磨材，および耐火物に，結晶が細かく，品位の低い外側の SiC 層は脱酸材や鋳物の加炭，加ケイ(珪)材に使われる．

2.1.2　焼結用粉末の製造方法

焼結用粉末の SiC 原料には研削材向けの GC の細粒を用いる．出発原料中の全金属不純物，遊離炭素，遊離ケイ酸，および酸素といった各不純物量は全て 0.1%以下である．焼結用粉末の製造プロセスを図 2.1.3 に示す．

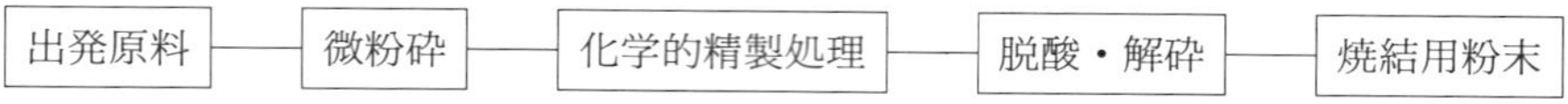

図 2.1.3　焼結用 SiC 粉末の製造プロセス

微粉砕には一般に球状で微粒子を得やすい乾式のボールミルや振動ミルおよびアトリッションミルなどが用いられる．目的とする粉体特性によって粉砕機種，充塡量，粉砕時間などの粉砕条件を設定する．分級方法には乾式法と湿式法とがある．それぞれに一長一短があるが，粒度分布の狭い粉末を求めるならば湿式分級，コスト，効率性を重んじるには乾式分級が優れる．分級した粉末には粉砕器や粉砕用ボールからの鉄分と，微細化に伴い SiC が酸化して増加した遊離炭素やケイ酸成分を含む．これを酸により溶解除去する．まず HCl（塩酸）で大洗いした後，HF（フッ酸），または HF と HNO_3（硝酸）の混酸で再び酸洗する．洗浄能力は混酸が優れ，このとき加温すれば，さらに効果的である．各不純物の酸への溶解は，HCl，HF および HNO_3 が鉄分，その他の金属成分を溶解する．同様に HF が SiC 表面に分布するケイ酸分を溶解する．SiC 粒子の表面が HNO_3 によって酸化され，生成した酸化膜を HF が再び溶解する．このように酸化性の強い HNO_3 を加えると表面に付着している不純物が除去されやすくなる．しかし，酸洗条件によっては SiC 表面が腐食され比表面積が増加する[11]．酸中に溶け出した不純物成分と酸基を除去するため水洗を繰り返す．水切りしたスラリーを乾燥し，解砕機で凝集を解砕して焼結用 SiC 粉末が得られる．

2.1.3 SiC の粉末特性

理想的な焼結用粉末の条件として，微細で粒度分布が狭く，異方性の小さい粒子形状（球状）であること，化学的品位が高く，分散性に優れて充填性が高いこと，そして，相的に高純度（単一結晶相）であることが挙げられる．

市販されている代表的な焼結用 α-SiC 粉末の分析例を表 2.1.1[12] に示す．平均粒径は約 0.4～0.7 μm，比表面積では 10～17 m^2/g が焼結用粉末として用いられている．化学成分は SiC 96～98%，主たる不純物は遊離炭素 0.4～1%，遊離ケイ酸 0.2～0.8%，全酸素量を 0.5～1%含む．また，全金属不純物量は 400～1500 ppm の範囲である．主な金属成分は Fe と Al で，Al は粉末によってばらつきがある．このほか，Cl，F，硝酸基といった各陰イオンが 100 ppm 前後含まれる．

球状な粒子形とシャープな粒度分布をもつ A-1 粉末と，粒度分布が広く角張った形状をした A-10 など，粉末ごとに粒子形態が異なる．両粉末の特徴

表 2.1.1　焼結用 α-SiC 粉末の特性[12)]

			S 社			A 社		B 社	C 社	
			A-1	A-2	A-3	UF-15	UF-10	A-10	OY-15	OY-11
化学成分	SiC (%)		97	98	98.5	96	97	97	97	97
	Free C (%)		1.0	0.8	0.4	0.4	0.5	1.0	0.8	0.6
	Free SiO_2 (%)		0.2	0.2	0.1	0.5	0.4	0.8	0.5	0.4
	金属不純物 (%)	Fe	0.01	0.01	0.01	0.01	0.02	0.01	0.03	0.02
		Al	0.01	0.01	0.01	0.06	0.07	0.10	0.01	0.02
		Total	0.04	0.04	0.04	0.11	0.15	0.16	0.10	0.11
	全酸素 (%)		0.85	0.72	0.49	—	—	0.46	0.91	0.70
平均粒径 (μm)			0.4	0.6	2.1	0.4	0.6	1.25	0.5	0.9
分級精度 (D 75/D 25)			0.53	0.42	0.10	0.45	0.37	0.18	0.45	0.34
比表面積 (m^2/g)			17.0	13.1	3.5	14.2	9.6	10.7	15.2	11.1
加圧嵩比重 (g/cm^3)			1.79	1.90	2.2	1.61	1.65	2.01	1.71	1.88

は，A-1 は充填性に劣るが易焼結性で均質な焼結体が得られる．一方，A-10 は充填性に優れ，焼結の際の収縮量が小さい．このように Acheson 法で合成した α-SiC 粉末は，大きな粒子を粉砕する size reduction 法によって製造されるため，その粒子形状や粒度分布は，粉砕条件，分級方法の違いを反映する．

A-1 粉末の各不純物量をその出発原料と比較すると，金属不純物は減少するが，遊離炭素，遊離ケイ酸，および全酸素量は 10～100 倍に増加する．このような不純物が一定量以上含まれると，焼結性に悪影響を及ぼすようになる[13,14)]．阪本らは SiC 粒子表面に分布している炭素皮膜や酸化皮膜といった不純物の状態について，粉末（A-1）の酸洗前後の皮膜の厚みや結合状態を光電子分光（ESCA），走査型オージェ電子分光（AES），赤外吸収スペクトル（FT-IR）を用いて解析している[15)]．各化学分析値と ESCA で測定した膜厚とその結合状態を表 2.1.2，図 2.1.4 に示す．膜厚は粒子形を球状モデルとし，密で均一と仮定した場合を示す．酸洗前後における炭素皮膜の厚みは約 17 Å と変化しない．一方，15 Å の酸化皮膜（SiO_x）を持つ分級粉は HF 酸洗すると 2 Å に減少する．炭素皮膜の結合状態は C-C 結合が主で，ほかに C-O，C-

表 2.1.2　SiC 粉末（A-1）の不純物量と ESCA による炭素皮膜と酸化皮膜の厚み

試料名	比表面積	SiC	Free C	SiO_2	Total O_2	炭素膜	SiO_x 膜
	(m^2/g)	(%)	(%)	(%)	(%)	(μm)	(μm)
分級粉	9.5	80.9	2.0	1.91	8.04	17	15
酸洗粉	16.5	95.6	1.3	0.20	1.32	16	2

：比表面積　BET 法
：化学成分　JIS R 6124
：全酸素　　LECO　赤外吸収方式

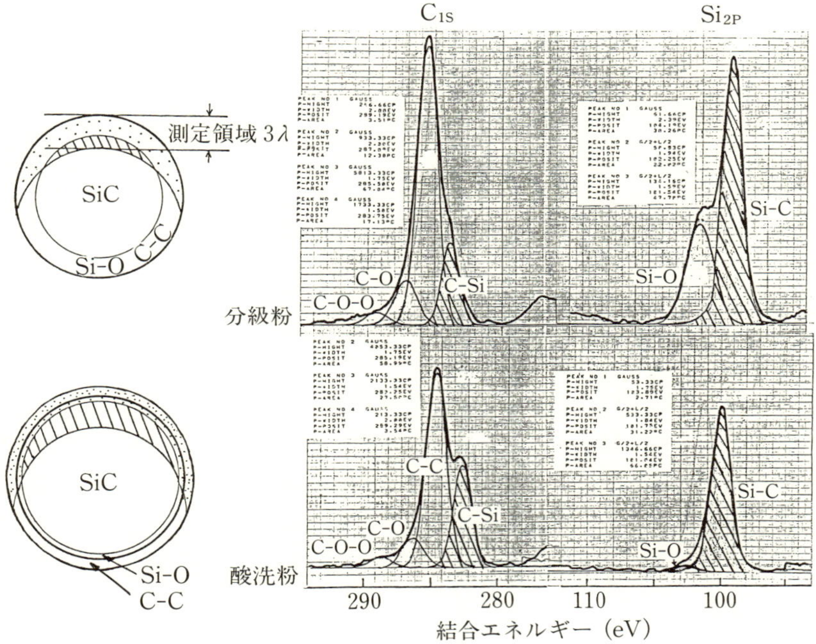

図 2.1.4　SiC 粉末表面の分級粉，酸洗粉の ESCA による Si_{2p} と C_{1s} スペクトル，およびそれぞれの表面状態の模式図[13)]

O-O 結合が見られる．酸化皮膜は分級粉が SiO から Si_2O_3 に近い組成，酸洗した粉末は Si_2O_3 から SiO_2 の間でガラス組成に近い．なお，炭素皮膜はレーザラマン分光分析から非晶質炭素が主である．この炭素皮膜は 1500～1700°C

に加熱すると非晶質黒鉛から黒鉛に変態する．一粒一粒の粒子表面の酸化皮膜を AES で測定したところ，粒子間にはばらつきが少なく，均質な皮膜を形成している．また，0.5 μm と 0.3 μm 径に分級した粉末を HF 酸洗した各皮膜の厚みは，炭素皮膜が 18 Å，酸化皮膜は 1〜2 Å と粒子径に関係なく一定であった．

分析値を比較すると，全酸素量と遊離ケイ酸量との乖離が大きい．酸素との結合基を FT-IR で調べると，Si-O のほか，H_2O と Si-OH（シラノール基）の吸収ピークが確認された．全酸素量は不活性雰囲気下で 500°Cまで加熱処理すると，主に H_2O と Si-OH が離脱して半減する．また，遊離炭素は空気中 700〜800°Cで脱炭し，再度 HF 洗浄すると 1/3 程度に減少する．

2.1.4　半導体用 SiC 粉末

酸化・拡散炉といった熱処理工程に使われる SiC 焼結体には B，Al_2O_3 といった焼結助剤が Si ウエハに悪影響をおよぼすので使えない．一般には粒度配合をして成形体の最密充塡を図った SiC-Si 複合材が用いられる．普通，SiC 粒度は# 100〜# 220 の細粒と，10〜数 μm の微粉が用いられている[16,17]．ここでの重要な粉末特性は金属不純物を極力低減することで，Fe，Ni，Cr などの主要な不純物を数 ppm 以下に抑えた高純度粉末が要求される．基本的な純化方法は焼結用粉末と同様で，整粒，微粉砕した各粉末を，HF と HNO_3 の混酸を用いて化学的精製処理を行う[18]．また，高温処理できるオートクレーブを利用したり[19]，HCl，Cl_2 といったハロゲン系ガスを流通させながら 1000〜1800°Cで熱処理を行うことで，さらに金属不純物量を低減している[20]．このような精製処理を行った粉末の分析例を表 2.1.3 に示す．主要な不純物である Fe は，ppm レベルから 1 桁下がった水準にまで純化される．最近では原料まで遡り，水晶や合成石英などを用いた SiC 合成を行い，Al を除いた不純物量が CVD-SiC 並みの超高純度粉末が開発されている[21,22]．

表 2.1.3 純化処理した SiC 粉末（A-3）の不純物量

処理方法	温度	金属不純物量（ppm）							
酸　種	°C	Fe	Ni	Cr	Co	Ti	Al	Ca	Cu
HF/HNO_3 [1)]	20	2.6	0.5	<0.1	0.2	6.0	29	0.5	0.4
HF/HNO_3	140	0.8	0.2	0.1	<0.1	7.4	33	<0.3	<0.2
HCl ガス[2)]	1100	0.4	0.1	<0.1	<0.2	5.8	32	<0.2	<0.2
HCl ガス[2)]	1400	0.3	0.1	<0.1	<0.1	6.5	27	<0.3	<0.2
Cl_2 ガス[2)]	1100	0.2	0.1	<0.1	<0.1	5.9	31	<0.2	<0.2

2)室温で酸洗処理した粉末 1)を出発原料として各条件で純化処理

2.1.5 むすび

Acheson 法で合成した α-SiC はその生産規模が大きく，安定した品質を安価に供給できる工業材料である．焼結用粉末とするには合成した SiC を要求される特性にあった粉砕，分級条件を選択する．さらに，さまざまな化学的精製処理を行うことで，微細で粒度分布の狭い，高純度な易焼結性粉末が得られる．その焼結体は優れた耐熱・耐食性を示し，安定した機械的特性を持つ．

参考文献

1) 田中弘吉 他, "高純度炭化珪素の研究に関する資料"（無機材質研究所, 1967）p. 4
2) 田中弘吉, "第 4 回高温材料技術講習会テキストブック"（窯業協会, 1972）p. 67
3) S. Prochazka, "Ceramics for High Performance Application"（ed. by Bruke. A. E. Gourm and R. N. Karz）Brook Hill Pub, Co.（1974）p. 235
4) US Patent 530083
5) 公開特許広報 昭 51-140904
6) O. Ruff, Trans. Electrochem. Soc., **68**（1935）87
7) W. Poch et al., Ber DKG 39（1962）p. 413-426
8) R. R. Ridgway, Trans. Electrochem. Soc., **61**（1932）217
9) I. Patzuk, K. Wohllber und K. Konopicky, Glass-Email Keramo Technik Januaer 1971 Heft p. 2
10) K. Konopicky et al., DKG **42**（1965）50
11) 長谷貞三, 鈴木弘茂, 窯業協会誌, **86**（1978）541
12) 山本昌孝, "ファインセラミックス次世代の歩み"（ファインセラミックス技術研究組合編）426
13) 猪股吉三 他, "炭化珪素セラミックス"（宗宮重行, 猪股吉三編, 内田老鶴圃, 1988）p. 251
14) 佐々木丈夫, 深津康男, 井関孝善, 窯業協会誌, **95**（1985）646
15) 阪本　博 他, 第 23 回窯業基礎討論会要旨集（1985）103
16) 公開特許広報　昭 62-12667
17) 公開特許広報　昭 62-36087
18) 公開特許広報　昭 55-158622
19) 公開特許広報　平 2-20318
20) 公開特許広報　昭 63-35452
21) 公開特許広報　2000-119079
22) 公開特許広報　2000-281328

2.2　焼結用 β-SiC 粉末の合成

近年，ファインセラミックスに対する期待がますます大きくなっており，なかでも SiC セラミックスは，耐熱性，耐酸化性，耐摩耗性に優れ，ポンプ部品などの汎用用途に使用され，また，ガスタービンのような高温構造用セラミックスとしての研究も進められている．

SiC セラミックスの原料である SiC 粉末には，α 型と β 型とがあるが，本章では，β-SiC 微粉末を縦型連続合成炉を用いて合成する方法について解説し，焼結用として必要な特性についてまとめる．

2.2.1　SiC 微粉末の合成

(1)　SiC 微粉末の連続合成法

従来，β-SiC を連続的に合成することは極めて困難であるといわれてきた．それは，出発原料となる SiO_2（シリカ）と C との反応により，発生する CO ガスの存在に下記還元反応が大きく影響を受けるためである．CO ガスをうまく系外に排出しないと反応が進まず，また，排出しすぎると CO と一緒に SiO ガスの飛散が進み，SiC の転化量が少なくなるといったトレードオフが見られるからである．

$$SiO_2 + C \rightarrow SiO(g) + CO(g)$$

$$SiO + 2C \rightarrow SiC + CO(g)$$

SiC の合成は，SiO_2，C および CO ガスの 3 つの物質の存在を制御することが重要である．図 2.2.1 に β-SiC の連続合成炉を示した．この図で，SiO_2 と C の粉末からなるペレットが上部から下方に降下しながら，非酸化性雰囲気において，1700～1800°Cで反応し，連続的に下方出口で β-SiC が回収されるものである．最初のペレットの大きさは約 10～20 mm で，結合材（ピッチ等）を

使って SiO_2 と C とが均等に混合されている．C の配合量は，化学量論の 3 モルより少し多めに配合される．ペレット自体は，がさがさした状態で容易に砕ける．また，ペレットの大きさも適度に制御され，合成炉を降下中に詰まったり，ガス抜けが悪くならないようにしてある．1 つのペレットの中の 3 物質の存在も微妙で，ペレットの中心から反応を進ませるために，熱エネルギーを中心部が効率よく受け取れるような構成が必要である．また，ペレット自体の重量や形状が合成炉の上部から下方に進むに従い変化していくため，反応物の回収スピードの制御も重要な因子となる．図 2.2.2 に製造方法のフローチャートを示す．

この連続合成法によって得られた SiC は，立方晶系に属する β 型であり，固溶している不純物が少なく，比較的高純度であるとともに，サブミクロンの SiC 粒子の凝集体よりなっている．そのため，この凝集体を解砕するだけで，

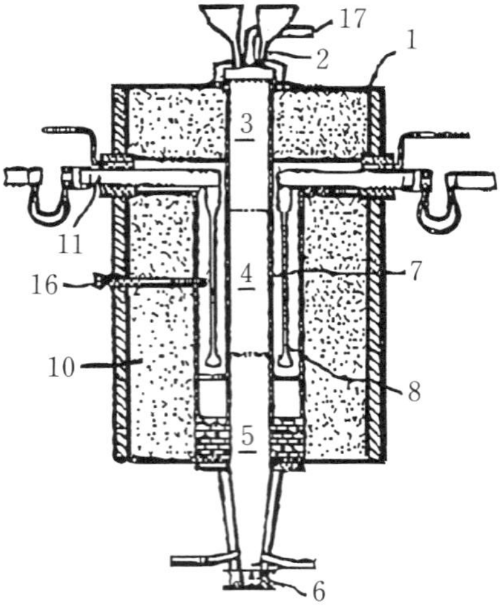

図 2. 2. 1　β-SiC 連続合成炉
1：ケーシング，2：原料ホッパー，3：予熱部
4：反応部，5：冷却部，6：生成物排出口
7：反応筒，8：発熱体，10：断熱層
11：黒鉛製熱導体，16：測温パイプ，17：排ガスダクト

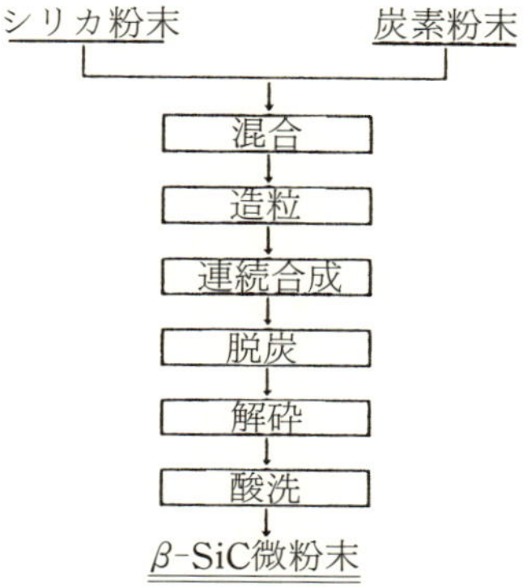

図 2.2.2　β-SiC 微粉末の製造プロセス

SiC 微粉末が容易に得られる特徴を持っている．

SiC セラミックスの出発原料として使用する SiC 微粉末は，サブミクロンクラスの微粒子であることに加えて，高純度であることが求められる．これに対して，連続炉の合成炉から回収された反応生成物（クルード粉末）には，未反応の SiO_2 や C（残留炭素）が含有されている．これらの物質を除去しないと，焼結用には，使用できない．SiO_2 の除去は，湿式処理で行われる．一般にはフッ酸を使用して SiO_2 を溶出する方法が採用されている．C の除去により，SiO_2 が発生するため，SiO_2 の除去は，図 2.2.2 のフローチャートの最後に行われる．C の除去は，実験室規模で実施するには，クルード粉末を小皿に敷き，空気中で 700°C前後に加熱すればよく，極めて容易である．ただし，この処理を工業的に効率よく，SiC の酸化を抑えながら実施するのが大きな課題となる．

（2）脱炭技術

①　脱炭方法と基礎試験

最初に，クルード粉末中の残留炭素を除去する方法を検討する．脱炭方法としては，（a）比重差を利用して比重選鉱により分離する方法，（b）親気性の差を利用して浮遊選鉱により分離する方法，および(c)酸化速度の差を利用して燃焼除去する方法がある．(a)と(b)の方法は SiC 粒子と炭素粒子が完全な単体粒子に分離していることが前提になるのに対して，このクルード粉末は，残留炭素の表面にサブミクロンの SiC 微粒子が固着した状態となっているので，残留炭素を効率よく分離除去できる方法ではなかった．(c)の方法は，クルード粉末を空気中で高温に加熱し，粉末中の残留炭素を燃焼させ除去する酸化脱炭法であり，残留炭素が SiC 粒子と分離されていなくても脱炭可能な方法である．

次に，酸化脱炭法に用いる装置の検討結果を述べる．実験室規模で行うのと同様に皿型容器にクルード粉末を敷いて酸化脱炭を試みた．クルード粉末層の厚みを数 mm と薄くしても 700°Cで数時間の処理時間が必要になり，膨大な皿面積が必要となった．また，SiC 粒子の酸化が表面から大量に起こり，収率が悪化し工業的なプロセスにはなりえなかった．さらに，温度の均一化と大量処理を目的としてロータリーキルンによる酸化脱炭を試みたが，脱炭に伴う発熱反応により炉内で局所的な温度上昇が起こり，SiC 粒子が過剰に加熱され著しく酸化してしまう結果となった．

②　連続式流動層による酸化脱炭

これまでの試験結果により，酸化脱炭を効率よく実施するためにはクルード粉末と高温の空気を均一に混合して，接触させることが最も重要であると判断された．これに適した装置として連続式流動層の検討を行った．

図 2.2.3 のような連続式流動層の装置を用いて，数十から数百 μm の粒径に整えたクルード粉末を流動化させて酸化脱炭した．この図で，クルード粉末の流動は，送風機から送られる空気によって始まり，空気流量とクルード粉末の投入量とにより，内部の流動状態をコントロールするつもりであった．しかし，投入されたクルード粉末すべてが同じ経路をたどって出口に向かうわけではなく，一部のものは，投入直後に出口へいったり，また，一部のものは，長く流動層内に滞留して SiC のほとんどが酸化されてしまうという現象が起こり，得られた反応物は，予測とはかけはなれたものになってしまった．

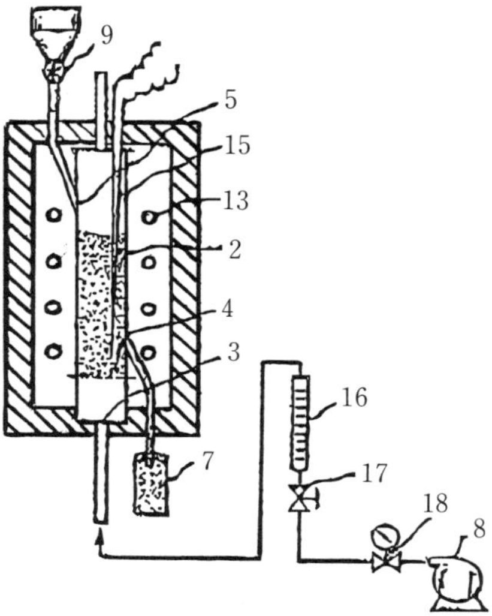

図 2.2.3　連続式流動層の試験装置
1：媒体粒子，2：反応容器，3：空気流入口，4：空気分散器
5：クルード粉末供給口，7：回収容器，8：送風機，9：粉末定量切り出し機
12：熱交換器，13：電気抵抗発熱体，14：バーナ，15：熱電対
16：空気流量計，17：流量調整弁，18：圧力調整弁

③　媒体流動層による酸化脱炭

連続式流動層による脱炭は，クルード粉末の流動状態をうまく制御できない結果となったが，試験結果の解析より，流動層の上部から飛散してきた SiC 粉末中には意外と残留炭素が少なく，かつ SiC 粒子の酸化もほとんど起こっていないという結果が得られた．このことから，クルードそのものを微粉末状にして，流動層の上部から積極的に飛散させて，すべて回収するようにすれば，極力短い時間で酸化脱炭でき，SiC 粒子の酸化も大幅に抑えられるものと予想された．この予測で重要なのは，いかにして微粉末状のクルードを均質に流動させるかという点である．微粉末単体では，流動化を始めるための空気の導入時に，一気に飛散が始まってしまう．また，流動を制御するために厳しい条件での空気導入が必要である．そこで，脱炭反応に寄与しない，第三の物質

で流動層をつくり，その隙間をクルード粉末が動いて反応する方法，すなわち，媒体流動層（粉粒流動層）による脱炭システムが考えられた．

図 2.2.4 にこの媒体流動層装置の模式図を示す．試験装置は，容器内径 106 mm，高さ 1000 mm のステンレス製で，空気分散板として，孔径 1 mm，開口率 3%の多孔板を備えている．装置内を 900°C前後に保持しながら，反応に関与しない 200～300 μm 程度の比較的粗いシリカサンドを媒体粒子として流動化させ，この流動層の下部より残留炭素を含んだクルード粉末を供給し，媒体流動層内を上昇させながら短時間で酸化脱炭反応を行わせた後，流動層の上部より SiC 微粉末をすべて飛散させて捕集するシステムである．操作温度 900°Cで流動化ガス速度 30 cm/s にて，平均粒径が 0.5 μm のクルード粉末を脱炭したときの媒体流動層高と脱炭率との関係を図 2.2.5 に示す．媒体流動層の高さが 0 cm，すなわち流動化媒体粒子のない場合には，脱炭率が極めて低く，かつ SiC 粒子が流動層内で酸化凝集し，連続運転をすることができなかった．媒体流動層を形成することにより連続運転できるようになり，媒体流動

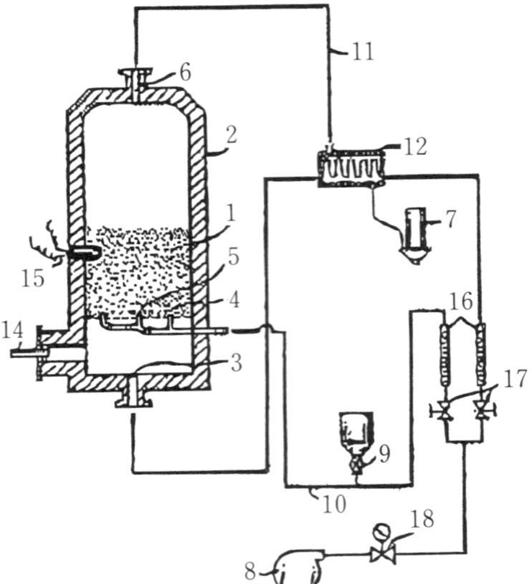

図 2.2.4　媒体流動層装置

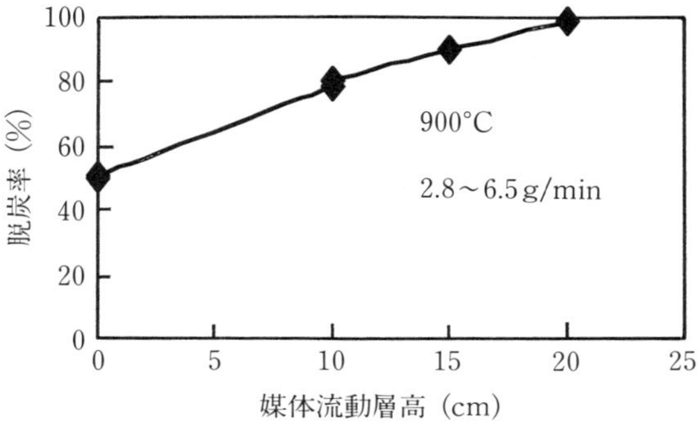

図 2.2.5　脱炭率と媒体流動層高との関係

層の高さ 20 cm 以上で 100%に近い脱炭率が得られることがわかる．

これらの試験結果をもとに，内径 1.2 m，高さ 2.5 m の実証プラントが設置された．残留炭素の脱炭率は，99%以上と良好な結果が得られ，今日に至っている．

2.2.2　SiC 粉末の焼結特性

焼結特性に影響を与えるものとして，以下のようなものがある．

（1）　粉末の粒度(比表面積)　細かいほど焼結性は良い．サブミクロンの粒度が一般的に使用される．

（2）　原料粉末中の不純物　O，Al，Fe，Si，C などの元素が影響する．

（3）　成形性(成形体の密度)　加熱前の成形体の密度が高いほど焼結性は良い．SiC 粒子間相互の接触面積が大きくなり，ドライビングフォースが生まれる．ただし，焼結助剤とうまく混合している必要がある．

（4）　顆粒のつぶれ性　SiC 微粉末は，そのままでは，圧力をかけて成形することが難しい．そこで，0.1 mm 前後の大きさにバインダを用いて造粒され，金型などへの充填がやりやすいように加工される．この状態を顆粒と呼んでいる．顆粒 1 個のなかには，SiC，焼結助剤，バインダの 3 つが混合されている．顆粒は，金型に充填後圧力が加えられ，所望の形状に成形される．このとき，顆粒がうまくつぶれないと，SiC 粒子の接触が阻害され，また，空気を巻き込んだ状態となっているため，焼結体の密度が上昇しない．したがって，顆粒を製造するプロセスで SiC 粒子が悪影響を及ぼさないようにすることが重要である．

顆粒の製造は，湿式プロセスで行われる．溶媒中に SiC 粒子，焼結助剤，バインダが混合・分散され，例えば，スプレードライ（噴霧乾燥）により，乾燥・造粒される．ここで，溶媒の種類により SiC 粒子の分散性が変化し，顆粒化に影響を与える．分散性を良くするために，SiC 粒子に pH 制御を加えたり，界面活性剤を混合する手段が用いられる．好ましくは，SiC 粒子合成後にこのような，pH 調整を行うべきである．

SiC の焼結方法には主に，（1）常圧焼結法，（2）反応焼結法，（3）加圧焼結法の 3 つの方法がある．

常圧焼結法で得られた SiC は，硬くて軽いことから耐摩耗性の要求される各種ポンプの軸受やシール材によく使用されている．なかでも，水や化学薬品を取り扱う分野では，必須の材料となってきている．

反応焼結法で得られた SiC は，熱伝導が良く，急熱・急冷によく耐えることから耐熱衝撃性の要求される半導体製造装置用の部材，治具として利用され，半導体チップを生産する上で欠かせないものとなっている．

さらに，加圧焼結法で得られた SiC は，高純度で電気伝導度が小さいために加熱ヒータの素材として利用されたり，ポアフリーの材料として，情報機器や半導体製造装置の部材として，広く利用されている．

このほかに，再結晶 SiC は，発熱体，抵抗体として多く利用され，酸化物系のセラミックスを焼成する上で重要な役割を担ってきている．

β-SiC 微粉末が連続的に合成されて 20 数年になった．自動車エンジンへの SiC の応用こそ期待はずれになったが，一般の産業機械には，着実に応用が進み，また，新しい用途開発も半導体や情報機器分野を中心に期待通りに増加している．β-SiC 粉末の使用量は，当初の期待から見ると程遠い状況ではあるが，これからの用途開発が大いに期待されている．

参 考 文 献

1) 榎本　亮, 工業レアメタル, **73** (1980) 78

2) 榎本　亮, セラミックス, **17** (1983) 828

3) 榎本　亮, 化学工学会, 第 55 年会講演要旨集, H 205 T (1990) p. 330

4) 榎本　亮, 化学工学, **55** (1991) 429

2.3　有機原料からのSiCの合成

2.3.1　はじめに

有機原料からのSiCの合成は，有機ケイ素ポリマーのポリカルボシランからSiC系長繊維が開発された[1]1975年頃から本格的に研究され始めた．現在では，出発物質のポリマー設計や焼成プロセスの条件設定などによって，高性能SiCセラミックス材料が作られ，その応用範囲が大幅に広がりつつある．この方法は前駆体（プレカーサ）法と呼ばれており，合成されるSiCは共有結合性化合物で，その構造は多岐にわたり，高度に粒界が制御されたナノメータスケールの微細結晶組織，そしてアモルファスから傾斜組織に至るまでの構造を構築することができる．また高純度化も可能であり，材料形態に関しても，繊維状，薄膜状，粉末状の各種の高性能セラミック素材が容易に得られる．そしてこれらのポリマーも含めた素材から優れた特性を有する成形体，複合材料，耐熱コーティング材料などが開発されている．

本稿では有機ケイ素ポリマーなどの前駆体物質の熱分解反応により得られるSiC系セラミックス材料について述べる．

2.3.2　有機ケイ素ポリマー

SiC系材料の前駆体として，有用な有機ケイ素ポリマーの主な条件は，有機溶媒に可溶なこと，溶融紡糸あるいは溶液紡糸により有機繊維が容易に得られること，熱分解生成物が主として非晶質または微結晶状態で得られ，その残存率が50%以上あることなどである．このような条件をほぼ満足し，現在研究の対象となっているポリマーはポリカルボシラン，ポリシランなどである．それらの代表的なポリマーおよびケイ素系前駆体と得られるSiC系工業材料を

表2.3.1　ケイ素系前駆体とSiC系材料

ケイ素系前駆体			SiC系生成物	SiC系材料
ポリカルボシラン系	ポリカルボシラン (PCS)	$\{(CH_3)_2SiCH_2\}_n$, $\{(CH_3)HSiCH_2\}_n$	SiC, カーボン	SiC系繊維（ニカロン） SiC/SiCのマトリックス
ポリカルボシラン系	ポリメタロカルボシラン	$\{(CH_3)_2SiCH_2\}_n$, $\{(CH_3)HSiCH_2\}_n$, $-O-Ti(OC_4H_9)_2-O-$, or $-Zr(O_2C_5H_7)_2-$	SiC, カーボン, チタンおよびジルコニウム化合物	Si-Ti-C-O繊維（チラノ） SiC/SiCのマトリックス 耐熱コーティング材料 Si-Zr-C-O繊維
ポリカルボシラン系	ヒドリドカルボシラン (HPCS, AHPCS)	$\{SiH_2CH_2\}_n$	SiC	耐熱コーティング材料 SiC/SiCのマトリックス
ポリシラン系	ポリシラン (PMS)	$\{SiHCH_3\}_n$	SiC, Si	SiC/SiCのマトリックス SiC系成形体
ポリシラン系	ポリビニルシラン (PVS)	$\{CH_2CH(SiH_3)\}_n$, $\{CH_2CH_2SiH_2\}_n$	SiC, カーボン	SiC系繊維 SiC/SiCのマトリックス SiC薄膜
活性炭素繊維/SiO			SiC	SiC短繊維
シリケート/フェノール			SiC	SiC微粉末

表2.3.1に示す.

(1)　カルボシラン系ポリマー

現在SiC系繊維などの工業材料（ニカロン[2)]）の前駆体として広く使用されているポリカルボシラン（PCS）はポリジメチルシラン（PDMS）の熱分解転位反応により得られる[3)]. PDMSは$(CH_3)_2SiCl_2$からNa（またはLi）を用いて脱塩素重合反応により合成され，有機溶媒に不溶で，結晶質である. PCSは$\{(CH_3)HSiCH_2\}_n$と$\{(CH_3)_2SiCH_2\}_n$が主骨格でそれぞれが1：1の割合で混在した平面的な分子構造を有している[4)]. この中でSi-H結合がSiC系材料の特性と密接な関連性がある.

PDMSからPCSへの熱分解転位反応の際にテトラブチルチタネートやジルコニウムアセチルアセトナートなどの金属アルコキシドを加えることによりポリメタロカルボシランが得られる[5,6)]. これらのポリマーからSi-Ti-C-O系やSi-Zr-C-O系のSiC基セラミック繊維（チラノ[7)]）が製造されており，機能性に優れている．

一方，CH_3SiCl_3 の塩素化により得られる $ClCH_2SiCl_3$ のグリニヤールカップリング，さらに LiAlH で還元して，多様な重合法によって高次構造を制御することができる一連の前駆体ケイ素ポリマーが合成されている．これらのポリマーの主骨格は $-(SiH_2CH_2)-_n$ であり，多様な分岐構造を有すること，常温で液状である点，また Si/C の比が 1 であり，得られる SiC マトリックスが化学量論組成などの前駆体として好適な特性を数多く有している[8]．それらはヒドリドカルボシラン（HPCS）あるいはアリルヒドリドカルボシラン（AHPCS）として製造販売されている[9]．

（2）　シラン系ポリマー

SiC 前駆体としてのシラン系ポリマーの研究は，上述の PDMS 以外には，$(CH_3)_2SiCl_2$ と $(C_6H_5)(CH_3)SiCl_2$ から Na（または K）を用いて脱塩素反応により得られるシラスチレン共重合体[10] がある．PDMS とは異なり有機溶媒に可溶で，PCS を経ずに SiC が得られるため注目されたが，SiC 残存率（SiC 化率）が約 30％で低く，また得られる SiC 繊維の性質が PCS から得られるものと比較して優れていないため，その後あまり進展しなかった．

しかし，1990 年代初頭より再び活発になり，主な研究対象として，金属ナトリウムを用いたメチルジクロロシラン（CH_3SiHCl_2）の脱塩素縮重合反応[11,12] と，金属錯体触媒を用いたメチルシラン（CH_3SiH_3）の脱水素縮重合反応によるポリシランがある[13,14]．これらのポリシランの Si/C 比が 1 であり，また SiC 化率向上に有効である反応性の高い Si-H 基を数多く有している点が長所である．短所としては，空気雰囲気下，室温での安定性の問題が挙げられる．さらにこれらのポリシランから熱分解反応により得られる SiC 基生成物は一般に，Si をかなり含有すると報告されている．したがってこれらのポリシランを前駆体として調製するときには，架橋剤や酸化防止剤，組成を制御するための炭素源高分子，また成形性を付与するための紡糸助剤などを添加物として用いることが多い．

著者らは，ポリシランの SiC セラミックス化過程の研究を行うにあたり，できるだけ助剤的な成分，特に金属種の混入を避けて，“脱気封入管中での γ 線照射”，もしくは“準閉鎖系における還流熱処理”を前駆体に施し，それぞれ最終的なSiC化率の向上，およびその機構の解明を行っている．研究対象のポリシランは，メチルジクロロシランをAr雰囲気，トルエン溶液中，Na分散体と脱塩素縮合反応により得られるオイル状のポリマー（$\text{-(}CH_3SiH\text{)-}_n$，PMS）である．架橋機構は，さまざまな化学反応が平行して進行する複雑な反応であり，鎖の切断による低分子量成分の増加と，高分子–高分子間反応による架橋体の生成とが競争的に進行する反応機構であると思われる．鎖の切断が勝るとポリマー収率は低下し，架橋が勝ると収率は向上する．γ 線照射は比較的穏和な過程であり，水素が脱離してSi–Si間の結合が進行するとともに，一部 $Si\text{-}CH_2\text{-}Si$ 等の結合を介しての架橋も進行する．照射時における分子鎖末端からのメチルシランガス（CH_3SiH_3）の脱離も，全体の収率としてはマイナスに働くが，架橋生成物の粘弾性的性質を広い範囲で制御することができる．収率向上のためには高い線量が必要である．一方，PMSのSiCセラミックス化過程において，発生するガス種は，炭化水素系ガスのほかに低温よりシラン系の重いガスが発生する．PCSの場合は炭化水素系ガスのみである[15]．PMSを還流熱処理することにより，シラン系ガスの系外への放出が制御され，Si–Si結合による架橋が急激に進行し，分子鎖間が強固に結びつけられる[16]．局所的な分子構造を特徴づけるものとして，NMRスペクトルの解析の結果，Si_3C 骨格が存在することである．

この簡便な還流熱処理の操作によって高架橋化されたPMSをセラミックス化した際のTG曲線を図2.3.1に示す．この操作はSiCセラミックス化率を30から90%以上へと飛躍的に高めることができるが，PMSの架橋生成物は非常に強固であり，成形性を付与することが困難である．またSi–Si結合がいったんは大量に生成するにもかかわらず，生成したSiCセラミックス中のフリーSi量はあまり多くない．図2.3.1の結果から，各還流温度によりセラミックス化率が向上することがわかるが，セラミックス化過程における脱ガス分析により，Si–Si架橋がメチル基の脱離を抑制するように働く可能性が示唆された．広く知られるポリシラン鎖中への側鎖メチル基の転位反応（Kumada

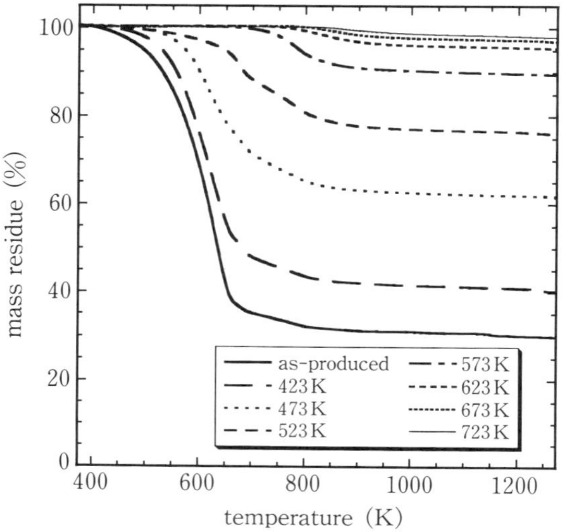

図 2.3.1　各温度で還流熱処理により得られた PMS の Ar 中での TG 曲線

転位）に，シリコンネットワークの形成が及ぼす影響が非常に興味深い問題である．

ポリシランとともにポリビニルシランも注目されている．繰り返し分子構造単位が$\leftarrow\!(SiH_2CH_2CH_2)\!\rightarrow_n$ のポリマーに関して，1990 年代初頭より，ポリビニルシラン，もしくはポリシラエチレン等の名前で称され，セラミックス前駆体としての応用が検討されてきた[17−19]．近年，ビニルシランの気相における付加重合という新規な手法によって合成されたポリビニルシラン[20]（PVS）が注目される．この PVS の合成法は以前のとは全く異なり，ラジカル開始剤を用いたビニルシラン（$CH_2=CH(SiH_3)$）の気相での付加重合反応をベースにしている．反応温度を変えることによって，高分子を構成する繰り返し単位$\leftarrow\!(CH_2CH(SiH_3))\!\rightarrow_n$，$\leftarrow\!(CH_2CH_2SiH_2)\!\rightarrow_n$ の比率，すなわち高分子の主鎖骨格を広い範囲で制御することができる．またほぼ同様の系で触媒を変え，アニオン重合を行うことも可能であり，その場合に繰り返し単位は$\leftarrow\!(CH(CH_3)SiH_2)\!\rightarrow_n$ となる．高分子の合成法としてなじみ深い，2 重結合を持つモノマーの低圧付加重合（0.5〜2.0 MPa）を採用しているため生成物の構造，特性をイメージしやすく，原料として用いるときの信頼性が高いこと，さらにモノマーは気体でありラジカル重合では金属錯体触媒が不要であるため金属不純物の生成高分子への混入を心配しなくてもよいこと，などが長所である．実験室レベルの小規模の合成法としてはあまり適当ではないが，大量合成法としての潜在的な可能性は大きい．

2.3.3 ケイ素系ポリマーから得られる耐熱性無機材料

ポリカルボシランからSiC系繊維，繊維強化SiC複合材料（CMC）のマトリックス，耐熱コーティング材料が作られ，現在工業製品として製造販売されている．本節では最近のSiC系繊維の発展状況，およびCMC作成に関して，各種のポリマーを用いた，含浸・熱分解（Polymer Infiltration Pyrolysis, PIP）法が盛んに用いられており[21]，これらを中心に述べる．

（1） SiC系繊維

SiC系繊維は，連続繊維としてすでに工業化されており，本書でも別の章で(4.3，4.4)，製法，性質などは述べられている．ここでは，耐熱性の改良による最近の話題についてニカロンを中心に触れる．代表的なSiC系繊維であるNicalon NL-200は，Si-C-O結合の骨格からなるアモルファス相にβ-SiC微結晶（結晶子の大きさ：約2 nm）が均一に分散した特異な微細組織を有している．1500 K以上の高温においてこのSi-C-Oアモルファス相は，次式(2.3.1) に示す高温熱分解反応により，β-SiCへと変化する[22-25]．

$$\mathrm{SiC_{1+X}O_Y\,(amorphous)} \rightarrow \beta\text{-}\mathrm{SiC(s)} + \mathrm{SiO(g)} + \mathrm{CO(g)} \qquad (2.3.1)$$

このときの熱分解挙動は拡散律速型であり，SiCの粒成長によって支配される．この反応により，SiOガスやCOガスの発生が起こり，繊維形態が変化して，強度が急激に減少する．繊維の高温特性を向上させるためには，Si-C-Oアモルファス相における酸素量を低減して（2.3.1)式の反応を制御する必要がある．SiC系繊維製造工程において，一般に熱酸化不融化工程が用いられ，その際に約 10%程度の酸素が導入される．酸素を低減させる方法として，これまでに以下のような方法が開発された．

まず第一には，酸素を必要としない不融化方法の開発が挙げられる．これは前駆体のポリカルボシラン（PCS）の放射線による架橋反応を利用した方法であり，用途によって電子線や γ 線などが使用される．この方法は繊維中の酸素含有量を制御することが容易なだけではなく，焼成段階における雰囲気を制御することにより，繊維中の炭素含有量をも制御することが可能である．電子線照射による不融化方法により，酸素含有量の低い SiC 系繊維（O：1 mass%以下）が開発された[26,27]．この繊維は商品名 HI-Nicalon として工業化されており，1800 K でも引張強度の低下が見られない[26]．さらに電子線照射不融化 PCS 繊維を水素ガス中で高温焼成することにより，高純度の SiC 繊維が開発され，HI-Nicalon-S として工業化されている[28,29]．

次に，高温熱分解時における自己焼結を利用する方法が挙げられる．熱酸化不融化ポリマー繊維を 1200～1400 K で焼成して得られたアモルファス SiC 系繊維を 1800 K 以上の高温で熱処理することにより（2.3.1)式の熱分解反応に伴い生成した活性な表面を持つ β-SiC 微粒子が自己焼結して，直径約 10 μm 高純度 SiC 繊維が得られる．その際には，B や Al が焼結助剤として添加される．この興味深い方法により，2000 K に耐える耐熱性を有する，ヤング率の高い繊維が得られる．この方法で製造されている繊維は Sylramic[30,31] であり，助剤を用いずにポリマーを改質して焼結された繊維に Tyranno-SA[32,33] がある．上記に示した各種の製造されている SiC 系繊維の特性を表 2.3.2 に示す．

最後に，不融化を必要としない前駆体高分子の採用が挙げられる[34,35]．商品化されたものは今のところ存在しないが，今後の発展が期待される方法である．

（2） SiC 系繊維の細線化

SiC 系繊維は，ポリカルボシラン（PCS）を出発物質として，溶融紡糸―不融化―焼成の 3 工程を経て合成される．PCS 繊維を放射線照射不融化して製造された SiC 系繊維（HI-Nicalon）は，1800 K で熱処理した後も繊維の特性

表 2.3.2　ポリカルボシランから工業化された SiC 系連続繊維の特性

	SiC 系繊維						
	ニカロン			チラノ			Sylramic
	NL-200	HI-Nicalon	HI-Nicalon-S	Lox M	ZMI	SA	
原子組成	$SiC_{1.34}O_{0.36}$	$SiC_{1.39}O_{0.01}$	$SiC_{1.05}$	$SiTi_{0.02}C_{1.37}O_{0.32}$	$SiZr_{<0.01}C_{1.44}O_{0.24}$	SiC O, Al<0.008	$SiCTi_{0.02}B_{0.09}O_{0.02}$
結晶子サイズ (nm) SiC (111)	2.2	5.4	10.9	1.4	2.0	38	40-60
引張強度 (GPa)	3.0	2.8	2.6	3.3	3.4	2.8	2.8
引張弾性率 (GPa)	220	270	420	187	200	420	400
伸び (%)	1.4	1.0	0.6	1.8	1.7	0.7	0.7
密度 ($g \cdot cm^{-3}$)	2.55	2.74	3.10	2.48	2.48	3.02	>3.1
直径 (μm)	14	14	12	11	11	10	10
比抵抗 (Ω・cm)	10^3-10^4	1.4	0.1	30	2.0		
熱膨張係数 (10^{-6}/K)	3.2 (298-773 K)	3.5 (298-773 K)	—	—	—	—	5.4 (293-1593 K)
熱伝導率 (W/mK)	2.97 (298 K) 2.20 (773 K)	7.77 (298 K) 10.1 (773 K)	18.4 (298 K) 16.3 (773 K)	—	2.52	64.6	40-45

が劣化することなく優れた耐熱性を有している．しかしながら，これまでに合成されている SiC 繊維は，引張強度が 2.8 GPa と高強度を示すが，平均直径が約 14 mm，弾性率が 270 GPa と高く剛直であるため取り扱いが難しく，織物への加工性の面で劣る．加工性を改善するためには，より細い SiC 繊維を合成する必要がある．弾性率が同じであっても，繊維直径が小さくなると繊維はしなやかになるからである．セラミックス系複合材料の強化材は繊維の織物が使用される．したがって，繊維径が細い方が製織性に優れていることになる．また一方，環境問題の観点から，SiC 繊維の Diesel Particulate Filter (DPF) への応用が試みられている．この応用に際しては，表面積の大きさが要求されるので，細い SiC 繊維を合成することが重要である．細い SiC 繊維を合成するためのアプローチとして，液状のポリビニルシラン (PVS) を樹脂状の PCS とブレンドした，PCS-PVS ブレンドポリマーからの放射線架橋

による SiC 繊維の合成に関する研究が行われている．まず，PCS-PVS ブレンドポリマーの溶融粘度に関する研究により，溶融紡糸条件の最適化が行われ，PVS を 20 mass%ブレンドした PCS-20%PVS から，平均直径，約 8 μm の非常に細いポリマー繊維が得られる．続いて真空中，電子線照射による不融化処理を施し，不活性ガス雰囲気下 1200 K 以上の温度で焼成により SiC 繊維が得られる．その平均直径は 6 μm で，非常に細くしなやかな連続繊維である．なお同様の実験条件で PCS から合成した SiC 繊維の平均直径は 9 μm である．SiC 繊維の引張強度については，PCS-20%PVS，PCS についてそれぞれ 2.7，2.5 GPa である．結論として，PCS-PVS ブレンドポリマーから，PVS ブレンド量，溶融粘度，不融化線量などを最適化して，従来のものに比べ 1/2 以下の直径の SiC 繊維が得られることが明らかになった[36]．

（3）　セラミックス系複合材料への応用

ケイ素系ポリマーの，CMC における SiC マトリックスへの応用として，SiC 系繊維の前駆体でもあるポリカルボシラン（PCS）の含浸，熱分解を利用した PIP 法，もしくは PIP を施した後に，残った細孔を CVI 法によって埋める多段階の充填法が行われている．しかし長年における研究により，PDMS（ポリジメチルシラン）の熱転位反応によって合成される PCS とは，異なった特性を有するヒドリドカルボシラン（HPCS）あるいはアリルヒドリドカルボシラン（AHPCS）が CMC の SiC マトリックスへ利用されている[37]．

また，ポリシラン骨格を主鎖に持ちながら，例外的に高いセラミックス残存率を示すポリメチルシラン（PMS）やビニルシランの気相における付加重合という新規な手法によって合成されたポリビニルシラン（PVS，三井化学）などは研究段階ではあるが有望である．一般に，CMC を製造する場合は繊維表面にボロンなどをコーティングしてマトリックスと複合化させているが，PVS を使用するとコーティングすることなしに複合化することができ，その機械的性質も優れている[38,39]．さらに，PMS は PCS とブレンドさせて PIP 法による CMC のマトリックス前駆体として応用することが期待されている[40]．

2.3.4　活性炭素繊維/SiO からの SiC 短繊維の合成

石炭ピッチから得られる活性炭素繊維（長さ 6 mm）を一酸化ケイ素と 1573〜1673 K で反応させて SiC 化した繊維を Ar 中，2173〜2273 K で焼成することにより強度が約 1.3 GPa からなる SiC 結晶繊維が得られる[41]．この短繊維は比較的簡単な製法により低コストで得られる利点がある．セラミックス系複合材料の強化繊維として，強度を最大限に発現するためにも連続繊維からなる織物を使用することは必要なことである．しかし短繊維に抄紙技術を応用してシート状にした後，多孔質ではあるが複合材料を作成することができる．この複合材料は比曲げ強度が 15〜20 MPa/(g/cm^3) であり，また耐酸化性に優れており，用途に応じた応用が期待される．

2.3.5　シリケート/フェノール系からの SiC 微粉末の合成

高温高強度 SiC 焼結体の作成において，均質な，高純度 SiC 微粉末は必要とされ，シリカの熱炭素還元法[42]，シラン化合物の CO_2 レーザ加熱[43] および CVD を用いた気相反応法[44] などで作られている．シリカの熱炭素還元法は規模の拡大が容易で，連続生産が可能であり，良質の SiC 微粉末が得られるが，出発物質の前駆体であるシリカとカーボンの性質に支配される．著者らは，テトラエチルオルトシリケートと水溶性の液状レゾール型フェノール樹脂を出発物質として用い，重縮合触媒であるトルエンスルホン酸を添加しゲル化させた後，窒素ガス中，1273 K で焼成して，フェノール樹脂の炭化を行いシリカとカーボンからなるハイブリッドプレカーサを前駆体とする方法を行っている[45]．シリカは ^{29}Si-MAS-NMR（single pulse 法）の測定から $Si(OSi)_4$ 骨格を有している．このシリカとカーボンが均一に混合したハイブリッドプレカーサの熱炭素還元反応により，Ar 中，1873 K で得られた粉末は粒径が約 100 nm，結晶子サイズが約 20 nm である．粒径はシリカとカーボンの割合により異なり，SiO_2/C が 0.48，0.34，0.26 のプレカーサから得られた SiC 粉末の

図 2.3.2　シリカとカーボンの割合が異なるプレカーサ（上から $SiO_2/C=0.48$, 0.34, 0.26）から熱炭素還元反応（1873 K, 4.5 ks, Ar 中）により得られた SiC 微粉末の SEM 写真

SEM 写真を図 2.3.2 に示す．炭素比の高いプレカーサ（$SiO_2/C=0.34$）から得られた微粉末は粒子径が 100 nm に抑えられており，最も高い $SiO_2/C=0.26$ の場合は粒径が抑えられているうえに会合している様子が観測される．プレカーサから SiC 粉末生成に関する反応機構は，Avrami-Erofeev の速度式を用いた解析により，SiC 結晶子の核発生・結晶成長において，炭素の拡散律速により反応が進行するものと推察される．

このハイブリッドプレカーサの熱炭素還元反応法は出発物質における混合溶液を調整する際に，異種の金属アルコキシドを添加して，最終的には SiC とそれ以外の炭化物系セラミックスとが微細に混合した，機能性に富んだ複合粉末を合成できる利点がある[46]．

2.3.6 おわりに

有機原料から SiC 材料の合成は，有機ケイ素ポリマーのポリカルボシランから得られる SiC 系繊維を中心に発展してきた．10 年あまりの研究開発の成果により SiC 系セラミック繊維の耐熱性が 1500 K クラス（Nicalon NL-200, Tyranno Lox M）から 1700 K クラス（HI-Nicalon, Tyranno ZMI）までに向上し，さらに 1900 K 以上に耐える，HI-Nicalon-S，Tyranno SA，Sylramic などの超耐熱性繊維が工業化されつつある．これらの発展は繊維の前駆体であるポリカルボシランの製造方法の確立，性質の安定化に負うところが大きい．これらの繊維は繊維強化複合材料への応用ばかりでなく，ディーゼル車の排気ガス中の微粒子浄化用フィルタ用としても精力的に研究開発が行われている[47]．最近，前駆体物質の地道な研究により各種のポリシランが合成され，製造方法の簡素化，SiC の高残存率化が行われ，繊維への応用だけでなく，複合材料のマトリックスの前駆体としても期待されつつあり，その果たす役割は大きくなっている．さらに，短繊維，高機能微粉末への応用が行われている．また一方では，これらの材料の工業化に際して，構成成分を制御しながら高 SiC 化率で，低コストでの合成が行われることが望まれている．前駆体法は有機物を介して高性能セラミック素材を容易に得られる方法である．入口から出口に至るプロセスをスマートかつイメージ通りに材料設計できるような，新規な前駆体高分子と，高い信頼性を有するセラミックス材料の開発が今後の大きな課題である．

参考文献

1) S. Yajima, J. Hayashi and M. Omori, Chem. Lett. (1975) 931
2) ニカロンは日本カーボン(株)社製 SiC 繊維の商品名
3) S. Yajima, J. Hayashi, M. Omori and K. Okamura, Nature, **261** (1976) 683
4) Y. Hasegawa and K. Okamura, J. Mater. Sci., **21** (1986) 321
5) S. Yajima, T. Iwai, T. Yamamura, K. Okamura and Y. Hasegawa, J. Mater. Sci., **16** (1981) 1349
6) H. Yamaoka, T. Ishikawa and K. Kumagawa, J. Mater. Sci., **34** (1999) 1333
7) チラノは宇部興産(株)社製 SiC 繊維の商品名
8) L. V. Interrante, I. Rushin and Q. Shen, Appl. Organometal. Chem., **12** (1998) 695
9) AHPCS, HPCS は Starfire Systems Inc. 製ポリマーの商品名
10) R. West, L. D. David, P. I. Djurovich, H. Yu and R. Sinclair, Am. Ceram. Soc. Bull., **62** (1983) 825
11) D. Seyferth, T. G. Wood, H. J. Tracy and J. L. Robison, J. Am. Ceram. Soc., **75** (1992) 1300
12) P. Czubarow, T. Sugimoto and D. Seyferth, Macromolecules, **31** (1998) 229
13) Z.-F. Zhang, F. Babonneau, R. M. Laine, Y. Mu, J. F. Harrod and J. A. Rahn, J. Am. Ceram. Soc., **74** (1991) 670
14) K. Chew, A. Sellinger and R. Laine, J. Am. Ceram. Soc., **82** (1999) 857
15) S. Yajima, Am. Ceram. Soc. Bull., **62** (1983) 893
16) T. Iseki, M. Narisawa, K. Okamura, K. Oka and T. Dohmaru, J. Mater. Sci. Letters, **18** (1999) 185
17) C. L. Schilling, Jr., Brit. Polym. J., **18** (1986) 355
18) B. Boury, R. J. P. Corriu, D. Leclercq, P. H. Mutin, J.-M. Planeix and A. Vioux, Organometallics, **10** (1991) 1457
19) R. J. P. Corriu, D. leclercq, P. H. Mutin, J.-M. Planeix and A. Vioux, Organometallics, **12** (1993) 454
20) M. Itoh, K. Iwata, M. Kobayashi, R. Takeuchi and T. Kabeya, Macromolecules, **31** (1998) 5609
21) K. Okamura, Adv. Composite Mater., 8 (1999) 107

22）T. Mah et al., J. Mater. Sci., **19**（1984）1191
23）K. Luthra, J. Am. Ceram. Soc., **69**（1986）C-231
24）K. Okamura, M. Sato, T. Matsuzawa and Y. Hasegawa, Polymer Preprints, **25**（1984）6
25）T. Shimoo, H. Chen and K. Okamura, J. Mater. Sci., **29**（1994）456
26）K. Okamura and T. Seguchi, J. Inorganic and Organometallic Polymers, **2**（1992）171
27）T. Seguchi, M. Sugimoto and K. Okamura, Proceedings of HT-CMC-16th European Conference on Composite Materials 20-24 September 1993, Bordeaux, p. 33
28）M. Takeda, J. Sakamoto, A. Saeki and H. Ichikawa, Ceram. Eng. & Sci. Proc., **17**（1996）35
29）A. Urano, J. Sakamoto, M. Takeda and Y. Imai, ibid., **19**（1998）55
30）Y. Xu, A. Zangvil, J. Lipowitz, J. A. Rabe and G. A. Zank, J. Am. Ceram. Soc., **76**（1993）3034
31）J. Lipowitz, J. A. Rabe, A. Zagvil and Y. Xu, Ceram. Eng. & Sci. Proc., **18**（1997）147.　Sylramic は Dow Corning Corporation 社の製品名
32）T. Ishikawa, Y. Kotoku, K. Kumagawa, T. Yamamura and T. Nagasawa, Nature, **391**（1998）773
33）K. Kumagawa, H. Yamaoka, M. Shibuya and T. Yamamura, Ceram. Eng. & Sci. Proc., **19**（1998）65
34）M. D. Sacks, G. W. Scheiffele, L. Zhang and Y. Yang, Ceram. Eng. & Sci. Proc., **19**（1998）73
35）R. Reidel, A. Kienzle, W. Dressler, L. Ruwisch, J. Bill and F. Aldinger, Nature, **382**（1996）796
36）A. Idesaki, M. Narisawa, K. Okamura, M. Sugimoto, T. Seguchi and M. Itoh, Key Engineering Materials, **159-160**（1999）107
37）L. V. Interrante, C. W. Whitmarsh, W. Sherwood, H.-J. Wu, R. Lewis and G. Maciel, Mat. Res. Soc. Symp. Proc., **346**（1994）593
38）M. Sugimoto, Y. Morita, T. Seguchi and K. Okamura, Key Engineering Materials, **159-160**（1999）107
39）M. Kotani, A. Kohyama, K. Okamura and T. Inoue, Ceramic Eng. & Sci. Proc., **20**（1999）309

40) T. Nakayasu, M. Sato, T. Yamamura, K. Okamura, Y. Katoh and A. Kohyama, ibid., **20** (1999) 301

41) K. Okada, H. Kato and K. Nakajima, J. Am. Ceram. Soc., **77** (1994) 1691

42) H. Tanaka and Y. Kurachi, Ceramic International, **14** (1988) 109

43) M. Cauchetier, O. Croix, M. Luce, M. Michon, J. Paris and S. Tistchenko, ibid., **13** (1987) 13

44) L. Chen, T. Goto and T. Hirai, J. Mater. Sci., **31** (1996) 679

45) M. Narisawa, Y. Okabe, M. Iguchi, K. Okamura and Y. Kurachi, J. Sol-Gel Sci. Technol., **12** (1998) 143

46) 成澤雅紀, 岡部義生, 岡村清人, 清野　肇, 嶋田志郎, 炭素, **190** (1999) 273

47) T. Sakaguchi, A. Ohguchi, S. Suzuki, H. Kita, K. Ohsumi, T. Suzuki and H. Kawamura, SAE Paper No. 1999-01-0463

2.4　セラミックス成形の問題と SiC の最新成形技術

2.4.1　緒　　言

成形とは粉体原料を固めて，所望の形状をもつ粉体集合体すなわち成形体とする操作である．成形体を高温で焼成してセラミックスをつくる．従来，成形では形状の制御に重点がおかれてきたが，高性能材料の製造では，その内部の粒子充填状態の制御がそれ以上に重要である．それは，充填状態に何らかの不均質があると，焼成時の材料変形やき裂など，製造上のトラブルを生じるとともに，材質中の破壊源の形成により，特性の変動や低下の原因となるからである[1]．材質特性と生産性の向上を実現するには，材質内部の破壊源の形成を防ぐこと，すなわち成形体構造を均質にすることが必要不可欠である．

本章では，成形体中の代表的な不均質の種類と原因を中心に説明する．詳細な研究は，アルミナ系で行われているため，題材としてこの系での一軸加圧成形についての研究結果を取り上げる．それらの結果のほとんどは，SiC の場合について当てはまるものである．SiC の成形については，最近の進展から興味深いものを取り上げ，概要を示す．

2.4.2　一軸加圧成形の装置と工程

図 2.4.1 はペレット状成形体の一軸加圧成形における流れ図である．この成形では，図 2.4.2 に示す所定の原料調合物を顆粒としたものを用いる．まず下パンチを下げ，金型の空間に顆粒を流し込む．顆粒充填層の上面を摺り切り平坦とした後，上下パンチを移動させ，加圧を行い成形体を得る．次に下パンチを上方へ移動し，成形体を金型から排出する．金型は，成形体の排出を容易に

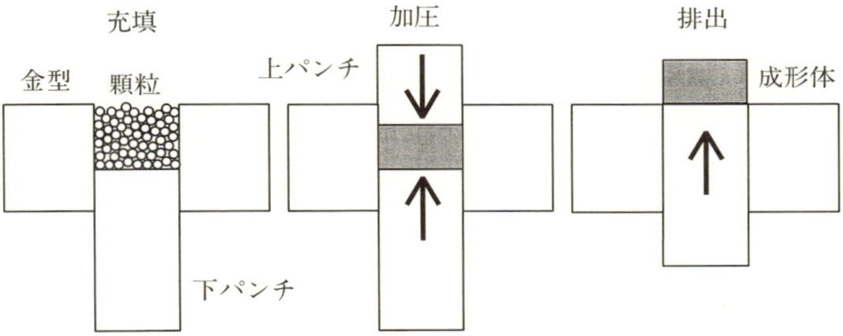

図 2.4.1　一軸加圧成形の工程

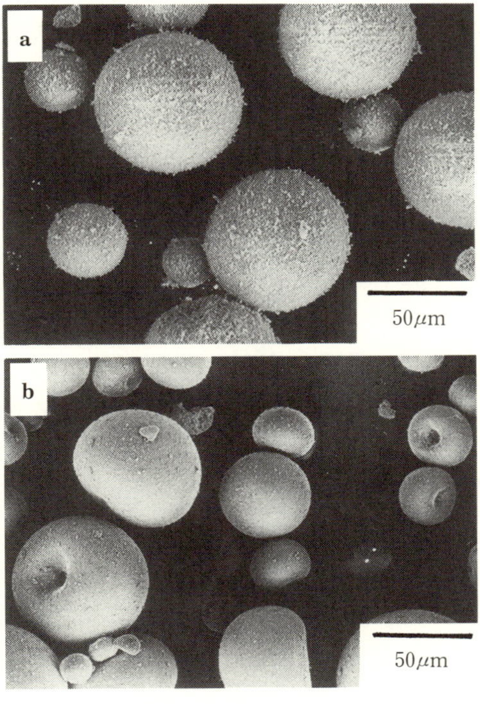

図 2.4.2　成形用顆粒　　(a)分散スラリーから調製，(b)凝集スラリーから調製

するため，上の拡がったややテーパ状に設計することもある．次に，下パンチを下方へ戻し，成形のサイクルを終える．

円筒など，穴をもつ形状は，その穴に相当する構造を金型内に設置して作製できる．部位により厚みの異なる形状は，上下のパンチを分割し，各部分を独立して動かす．一体となったパンチでは，顆粒充塡層の圧縮率（成形前後の厚みの比）が部位により異なるため，均一な圧密が行えない．

2.4.3　加圧成形における不均質の形成要因

（1）　顆粒自体のもつ不均質性

顆粒は，金型中に原料調合物を均一に流し込むのに必要な中間生成物である．原料調合物を顆粒とせずに直接金型へ入れようとしても，微粉体は流動性が極めて低く，均一に充塡できないからである．顆粒の製造では，粉体原料，種々の添加物，溶媒を混合して均一なスラリーとして，これを熱風中にスプレーして乾燥させる．顆粒は非常に優れた流動性をもつ点では目的に沿うが，種々の不均質性ももち，成形体構造に悪影響を与える．顆粒構造の制御は，均質な成形体を得る上の出発点である．以下に説明する内容は，顆粒や成形体を浸液で透明化して観察する新しい評価法[2,3]で得たものである．

①　顆粒形状の不均質

顆粒形状を大別すると，図 2.4.2 に示したとおり，窪みをもつものと，中実の球形のものとがある．前者は，粉体粒子がよく分散したスラリーから製造された顆粒，後者は粉体粒子が凝集したスラリーから製造されたもので特徴的に認められるものである．流動性の点では，両者に大きな違いはない．これとは別に，多くの顆粒は，少量ではあるが，非常に細長いもの等，特異な形状のものも含む．

②　粗 大 粒 子

原料粉体は極微量であるが粗大粒子を含む[4]．図 2.4.3 は顆粒の浸液透光偏光顕微鏡写真であり，粗大粒子は顆粒内に点在する白い粒子状のものである．粗大粒子の一部は，ボールミル等の処理工程で粉砕されないことが明らかであ

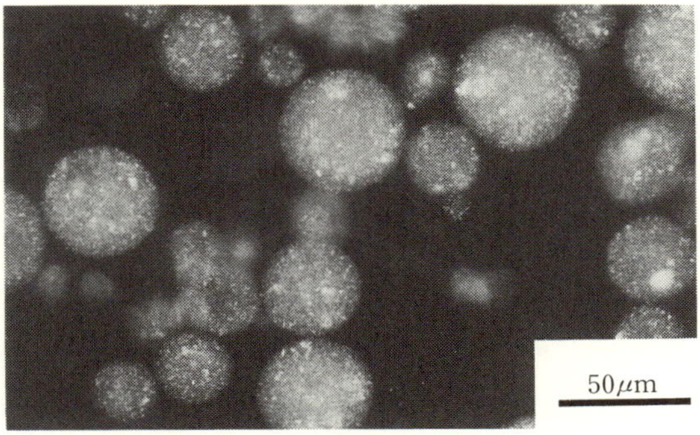

図 2.4.3　顆粒の浸液透光偏光顕微鏡写真

る．それらは後工程の焼結時に異常粒成長の核となって，セラミックス中の破壊源を形成する．また，それらの周辺の緻密化挙動に影響を及ぼす．

③　粒子配向構造

顆粒の調製に分散スラリーを用いた場合，乾燥時に各粒子は再配列し，その結果，図 2.4.4 に模式的に示したとおり，独特の配向構造を形成することがある[4]．この構造の一部は成形後にも残る．成形体中での粒子の局所的な配向構造は，焼結時にそれら局所間での収縮の異方性を生じ，材料変形や内部歪みの

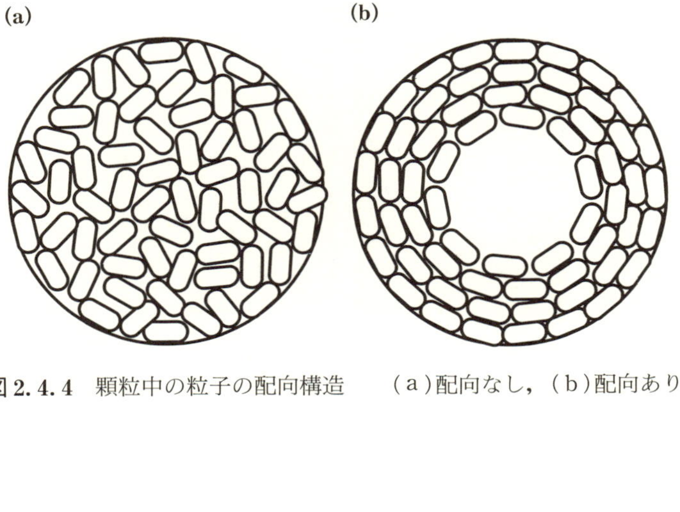

図 2.4.4　顆粒中の粒子の配向構造　（a）配向なし，（b）配向あり

一因となる．

④　添加物の不均質な分布

ほとんどのスラリーには，バインダや焼結助剤などの可溶性物質が添加されている．それらは乾燥時に溶媒が乾燥表面に移動するに伴い移動し，顆粒表面に濃縮される．これにより，顆粒内部には添加物の不均質な分布が生じる[5)]．図 2.4.5 にはその一例として，顆粒表面のバインダ偏析層を示す．写真中の顆粒表面に沿う暗い領域がバインダ偏析層である．この層は脱脂後の顆粒には認められない．偏析層の形成メカニズムから予想すると，一般に，溶媒に可溶な焼結助剤やバインダを使用した際には，この偏析の防止は極めて困難と考えられる．

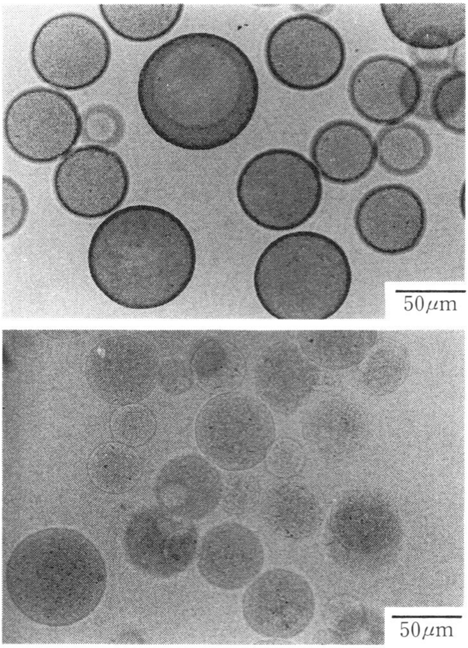

図 2.4.5　顆粒表面のバインダ偏析層
（a）脱脂前，（b）脱脂後

（2）　成形体中の不均質

成形段階で，顆粒は金型内での圧力により著しい変形を受ける．その際，顆粒のもつ不均質性は一部が解消されるが，ほとんどは成形体中の不均質性へと引き継がれる．これとは別に，成形段階で新たに導入される不均質性もある．

①　金型中の圧力分布

粉体粒子と金型表面，および粉体粒子相互の摩擦力により，成形体中では圧力は均等に伝達されない[6)]．図 2.4.6 に示したとおり，成形体中には圧力分布が生じる．これにより，顆粒の圧密が金型内の位置で変化し，成形体の密度不均質が生じる．それが極端な場合には，成形体は独特の形状のき裂を生じて，破損する．

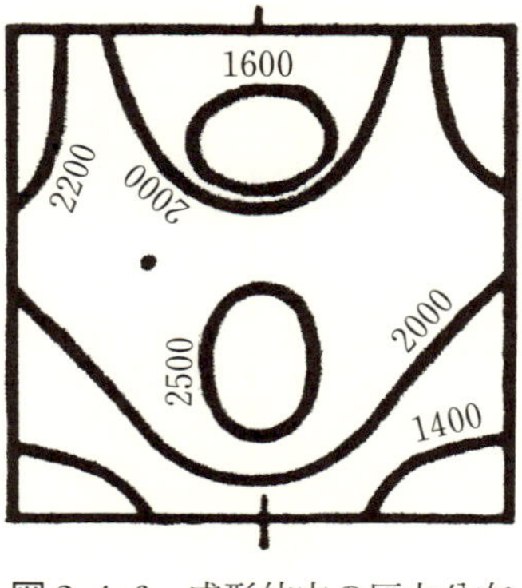

図 2.4.6　成形体中の圧力分布

②　成形時の顆粒の変形

顆粒は，成形時にバラバラには壊されない．それは金型中の顆粒は，互いがその周囲を他の顆粒で囲まれており，それらの拘束下でしか変形できないからである[7)]．図 2.4.7 は，これを示す浸液透光法による成形体内部構造である．この写真は成形時の加圧方向から観察した構造を示している．成形体中の顆粒は明らかに，ほとんどその元の形状を保っている．顆粒の界面が明瞭に観察さ

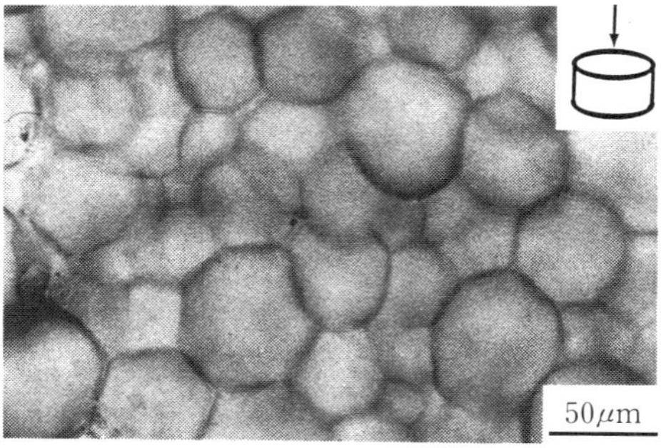

図 **2. 4. 7**　成形体中の顆粒

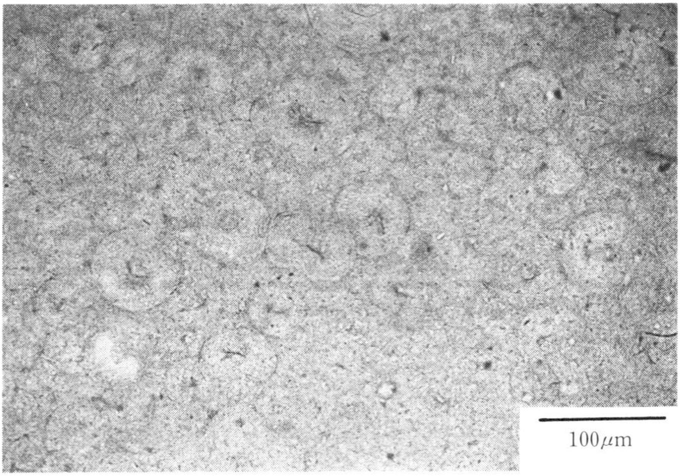

図 **2. 4. 8**　窪み付き顆粒による成形体の内部構造

れるが，これは，その領域が成形体の他の部分とは明らかに異なる構造をもつことを示している．また，図 2.4.8 に示したとおり，窪みをもつ顆粒では，その窪みはしばしば成形体中にき裂状の欠陥を形成する．

③　顆粒の凝集

水分などにより，顆粒間にある程度の付着力が生じると，顆粒は集団を形成する．その間には顆粒寸法より大きな空間を形成する場合がある．それら大きな空間は，図2.4.8の窪み付き顆粒のときと同様，成形時にも完全には潰されず，成形体中の大きな穴として残る．成形体中の大きな穴は，浸液透光法による観察ではしばしば認められる．

④ 粒子配向構造

立方晶以外の結晶構造をもつ物質では，市販粉体原料はほとんどが非等軸の粒子形状をもつ．それら粒子は，図2.4.9に模式図で示すとおり，一軸加圧における応力場中で，粒子配向構造を形成する[8]．粒子の配向した成形体では，図2.4.10に示したとおり，焼結時に材料変形を生じる．粒子配向構造は，射出成形や鋳込み成形ではさらに顕著に生じ，それら材料の変形を生じる大きな原因となる[9]．

⑤ 他の要因

成形体を金型から排出する際，圧力解放に伴い，成形体は膨張する．金型から解放された部分と，拘束された部分との界面領域では，成形体の変形によりき裂が発生する場合がある．

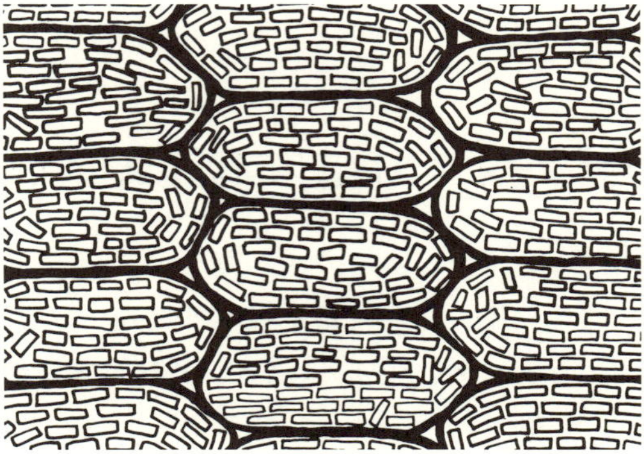

図2.4.9 成形体中の粒子配向構造

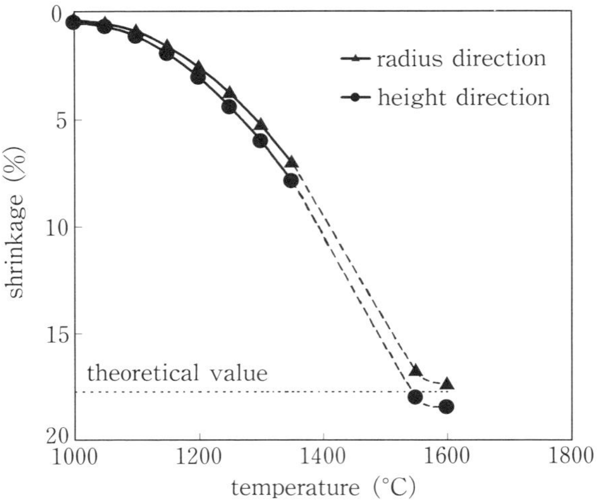

図 2.4.10　成形体の厚み方向と直径方向の焼結収縮の違い

⑥　静水圧加圧処理

成形体の均質性を向上する手段として，静水圧加圧法が一般に利用されている．成形体の不均質性は，その一部は確かに解消される傾向があるが，ほとんどはそのままである．この方法では，原理的に粉体粒子の充填密度における不均質は解消できるが，他の多くの要因，例えば粗大粒子や配向構造は解消できない．

2.4.4　SiC セラミックスに適用可能な新しい成形法

（1）　その場固化技術

これは原理的には，完全に均一な成形体を得る唯一の成形法である．図 2.4.11 にこの技術のコンセプトを示す．まず，粉体粒子が液体媒体中に均一かつ高密度に分散した流動性のスラリーを調製する．次にその粒子間に何らかの接着力を付与して，その分散状態を保った状態で固化し，成形体とする．接着力の種類により，固化法にはいくつかのバリエーションがある．

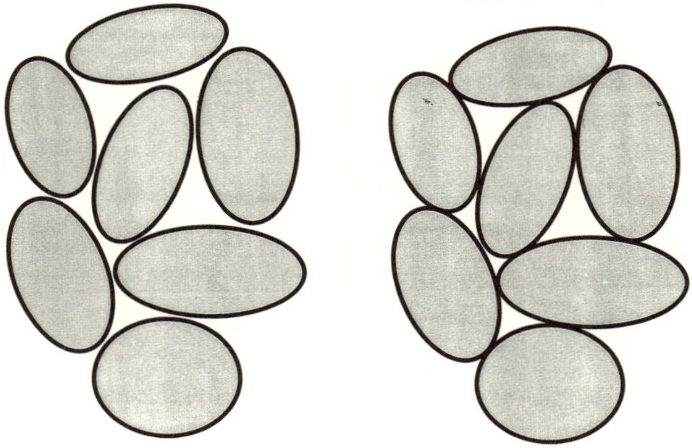

図 2.4.11　その場固化技術のコンセプト

第一は，スラリー中に反応により固化する一種の接着剤を混入するものである．それは時間とともに固まり，粒子同士を強固に結合する．第二のものは微粒子間の表面化学的相互作用を利用するものである．前者の手法は，日米で独立に開発されている．後者にはいくつか類似の方法が提案されている．巧みな方法は，次のGauckler[10]により開発されたものである．

まずSiC，BおよびCの微粒子，尿素，ならびに尿素分解酵素を含む高濃度，高分散のスラリーをpH 10程度で調製する．このスラリーでは，粒子表面は電荷をもち，粒子含有率が50 vol%を越えても高い流動性をもつ．これを成形型中で暖めると，尿素が分解し，発生する炭酸によりpHは7に近づく．粒子の表面電荷は減り，粒子間の反発力は失われ，スラリーは固化する．これを乾燥すると非常に均質な構造をもつ成形体が得られる．

（2）　電気泳動成形

電気泳動とは，スラリー中の微粒子が電場により移動する現象である．図2.4.12に模式図を示すとおり，電気泳動成形はこれを成形に利用するもので，成形体としての粉体体積層を電極上に形成させるものである．方法自体は以前

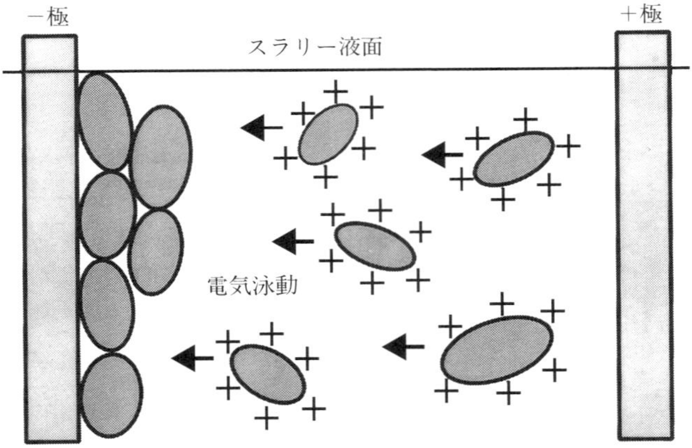

図 2.4.12　電気泳動成形の原理

から利用されていたが，最近，我が国の研究者を中心にその新規応用が検討されている[11]．

SiC の成形については，最近 Bouyer ら[12] が報告している．溶媒には水 (0.02～5%)-エタノール系を用い，これに分散性向上のための塩化アルミと PVB（Polyvinylbutyral）を添加している．粉体粒子を堆積させる基板を粉体スラリー中に設置し，電場（10 V/cm 程度）を印加して基板上に粉体層を形成する．これで 10 分の通電で 5～19 mg/cm^2 程度の粉体の堆積が得られている．

（3）　自由形状成形

コンピュータにより設計した 3 次元形状の部材を，途中に鋳型やモデルを介することなく，直接に最終形状をもつ成形体へ転換する技術である．これには，目的形状の部材をコンピュータ内で多数の断層に分割し，それら各断層の形状を成形機内で作成し，それらを積み上げて全体構造を形成させる．各断層の具体的な形成法には，種々のバリエーションがある[13]．米国を中心に活発に研究されているものである．

モノリスセラミックス製造における代表例は，図 2.4.13 に示すインクジェ

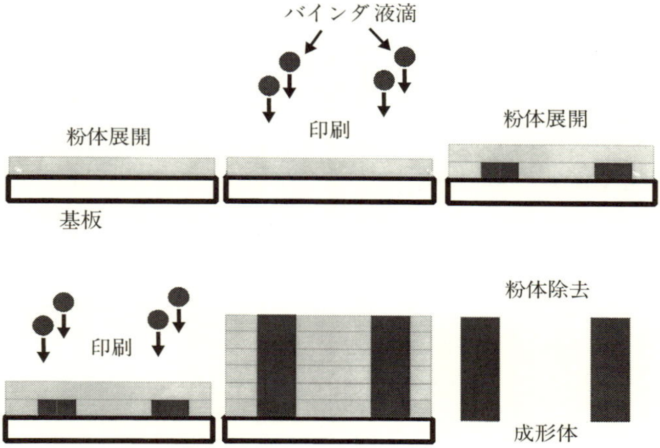

図 2.4.13　3次元印刷成形の工程

ット印刷技術を利用する方法である．通常の印刷インクの代わりにバインダ溶液を用い，その微細な液滴を薄い粉体層上に噴射・乾燥させる．この層を乾燥させ固化させた後，次の粉体層をその上に展開し，これに次の印刷を行う．これを繰り返して3次元構造の成形体を得る．

この成形法の大きな特色は，形状の大きな自由度と，試作部品づくりである．非常に複雑な形状をもつ成形体が，ほとんど何の準備もなく作製可能である．アンダーカットや中空の構造をもつ成形体の作成は，従来の方法では非常に困難であるが，この方法では容易である．問題点には，製造能率が極めて低いこと，材質の特性が不十分なこと，焼成時の歪みにより形状が狂うこと等がある．

2.4.5　ま と め

セラミックスの製造工程では，ある段階で生じた何らかの障害を，次の段階で解消するのは極めて困難である．むしろ，障害は次の段階で拡大され，ますます深刻な障害となるのが普通である．したがって，高性能セラミックスの製造では，工程の前段階ほど厳密に管理する必要がある．現在，産業界には，セラミックスの信頼性向上や低価格化への強い要請があるが，期待どおりに進展しない大きな原因は，成形やその前処理についての基礎科学的解明が遅れている点にあるといっても過言ではない．今でも成形はいわゆる「泥臭い分野」として，学術的な取り組みが少ないが，これは根本的に誤った考え方である．よい製品を経済的につくるには，成形までの段階を徹底的に研究する必要がある．

参 考 文 献

1) F. F. Lange, J. Am. Ceram. Soc., **72** (1989) 3
2) K. Uematsu, Powder Technology, PTEO 88/3 (1996) 291
3) 植松敬三, 内田　希, "セラミックスデータブック 99" (工業製品技術協会, 1999) p. 108
4) 植松敬三, 田中　宏, 張　躍, 内田　希, 日本セラミックス協会学術論文誌, **101** (1993) 1400
5) Y. Zhang, Xiao Xia Tang, N. Uchida and K. Uematsu, J. Mater. Res., **13** (1998) 1881
6) 山本博孝, "セラミックスの製造プロセス—粉末調製と成形" (窯業協会編集委員会講座小委員会編, 窯業協会 1984) p. 194
7) Y. Zhang, N. Uchida and K. Uematsu, J. Mat. Sci., **30** (1995) 1357
8) 税　安澤, 張　躍, 内田　希, 植松敬三, J. Ceram. Soc. Japan, **106** (1998) 873
9) K. Uematsu, H. Ito, S. Ohsaka, H. Takahashi, N. Shinohara and M. Okumiya, J. Am. Ceram. Soc., **78** (1995) 3107
10) W. Si, T. J. Graule, F. H. Baader and L. J. Gauckler, J. Am. Ceram. Soc., **82** (1999) 1129
11) 濱上寿一, 大柿真毅, 山下仁大, "セラミックスデータブック 98" (工業製品技術協会, 1998) p. 155
12) F. Bouyer and A. Folssy, J. Am. Ceram. Soc., **82** (1999) 2001
13) E. Sachs, M. Cima, P. Williams, D. Brancazio and J. Cornie, J. Eng. Ind., **114** (1992) 481

2.5　SiC 粉末の化学分析方法

2.5.1　SiC 材料の用途拡大と標準分析法の制定の経緯

SiC は極めて硬い人工鉱物であるため，主に研削材として利用されることが多かった．SiC の化学分析法に関する JIS としては R 6124「炭化けい素質研削材の化学分析方法」[1] が最も古く 1952 年に制定されている．この規格は数度にわたって改正され，最も最近では 1998 年に改正が行われている．

1980 年代に，SiC の持つ耐熱性，耐食性，熱伝導性などが注目されるにつれて，高温構造材料などのファインセラミックスとしての応用が期待され開発が進められるようになった．R 6124 の規格には，微粉末の分析法も取り上げられているため，ファインセラミックス用原料粉末の分析法として準用される場合も多かったが，ファインセラミックス用原料微粉末は，研削材に比べてより微粉末（平均粒子径 1 μm 以下）のものが多く，HF（フッ化水素酸）に対する挙動や燃焼開始温度が異なることなど，準用する場合に不十分な面も多く見受けられた．各企業における材料開発においては，JIS 以外に幾つかの先駆的な文献[2-5] を参考として分析評価が行われ，材料開発が進められてきた．1994 年に JIS R 1616「ファインセラミックス用炭化けい素微粉末の化学分析方法」[6] の制定が行われた．この JIS においては，微量の不純物金属元素の分析に優れた誘導結合プラズマ（ICP）発光分析法の採用や，迅速な酸素，窒素の定量法である不活性ガス融解法，迅速な炭素定量法である高周波燃焼法などが採用された．

その後，耐火物用の SiC 含有焼結体に関しても既存の JIS R 2212「耐火れんがおよび耐火モルタルの化学分析方法」[7] をそのまま準用することが困難であることから，1998 年に JIS R 2011「炭素及び炭化けい素含有耐火物の化学分析方法」[8] が制定された．

SiC というひとつの材料の JIS 制定の経緯を見ると，材料の産業的な用途の拡大により分析評価項目が多様に変化すること，そして分析評価方法がその多様な評価項目を満たすべく高度化していくということが理解される．材料研究により評価項目が明確化される前に，先駆的な分析評価方法の報告があると，その方法により材料の基本的な理解が進み材料開発が発展するということも理解される．材料の進歩は，材料開発者と分析法開発者が互いに啓発しながら発展するのが最も理想的であると考える．本章では，JIS R 1616 の分析方法のうち「不純物金属分析」「酸素，窒素分析」「全炭素，遊離炭素分析」について特徴的な部分を解説するとともに，材料開発に必要な分析評価項目の明確化と分析法開発の関連について，この JIS の懸案事項のひとつである「遊離炭素の分析」を例として考察する．

2.5.2 不純物金属分析

従来，SiC の製造原料として用いられるケイ石・ケイ砂は一般に天然物またはその洗浄精製物を用いたことから，原料由来の不純物金属が比較的多く存在し，また粉砕時における混入も比較的多く見受けられた．研削材粉末では鉄やアルミニウムなどの不純物では%からサブ%の微量不純物レベルの含有量があった．これらの不純物金属が多く含まれると SiC 砥粒の性能に影響[9] を与えるため分析項目とされてきた．

一方，ファインセラミックス用の原料粉末の場合，不純物金属は焼結性および焼結体の強度や高温強度などの焼結体特性に影響を与えるため，その含有量は多い物でも数百 ppm 程度の痕跡量レベルの不純物である．製造法も，精製した SiO_2（シリカ）や Si あるいは Si のハロゲン化物・有機化合物を用いて，比較的低温で炭化反応を行うことにより直接微粉末として得る方法などが用いられ[10]，不純物金属の含有量の低下が図られている．

JIS R 1616 では，これらの痕跡量不純物の分析法として ICP 発光分析法のみを採用している．他の JIS の分析法では，特定の元素の分析に複数の分析手法を並記して定められることが多い．これは，その材料を取り扱う分析所において普及している分析装置や分析手法が単一でないことに由来する．JIS R 1616 の策定においては，ICP 発光分析法の分析感度が痕跡量レベルの不純物金属の測定に適していたことばかりでなく，1980 年代にファインセラミックスを取り扱う分析所において装置の普及が進んでいたために ICP 発光分析法のみの採用となったと考えられる．そして装置の普及にあたっては，この分析法が SiC の分析において，JIS の測定項目以外の Ti，V などの多くの金属の分析が可能であることを示した複数の学術報告[2,4,5]がなされたことが大きな役割を果たしている．

ICP 発光分光法は一般に溶液試料を対象とするので，試料を分解する必要がある．材料開発の初期には，「SiC は酸によって分解できない」という報告が主であり，Na_2CO_3（炭酸ナトリウム）等を用いた融解法[2]が主流であった．しかし 1990 年に松本らが，HF，HNO_3（硝酸），H_2SO_4（硫酸）の混酸を用いて加圧酸分解が可能であることを報告[5]し，広く用いられるようになった．JIS R 1616 では，分解方法として Na_2CO_3 を用いる融解法と混酸による加圧酸分解法を並記している．

2.5.3　酸素(O)，窒素(N)分析

ファインセラミックス用 SiC 微粉末は広い比表面積を有するために粒子表面の酸化によって含有される O 量が多い．また Si_3N_4（窒化ケイ素）も安定な化合物であるため，製造時の雰囲気からの窒素混入などで形成される Si_3N_4 も粉末の精製時に取り除きにくい不純物である．これらの不純物は SiC の焼結性や焼結体特性に影響を与えるため含有量を測定する必要性が高い．

JIS R 1616 では O の分析に「不活性ガス融解—赤外線吸収法」が，N の分析に「不活性ガス融解—熱伝導度法」が採用されている．これはインパルス方式で加熱する黒鉛ルツボ中で試料と浴金属（Ni および Sn）を加熱融解し，試料中の酸素および窒素原子を CO（一酸化炭素）および N_2（窒素）として取り出し検出する方法である．「不活性ガス融解法」は金属中 O および N の定量法として発展してきた方法であり，市販の装置のほとんどが 1 つの試料の不活

性ガス融解で両者を同時に定量することができる．装置は複数の企業が市販しており，用いる黒鉛ルツボの形状や浴金属の量や形状は装置により異なっている．また，分解により発生したCOの赤外線検出も，COのまま検出するもの，CO_2（二酸化炭素）に変換して検出するものなど，細部に置いては異なっているため，JISは，分析所において普及している装置の差異を考慮して制定されている．

装置校正（検量係数作成）用の試料として，OについてはY_2O_3（酸化イットリウム）または酸素含有率既知の試料，Nについて窒素含有率既知の試料となっている．SiCについては，組成の類似した認証標準物質がなく，Oの含有量が確定された高純度試薬としてY_2O_3を定めたものである．金属試料では鉄鋼標準試料などの認証標準物質が存在する．しかし，金属試料とSiCでは不活性ガス融解の速度が異なるため，金属試料による装置校正は注意を要する．なぜなら，分解プロファイル（検出器信号の時間変化曲線）が異なると正しい装置校正が行われない可能性があるからである．JIS R 2011[8)]の解説に酸素，窒素分析装置と同様に時間積算を行う形式の炭素分析装置を用い，分解プロファイルが異なる黒鉛で校正し$CaCO_3$（炭酸カルシウム）を測定した場合に共同実験での測定値にばらつきが生じたことが報告されている．

この原因についてはいまだ完全に究明されていないが，推測としては次のことが考えられる．市販の装置は，キャリアガス中のCOまたはCO_2濃度と検出器の信号の相関（ドーズ検量線）を混合比の異なるガス（ドーズガス）を用いて作成・記憶し，試料測定時の検出器の信号をドーズ検量線によりキャリアガス濃度に換算し時間積算することによって試料中濃度を得ている．ドーズ検量線は作成時と測定時の気圧の違いやさまざまな装置的変化により経時変化を生じるため，測定開始前の装置校正が必要となる．また，このような偏差は検出器の特性からドーズ検量線の高濃度域ほど大きくなると考えられる．校正時に用いる試料の分解プロファイルが，実際の試料測定時の分解プロファイルと近似していれば，装置校正によりドーズ検量線に生ずる偏差は校正されることとなるが，プロファイルが異なればドーズ検量線の各濃度域の使用頻度が異なることとなり，校正が不完全となると考えられる．

Y_2O_3 の分解プロファイルは金属試料に比較して SiC の分解プロファイルに近いので，Y_2O_3 を用いる方が望ましい．Y_2O_3 は安定な化合物であるが，粉末表面への水分 H_2O（水分）や CO_2 の吸着があるので，1000°Cで加熱して，表面吸着物を除いて用いる．

2.5.4　全炭素(TC)，遊離炭素(FC)分析

SiC 中 C は，主成分であり，今まで述べてきた不純物の分析とは測定の意味が多少異なっている．すなわち TC の含有量から FC の含有量を除いた量が，ケイ素と結合している C（結合炭素）であり，Si 量，遊離 Si 量，遊離 SiO_2 量とともに，原料粉末中の SiC 量を見積る上で重要となる分析項目である．

炭素量の分析は TC，FC とも，O 中で燃焼により CO_2 として抽出して赤外線吸収法または熱伝導度法により検出する．用いる装置は O，N 分析装置と同じく，金属中 C の定量法として発展してきた装置であり，複数の企業が市販していることから，加熱炉の形式や検出器の種類が異なっている．それに伴って，試料を炉内に導入するボートやルツボの形状，燃焼を加速するために加える金属（Sn，Cu，Fe，W）なども異なる．また燃焼時の炉の温度や燃焼時間なども異なる．JIS は，分析所において普及している装置の差異を考慮して，各装置の最適条件で測定されるように制定されている．

装置校正（検量係数作成）用の試料として，$CaCO_3$ または炭素含有率既知の試料となっている．これも O，N の場合と同じく，組成の類似した認証標準物質がなく，C の含量が確定された高純度試薬として $CaCO_3$ を定めたものである．金属試料では鉄鋼標準試料などの認証標準物質が存在する．市販の装置には，燃焼によって生じた CO_2 をいったんモレキュラシーブトラップに吸着して蓄積し，その後トラップを加熱して検出器に送る形式のものもある．このような装置では校正用試料と分析試料の分解プロファイルの違いは大きな問題とならないが，燃焼によって生じた CO_2 をそのまま逐次検出して積算する装置においては，2.5.3 において述べたような，分解プロファイルの違いによ

る誤差が生ずる可能性があるので注意を要する．

TC 分析と，FC 分析の違いは燃焼温度である．TC 分析の場合は抵抗加熱炉では 1350°C であるが，試料とともに Sn 等の金属を加え，その燃焼熱により燃焼温度を上げることにより SiC を完全に分解する．高周波加熱炉の場合には，試料とともに加える銅が主たる誘導発熱源となり，ともに加える Fe または W の燃焼熱も加わり，抵抗加熱方式よりも高温が得られる．一方，FC 分析では，850°C の炉で試料中の遊離炭素を燃焼させ分析を行う．粒度の粗い砥粒などでは，この温度による SiC 粒子の表面の酸化による CO_2 発生は FC の燃焼により発生する CO_2 に比べて少なく無視できるが，ファインセラミックス原料用 SiC 微粉末では，比表面積が大きいため SiC 粒子の表面の酸化による CO_2 の発生は無視できない．そのため，燃焼前後の試料重量を測定して，重量変化より SiC 粒子表面の酸化により発生した CO_2 の量を計算して補正する[3,11]（重量補正法）．この補正が正確に行われるためには，FC の燃焼による重量減少と SiC が酸化することで SiO_2 となることによる重量増加以外の重量変動が，無視できるほど小さいことが必要である．しかし，原料粉末の比表面積が大きいことから，吸着不純物の揮散による重量減少が大きくなり，正しい補正を妨げることがある．これについては 2.5.5 において詳しく述べる．

2.5.5　懸案事項

JIS R 1616 の解説には，JIS を制定した時点で究明されていない問題で，その究明に時間がかかると思われるものについて，「懸案事項」として申し送られたものがある．(1)試料の予備加熱，(2)遊離炭素の定量の 2 点である．この 2 点は，吸着不純物の種類と量が測定値に影響を与えるという点で相互に関連している．砥粒として用いられる SiC の場合，その製法，精製（粒度分級）法などからみて，吸着不純物の多くは H_2O であり，また FC は，未反応原料のカーボンブラックであると考えられる．しかし，ファインセラミックス用原料粉末では，不純物金属量の削減のため酸洗浄や，粒子径が小さいため分級・回収操作における分散剤・凝集剤の使用なども行われている．そのため，吸着不純物として，HF，HCl，HNO_3，H_2SO_4 などや，有機化合物の吸着[12,13]がある．これらの吸着不純物のうち有機化合物は，FC の測定において大きな問題となる．H_2O や酸などの吸着不純物は，不活性ガス中で試料を数百度以上に加熱すれば取り除ける[3]が，吸着有機化合物は脱水素して炭素となって残留する部分がある[13]．DIN 51076[14]などでは，FC 測定にアルゴン気流中 750°Cの加熱処理をしたものを用いている．その規定では用いる管状炉の形状や操作などを詳しく定義している．加熱処理条件が違うと，有機化合物の揮散と脱水素の分配が変化し，分析結果にばらつきが生じるためと思われる．

JIS R 1616 の懸案事項は，「遊離炭素」とは何かという定義への疑問も引き起こしている．すなわち，従来の研削材などにおいては TC 量から FC 量を差し引くことで結合炭素量を求める，すなわち SiC の純度を求めるために，「遊離炭素」を求めていた．しかし，ファインセラミックス原料の場合，SiC の純度は研削材の場合よりも一般に高く，さまざまな不純物の測定は SiC の純度を知ることよりも，その不純物の存在が原料粉末の焼結特性や焼結体特性などに及ぼす影響を予測する目的で行われると考えられる．このような測定の目的の変化を考えると，「ケイ素に結合していない炭素＝遊離炭素」という測定項目の目的は曖昧であるといわざるを得ない．原料からの残留炭素と精製工程で混入すると思われる吸着有機化合物が，SiC 原料粉末の焼結特性や焼結体特性に及ぼす影響が同じとは考えにくいからである．

2. 5. 6　材料開発と分析法開発

材料の開発において，その材料の正確な分析値が得られる分析法が確立していることは非常に重要である．そのような分析法がさまざまな材料開発の事業所で共通に使用されていると，開発材料のさまざまな特性と不純物の関係が明確化して開発は促進される．また，開発材料の商取引が盛んになった場合に必要となる標準化された分析法の制定も容易である．SiC という材料の不純物金属の分析では，早い時期に，ICP 発光分析法を応用した分析方法の報告が多数なされ，多くの事業所に ICP 発光分析装置の導入を促進し，材料開発とその後の JIS 制定へとつながっている．

一方，FC の分析については，研削材において開発された分析技術が主として用いられてきた．しかし，FC の分析法においては「吸着不純物による補正誤差」の問題から有機化合物の吸着が明らかとなり，分析の目的を再度問い直すことが必要となっているように思われる．今まで用いられてきたような定温度型ではなく，昇温型の燃焼分析装置を用いれば，原料由来の黒鉛状炭素と吸着有機化合物の分離定量は可能である[13]．しかし，そのような装置は SiC を取り扱う分析所にまだ普及しておらず，そのような装置による分析方法の標準化を行うことは適切ではない．同時に FC を原料由来の炭素と吸着有機化合物に分別定量した SiC 原料粉末を用いて焼結性や焼結体特性の研究がなされなければ，各分析所が装置を導入して分析することが必要な分析項目かどうかも明確とはならない．装置普及をめぐってどちらが先になされるべきかの判断もつかない状態である．

SiC という材料の開発と分析法の標準化を見るとき，材料開発と分析法開発が互いに発展を助けあい，分析の必要性の明確化と装置・分析法普及を進めた不純物金属分析の部分と，分析の必要性の不明確さと装置・分析法普及の遅れが互いに足踏みを行っている FC 分析の部分が見受けられる．材料開発と分析法開発が互いに関係しながら新しい材料，そして装置・分析法の普及，標準化が進むということを考えるうえで良い例ではなかろうか．

参 考 文 献

1) JIS R 6124「炭化けい素質研削材の化学分析方法」および解説（1998）
2) 石塚紀夫 他, 分析化学, **33**（1984）576
3) 柘植　明 他, 窯業協会誌, **94**（1986）661
4) 原田芳文 他, 分析化学, **36**（1987）526
5) 松本　護 他, 日本分析化学会第 39 年会講演要旨集［1 A 16］（1990）p. 16
6) JIS R 1616「ファインセラミックス用炭化けい素微粉末の化学分析方法」および解説（1994）
7) JIS R 2212「耐火れんがおよび耐火モルタルの化学分析方法」および解説（1998）
8) JIS R 2011「炭素および炭化けい素含有耐火物の化学分析方法」および解説（1998）
9) 鈴木弘茂, 耐熱材料ハンドブック（今井勇之進 他編, 朝倉書店, 1965）p. 740
10) 山内英俊, 構造用セラミックスの新展開（東レリサーチセンター）p. 142
11) ANSI B 74, 15 "Standard Method of Chemical Analysis of Silicon Carbide Abrasive Grain and Abrasive Grude"（1971）
12) 鈴木佐知子 他, 日本セラミックス協会東海支部学術研究発表会講演要旨集（1992）p. 39
13) 柘植　明 他, 名古屋工業技術研究所報告, **45**（1996）151
14) DIN 51076 "Chemische Analyse von Siliciumkarbid als Haupt- oder Nebenbestandteil von Werkstoffen, Teil 1"（1991）

2.6 SiC 単結晶の育成

2.6.1 SiC 単結晶の必要性

今日までに築き上げられてきたエレクトロニクス産業は，そのほとんどがシリコン単結晶を材料とした電子デバイスを基幹としている．シリコン単結晶は，その性能，価格と量産性のどの点においても他の半導体材料を凌駕しており，今後もシリコン単結晶がエレクトロニクス産業の中心にあることは揺るぎないものと考えられる．しかしながら，物性的な限界から，シリコン単結晶では対応できない技術領域も現れてきている．例えば，多くの技術分野（航空，自動車など）で高温下のエレクトロニクスが求められているが，150℃を超える環境下ではシリコン単結晶は使用できない．また，電力の分野では交直変換や周波数変換に半導体デバイスがますます使用されるようになってきているが，制御電流・電圧の一層の増大，高速化，高効率化が必要である．ここでも，シリコン単結晶の物性的な限界が議論されている．このような背景から，また新たな技術分野を開拓する電子材料として，SiC 単結晶が近年注目されている．

2.6.2 大型 SiC 単結晶の育成

SiC 単結晶が，シリコン単結晶に比べ耐電圧，動作速度と耐熱性に優れているということから，パワーデバイスや耐環境デバイス用材料としての研究が，1960～1970 年代に欧米を中心に精力的に行われた．これらの研究には Acheson 法や Lely 法で作製された SiC 単結晶が用いられ，SiC デバイスの可能性を示唆する数多くの研究成果が報告されたが，これらの成長方法では最大でも 10～15 mm 程度の結晶しか作製できなかった．1978 年に Tairov と

Tsvetkov は種結晶と雰囲気制御を用いた改良 Lely 法を提案した[1]．種結晶の導入と不活性ガスによる雰囲気制御の採用により，結晶の核発生過程，原料の輸送過程の制御性が大幅に向上した．

Tairov らが成長させた結晶は口径 18 mmφ と小さなものであったが，最近では 4 インチ φ までの大型化が達成された[2]．市販の結晶も現在は，2 インチ口径が主流で，3 インチのものも販売が開始された．図 2.6.1 に 2 インチ口径 SiC 単結晶ウエハ（4 H）の写真を示す．改良 Lely 法という気相成長法で 4 インチ口径までの単結晶が実現されたことは特筆されるべきものである．しかしながら，一般に結晶口径の大型化に伴って結晶品質が劣化する傾向が見られ，品質を伴った大型化が達成されているわけではない．

図 2.6.1　2 インチ口径 SiC 単結晶ウエハ（4 H ポリタイプ）

口径の拡大に伴って，高品質単結晶成長の難易度は急激に増加し，多くの技術的な問題が顕在化してきた．液相からの単結晶成長とは，成長温度も過飽和度も大きく異なり，長年蓄積された半導体結晶成長技術の適用を阻んできたが，ここ数年，シミュレーションを始めとするプロセス最適化技術が SiC にも適用され始め，大口径化・高品質化が加速されている．

2.6.3　改良 Lely 法（昇華再結晶法）

SiC は包晶反応型の状態図を示し，2830℃で黒鉛と炭素を 19％含有した Si 融液に分解する．融液と固体の化学量論比が一致した液相成長（congruent melt growth）は原理的に適用できない．また，Si 融液中の炭素溶解度が低いために，Si 溶液からの単結晶成長も困難である．したがって SiC のバルク単結晶成長には常に気相成長が用いられてきた．

SiC は，古くから工業的には Acheson 法で人工合成されてきた．この方法は，SiO_2（シリカ）と炭素源を 2000℃以上の高温で加熱して研磨材を生産する方法である．Lely 法は，純度の良い結晶成長法として初めて試みられた昇華再結晶法であって，黒鉛ルツボ内で原料の SiC 粉末を昇華させ，低温部に再結晶させる方法である．これらの方法では，最大でも 10〜15 mm ぐらいの結晶しか得られず，半導体デバイス用途の生産に適するものではなかった．

現在，大型の SiC 単結晶成長に用いられている方法は，改良 Lely 法である．Lely 法では，成長速度が小さいのに加え，成長初期の核生成過程が制御されていないことが大きな問題であった．Tairov らは，(1)温度勾配を設けた成長系内を不活性ガスで満たすことにより原料の輸送過程を，(2)種結晶を使うことにより，結晶成長の核生成過程を制御することを試みた[1]．この方法の基本的プロセスは，準閉鎖空間内で，原料から昇華した Si と C とからなる蒸気が，不活性ガス中を拡散し，原料より温度の低い種結晶上に過飽和となって凝結するというものである．したがって，結晶成長速度は，原料の温度と系内の温度勾配，圧力によって決まる．図 2.6.2 に改良 Lely 法の模式図を示す．黒鉛製ルツボはアルゴンで雰囲気制御された空間内で高周波により誘導加熱される．温度勾配は，高周波コイルに対して黒鉛ルツボを非対称配置することにより付加することができる．系の温度制御は，放射温度計によりルツボ表面の温度を測定することによりなされるが（2200〜2400℃），シミュレーションによると系内の温度は 2500℃以上に達している．非常に高いプロセス温度

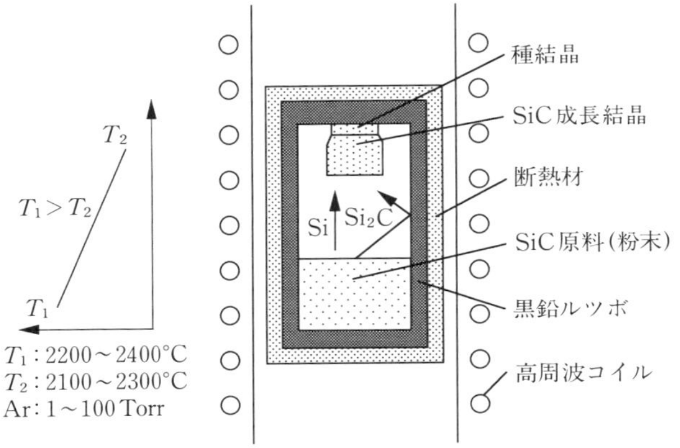

図 2. 6. 2　改良 Lely 法の模式図

がこの成長法の特徴であり，また結晶成長のプロセス制御，欠陥制御を難しくしている．

2. 6. 4　その他の SiC 単結晶育成法

SiC 単結晶の育成には，改良 Lely 法以外の方法も試みられている．そのひとつに溶液成長法がある．Si 融液中への C の固溶度は小さく，実用的な結晶成長速度を得ようとした場合には，かなりの高温（≧2000°C）が必要になってくる．一方で，高温では Si 融液の蒸発が激しく成長を継続するのが困難になるという問題があった．ドイツ Erlangen-Nürnberg 大学のグループは，高温，高圧下での SiC 単結晶の溶液成長に取り組んでいる．成長速度は，1900～2400°C，100～120 bar という条件下で，0.2～0.6 mm/h を得ている．現在までに得られている最大の結晶は口径 20～25 mm で長さ 20 mm 程度である[3]．強制対流により物質輸送過程を増強できれば，成長速度は 1 mm/h 程度までと，改良 Lely 法並みに改善できる．

もうひとつの手法は，高温化学気相成長（CVD）法と呼ばれる結晶成長法である．改良 Lely 法の問題のひとつに，準閉鎖系での成長であるために，原料炭化による成長条件の経時変化がある．これが，SiC 単結晶の長時間安定成長を大きく阻害している．SiC 成長で重要なパラメータのひとつである Si/C 比の制御も，昇華という現象を利用していたのでは限界がある．このことを解決する手法として提案されたのが高温 CVD 法である．原理は開放系の成長システムで，2300°C程度に加熱された種結晶上に外部から SiH_4（シラン）と C_3H_8（プロパン）等のガスを導入し結晶成長を行う．成長速度は，2300°Cの高温化では，0.8 mm/h にも達する．導入されたガスはいったん気相で反応しクラスタ状となって成長ゾーンに導入され，再度分解され，最終的には Si，Si_2C，SiC_2 といった改良 Lely 法と類似の反応前駆体となり結晶成長に寄与する．実際に成長された結晶は最大のもので，口径 40 mm で，長さ 7 mm に達している[4]．得られた結晶の品質，純度ともに高く，この方法の可能性を示している．

2.6.5 多形制御

高品質 SiC 単結晶の成長を阻害している大きな要因に多形の問題がある．成長結晶の多形に影響を及ぼす因子として，成長温度[5,6]，過飽和度[5,6]，面極性[7,8]，不純物[9-11] および結晶の化学量論比からのずれ[12] 等がある．中でも成長面極性は多形制御上最も重要な成長パラメータのひとつである．SiC 結晶は一軸性の極性結晶であり，SiC{0001}面には化学的性質の異なる(0001)Si 面と$(000\bar{1})$C 面の 2 つの面が存在する．したがって，{0001}面上に結晶を成長する場合，成長多形はこの面極性に大きく依存する．この様子を表 2.6.1 にまとめた[8]．(0001) Si 面成長の場合，15 R の混在はみられるものの種結晶の多形にかかわらず 6 H が主に得られる．4 H の SiC 単結晶の発生は全く起こらない．一方，$(000\bar{1})$C 面上の成長では 6 H と 4 H の発生がみられる．両者が混在して発生する場合も多いが，(0001)Si 面成長と異なり，一般に種結晶の多形を引き継ごうとする傾向がみられる．つまり，6 H 種結晶上では 4 H に比べ 6 H の発生率が高く，4 H 種結晶上では 6 H に比べ 4 H の発生率が高くなる．特に 4 H 種結晶上の成長でこの傾向は強く，4 H の発生が支配的になる[11]．一般

表 2. 6. 1　SiC 単結晶多形発生の種結晶多形・面極性依存性

種結晶		成長結晶
多形	面極性	多形
6 H	$(000\bar{1})$C	4 H，6 H
	(0001)Si	6 H（15 R しばしば混在）
4 H	$(000\bar{1})$C	4 H（支配的）
	(0001)Si	6 H（15 R しばしば混在）

に 15 R はどちらの極性面上の成長でも観察されるが，支配的な多形とはならない．

不純物が多形に及ぼす影響も古くから議論されている[12]．不純物には Sc[9]，Ce[10] といった希土類系の不純物のように，結晶中にほとんど取り込まれずに多形に影響を及ぼすものと，窒素[17] やアルミニウム[13] のように，結晶中に高濃度に取り込まれるものがある．前者は成長核の表面エネルギーを変化させ，多形に影響を及ぼしている．窒素添加が成長多形に及ぼす影響については Katsuno らによって調べられている[11]．その結果を図 2.6.3 に示す．この実験では，6 H の$(000\bar{1})$C 面種結晶上に成長させた，6 H，4 H 多形の発生確率を調べている．10^{19} cm^{-3} 程度の窒素添加によって 4 H 多形の発生確率が増大している．窒素が 4 H の発生を促進するメカニズムは，まだよくわかっていないが，窒素添加により成長ゾーンでの Si/C 比が実効的に低下し，成長多形が変化するモデルが提案されている[11,12]．

2. 6. 6　結晶欠陥とその低減

SiC 単結晶の最大の問題は，直径数 μm の中空貫通欠陥であるマイクロパイプで，大電力デバイスにとっては致命的な欠陥となる[14]．図 2.6.4 にマイクロパイプの SEM 写真を示す．大きな六角形状の穴は KOH エッチングにより形成されたエッチピットであり，その中心に口径 2～3 μm 程度のマイクロパイプが観察できる．この欠陥は，Frank が 1951 年に理論的に予言したホローコ

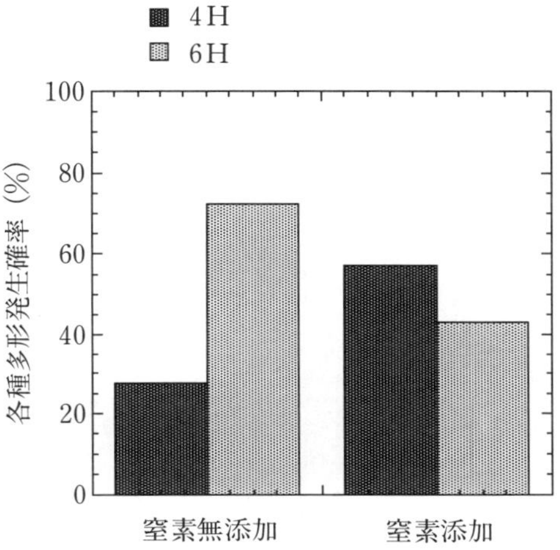

図 2.6.3　6 H-SiC(000$\bar{1}$)面上の 4 H-SiC 多形発生（窒素添加の効果）

ア転位（hollow core dislocation）であることが明らかになってきた[15]．ホローコア転位は，転位のバーガースベクトルが非常に大きいために転位芯が中空状になったものである[16]．Frank[16] によれば熱平衡状態でマイクロパイプの半径 D とバーガースベクトルの大きさ b との間には

$$D=\frac{\mu b^2}{8\pi^2\gamma}$$

の関係がある．ここで，μ，γ はそれぞれ，SiC の剛性率（1.9×10^{11} J/m^3）およびマイクロパイプ内面の表面エネルギーを表している．6 H-SiC のマイクロパイプの場合，バーガースベクトルの大きさは格子定数（$c=15.12$ Å）の 2～10 倍にもおよび[15]，その周囲には大きな歪みが存在している．

Si ら[15] は，シンクロトロン X 線トポグラフィの像解析より，マイクロパイプが純粋ならせん転位であることを主張している．Heindl ら[17] は原子間力顕微鏡，SEM 観察などにより数多くのマイクロパイプを調べ，その解析から，マイクロパイプが混合（らせん＋刃状）転位であることを結論している．

Tsvetkov らは，マイクロパイプの発生原因を，熱力学的なもの，運動論的

図 2.6.4　マイクロパイプ欠陥の SEM 写真
中央の口径 2〜3 μm 程度の穴がマイクロパイプ欠陥

なものと技術的なものの 3 つに分けて議論している[18]．熱力学的，運動論的なものとしては，熱歪みと 3 次元核形成などが考察され，さらに技術的なものとしてはプロセスの不安定性と汚染などが考察されている．一方，Ohtani らは，マイクロパイプ発生の主原因として，結晶成長中の多形混在を挙げている[19]．異種多形の非基底面の界面には原子結合の不整合が生じ，この不整合がマイクロパイプの発生により緩和される．図 2.6.5 は，6 H-SiC 単結晶を成長方向に切断し光学顕微鏡で観察したものである．成長中に起こった異種多形（15 R）の混在により，マイクロパイプが発生しているのがわかる．

マイクロパイプの形成メカニズムについては 2 つのモデルが提案されている．ひとつは，表面にボイドが発生し，そこに複数の転位がトラップされることによりマイクロパイプが形成されるとするモデルである[20]．他方は，大きなバーガースベクトルを持つ転位がまず形成され，その後，転位芯が中空となりマイクロパイプが安定化するというものである[21,22]．前者の表面モデルでは，結晶成長表面でのマクロステップ形成（macrostep bunching）が重要な働きをすることが指摘されている[20]．単結晶成長表面上でのステップの振る舞い

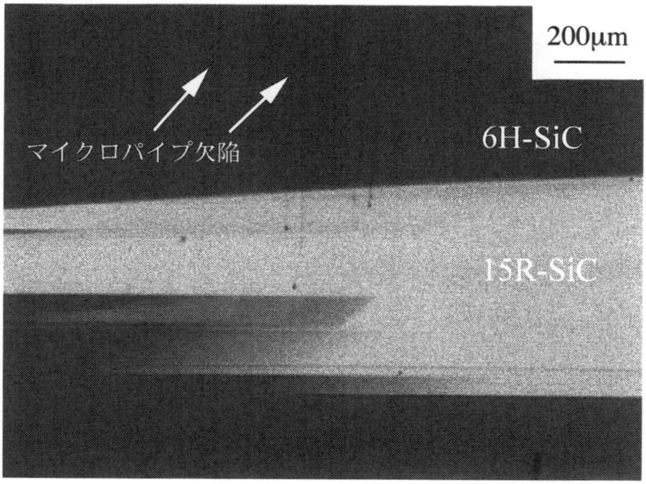

図 2.6.5　多形混在に起因するマイクロパイプ欠陥の発生
6 H-SiC 結晶を成長方向に平行に切断して，透過型の光学顕微鏡で観察したものである．成長中の異種多形（15 R-SiC）混入によりマイクロパイプ欠陥が発生しているのがわかる

は，SiC 単結晶の成長メカニズムを理解するうえでも重要である[23]．後者のモデルでは，大きなバーガースベクトルを持つ転位がどのように形成されるかがポイントとなるが，ツイストタイプの小傾角粒界が関与するとするモデルや[21]，積層欠陥クラスタがマイクロパイプ発生の初期核となるモデルが報告されている[22]．

マイクロパイプの重要な特性のひとつに，マイクロパイプの分解がある．マイクロパイプは結晶成長中に，発生，伝播，分解，消滅などのプロセスを繰り返している[19,24]．マイクロパイプのように $n\boldsymbol{c}$（$\boldsymbol{c}$ は最小の並進対称ベクトル）という大きなバーガースベクトルを持つ転位がひとつ存在するよりも，バーガースベクトル $\boldsymbol{c}$ の転位が n 個分散して存在する方がエネルギー的に有利であるが，マイクロパイプは SiC 単結晶中に安定に存在し，成長結晶中を安定的に伝播していく．このことは，マイクロパイプの分解（例えば図 2.6.6 に示したように，バーガースベクトル $n\boldsymbol{c}$ のマイクロパイプが，バーガースベクトル

$(n-1)\boldsymbol{c}$ のマイクロパイプとバーガースベクトル $\boldsymbol{c}$ のらせん転位に分解する）過程において，大きな速度論的エネルギー障壁が存在していることを示している[25]．この分解プロセスには，結晶成長表面での素過程が大きく関わっていることが指摘されている[26]．SiC 単結晶の成長条件を最適化することによりこのエネルギー障壁を低減し，マイクロパイプの分解を促進できる．SiC 単結晶中のマイクロパイプは年々低減され，現在では数個/cm^2 の SiC 単結晶が得られるようになっている[24,27]．

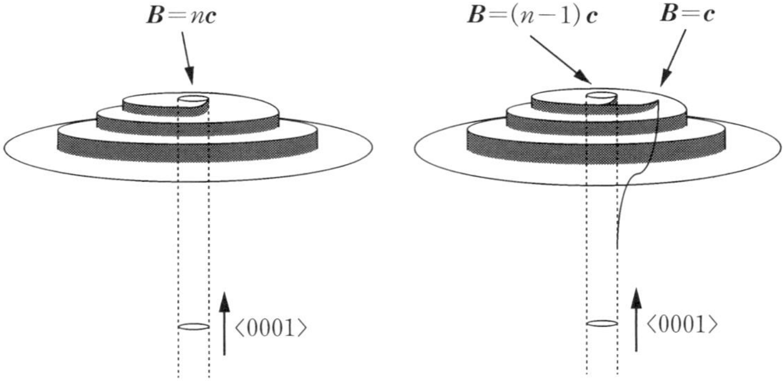

図 2.6.6　マイクロパイプ欠陥の分解過程模式図
ここでは 1 つのマイクロパイプが，よりバーガースベクトルの小さいマイクロパイプとらせん転位に分解している

SiC デバイスの実用化にはマイクロパイプ以外の構造欠陥の低減も重要である．改良 Lely 法で作製した SiC 単結晶中のモザイク構造は，X 線ロッキングカーブ測定や逆格子空間マッピング等により調べられている[28]．X 線ロッキングカーブ測定では，結晶の部位によって複数のピークを有したり（数 100 arc-sec 程度の拡がりを持つ），また非対称であったりする．また，これらモザイク構造がウエハの反りにも関係していることが報告されており[29]，その低減が重要である．

Glass ら[28] は，市販の SiC 単結晶ウエハを X 線ロッキングカーブ測定により調べ，マイクロパイプ密度とロッキングカーブのモザイク性との間に良い相関を見出しており，SiC 単結晶のモザイク性をマイクロパイプ起因としている．渦巻成長ステップの相互作用に起因したツイストタイプの小傾角粒界を，SiC 単結晶の(0001)面モザイク性の原因とするモデルも提案されている[21,24]．一方，Katsuno らは，モザイク構造の成因として多形混在を挙げ，小傾角粒界の構造としては，ティルトタイプの構造を観測している．彼らは，SiC 単結晶の(0001)面モザイク性はマイクロパイプやらせん転位に起因するのではなく，c 軸から傾きを持った刃状転位列によりもたらされることを報告している[30]．

モザイク構造の改善には，良質な種結晶と成長空間の温度分布の最適化が必要とされている[31]．Ohtani ら[32] は，結晶成長ホットゾーンの改良とともに，種結晶の結晶性の良好な部分を繰り返し拡大していくことによって，1 インチウエハ全面において X 線ロッキングカーブがシングルピークを呈し，その半値幅も 30 arcsec 以下と良好な値を示す単結晶を得ることに成功している．

2.6.7　最近のトピックス

最近のトピックスは，pipe filling と呼ばれる技術である．マイクロパイプは，研究レベルでは，1 個/cm^2 を切る結晶も得られているが，市販の結晶にはまだ多い．そこで提案されているのが，pipe filling とよばれるマイクロパイプの低減法である．この手法は最初，液相成長で報告されたが[33]，最近，CVD 法によっても pipe filling が可能であることが報告されている[34]．マイクロパイプの穴を，薄膜成長時に塞いでしまおうというのが狙いである．条件を選べばマイクロパイプの穴が塞がるが，塞がったことによりマイクロパイプがどのような欠陥に変化しているのか，それら欠陥がデバイスにとって無害であるかなど，今後明らかにすべき点も多い．

もうひとつのトピックスは，$(11\bar{2}0)$面上の高性能金属-酸化膜-半導体 (MOS) 型トランジスタである[35]．図 2.6.7 に六方晶 SiC の面方位を表す．(0001)面と$(11\bar{2}0)$面は直交関係にある．従来の(0001)面を使用した MOS 型トランジスタでは，キャリアの界面散乱が大きく，トランジスタの重要な性能指数であるチャンネル移動度が非常に小さい値に留まっていた．また，このこと

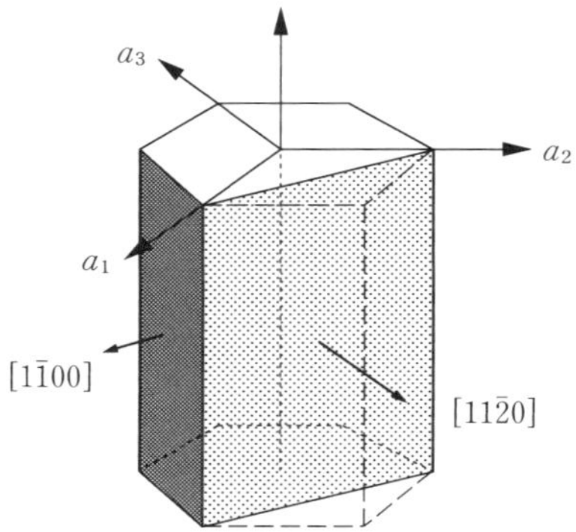

図 2. 6. 7　六方晶 SiC 単結晶の面方位

はバルクの電子移動度の大きな 4 H-SiC で顕著であった．(11$\bar{2}$0)面上の 4 H-SiC MOS 型トランジスタでは，チャンネル移動度が(0001)面上に比べ約 20 倍高い値を示し，良好なエピタキシャル薄膜の表面モフォロジーと相まってこの技術を魅力的なものにしている[36]．この結果は，技術者に[11$\bar{2}$0]方向への単結晶成長を促すことになる．[11$\bar{2}$0]，[1$\bar{1}$00]といった⟨0001⟩c 軸に垂直な方向への SiC 単結晶成長では，歪みの緩和過程と成長様式の違いにより，マイクロパイプが全く発生してない[25]．{0001}に垂直な面上への結晶成長は，c 軸方向への積層情報が表面に存在しているため，多形が完全に成長結晶に引き継がれる点でも有利であるが，基底面積層欠陥が発生しやすいという問題がある[37]．基底面積層欠陥が SiC 単結晶の電気特性に影響を及ぼすことも報告されており，今後，積層欠陥密度低減がこの結晶の課題となる．

参考文献

1) Yu. M. Tairov and V. F. Tsvetkov, J. Cryst. Growth, **43** (1978) 209
2) D. Hobgood, M. Brady, W. Brixius, G. Fechko, R. Glass, D. Henshall, J. Jenny, R. Leonard, D. Malta, St. G. Müller, V. Tsvetkov and C. Carter, Jr., Mater. Sci. Forum, **338-342** (2000) 3
3) B. M. Epelbaum, D. Hofmann, M. Müller and A. Winnacker, Mater. Sci. Forum, **338-342** (2000) 107
4) A. Ellison, J. Zhang, A. Magnusson, A. Henry, Q. Wahab, J. P. Bergman, C. Hemmingsson, N. T. Son and E. Janzén, Mater. Sci. Forum, **338-342** (2000) 131
5) K. Koga, T. Nakata, Y. Ueda, Y. Matsushita, Y. Fujikawa, T. Uetani and T. Niina, Extended Abstracts of the 1989 Fall Meeting of the Electrochemical Society (New Jersey, USA, 1989) p. 689
6) M. Kanaya, J. Takahashi, Y. Fujiwara and A. Moritani, Appl. Phys. Lett., **58** (1991) 56
7) R. A. Stein, P. Lanig and S. Leibenzeder, Mater. Sci. Eng. B, **11** (1992) 69
8) J. Takahashi, N. Ohtani and M. Kanaya, Jpn. J. Appl. Phys. Part 1, **34** (1995) 4694
9) Yu. A. Vodakov, E. N. Mokhov, A. D. Roenkov and M. M. Anikin, Sov. Tech. Phys. Lett., **5** (1979) 147
10) A. Ito, T. Kimoto and H. Matsunami, Appl. Phys. Lett., **65** (1994) 1400
11) M. Katsuno, N. Ohtani, J. Takahashi, H. Yashiro, M. Kanaya and S. Shinoyama, Abstracts of the International Workshop on Hard Electronics (Tsukuba, Japan, 1997) p. 5
12) Y. M. Tairov and V. F. Tsvetkov, Prog. Cryst. Growth Characterization, **4** (1982) 111
13) M. Mitomo, Y. Inomata and H. Tanaka, Mater. Res. Bull., **6** (1971) 759
14) P. G. Neudeck and J. A. Powell, IEEE Electron Device Lett., **15** (1994) 63
15) W. Si, M. Dudley, R. Glass, V. Tsvetkov and C. H. Carter, Jr., Mater. Sci. Forum, **264-268** (1998) 429
16) F. C. Frank, Acta. Cryst., **4** (1951) 497

17）J. Heindl, W. Dorsch, H. P. Strunk, St. G. Mller, R. Eckstein, D. Hofmann and A. Winnacker, Phys. Rev. Lett., **80**（1998）740
18）V. F. Tsvetkov, S. T. Allen, H. S. Kong and C. H. Carter, Jr., Inst. Phys. Conf. Ser., **142**（1996）17
19）N. Ohtani, J. Takahashi, M. Katsuno, H. Yashiro and M. Kanaya, Mater. Res. Soc. Symp. Proc., **510**（1998）37
20）J. Giocondi, G. S. Rohrer, M. Skowronski, V. Balakrishna, G. Augustine, H. M. Hobgood and R. H. Hopkins, J. Cryst. Growth, **181**（1997）351
21）P. Pirouz, Phil. Mag. A, **78**（1998）727
22）J. Heindl, H. P. Strunk, V. D. Heydemann and G. Pensl, phys. stat. sol.（a）, **162**（1997）251
23）N. Ohtani, M. Katsuno, J. Takahashi, H. Yashiro and M. Kanaya, Surf. Sci., **398**（1998）L 303
24）R. C. Glass, D. Henshall, V. F. Tsvetkov and C. H. Carter, Jr., phys. stat. sol.（b）, **202**（1997）149
25）J. Takahashi, N. Ohtani and M. Kanaya, J. Cryst. Growth, **167**（1996）596
26）N. Ohtani, M. Katsuno, T. Aigo, T. Fujimoto, H. Tsuge, H. Yashiro and M. Kanaya, J. Cryst. Growth, **210**（2000）613
27）N. Ohtani, J. Takahashi, M. Katsuno, H. Yashiro and M. Kanaya, Electron and Commun. in Japan Part 2, **81**（1998）8
28）R. C. Glass, L. O. Kjellberg, V. F. Tsvetkov, J. E. Sundgren and E. Janzén, J. Cryst. Growth, **132**（1993）504
29）A. Ellison, H. Radamson, M. Tuominen, S. Milita, C. Hallin, A. Henry, O. Kordina, T. Tuomi, R. Yakimova, R. Madar and E. Janzén, Diamond Relat. Mater., **6**（1997）1369
30）M. Katsuno, N. Ohtani, T. Aigo, T. Fujimoto, H. Tsuge, H. Yashiro and M. Kanaya, J. Cryst. Growth, **216**（2000）256
31）A. Powell, S. Wang, G. Fechko and G. R. Brandes, Mater. Sci. Forum, **264-268**（1998）13
32）N. Ohtani, M. Katsuno, T. Fujimoto, H. Tsuge, T. Aigo and H. Yashiro, Extended Abstracts of the 1 st International Workshop on Ultra-Low-Loss Power Device Technology（Nara, Japan, 2000）p. 14
33）R. Yakimova, M. Tuominen, A. S. Bakin, J.-O. Fornell, A. Vehanen and E.

Janzén, Inst. Phys. Conf. Ser., **142** (1996) 101

34) 鎌田功穂, 土田秀一, 直本　保, 泉　邦和, 第 60 回応用物理学会学術講演会講演予稿 1 a-R-10 (甲南大学, 1999)

35) H. Yano, T. Hirao, T. Kimoto, H. Matsunami, K. Asano and Y. Sugawara, Mater. Sci. Forum, **338-342** (2000) 1105

36) Z. Y. Chen, T. Kimoto and H. Matsunami, Jpn. J. Appl. Phys. Part 2, **38** (1999) L 1375

37) J. Takahashi, N. Ohtani, M. Katsuno and S. Shinoyama, J. Cryst. Growth, **181** (1997) 229

2.7 CVDによるSiCコーティング

2.7.1 はじめに

SiCは，構造材料として優れた高温強度と耐酸化性などを有する一方で，広い禁制帯幅と高い絶縁破壊電界，そして高い飽和電子ドリフト速度などの優れた電子物性を有することから，ハイパワー，高周波領域での半導体材料としても大きな期待が寄せられている[1]．SiCは常圧において融点を持たないため，一般的なPVD（Physical Vapor Deposition）法による被膜形成は容易ではない．そのため，電子デバイス等の一部の用途において，MBE（Molecular Beam Epitaxy）法[2]や昇華法（改良レーリー法）[3]が用いられているほかは，ほとんどはCVD（Chemical Vapor Deposition）法[4]により成膜されている．

CVD法は，原料ガスにエネルギーを供給し化学反応を制御することによって，薄膜や微粒子などを形成する材料創製プロセスである．原料ガスの組み合わせによりさまざまな材料を扱うことが可能で，微細なパターンや複雑形状にも均質かつ均一にコーティングできることから，半導体製造プロセスをはじめとしてその応用範囲は広い．ここでは，CVD-SiCコーティング技術の現状とコーティング材料の特徴およびその応用例について述べる．

2.7.2 CVDコーティング技術

CVD法における膜形成過程は，図2.7.1[5]に示したような5つの素過程で説明される．

[Ⅰ]反応ガスあるいは反応前駆体の基板への輸送（気相拡散），[Ⅱ]基板表面への吸着，表面拡散，[Ⅲ]表面反応，核形成または堆積，[Ⅳ]反応生成物の脱離，[Ⅴ]脱離反応生成物の外方拡散（気相拡散）

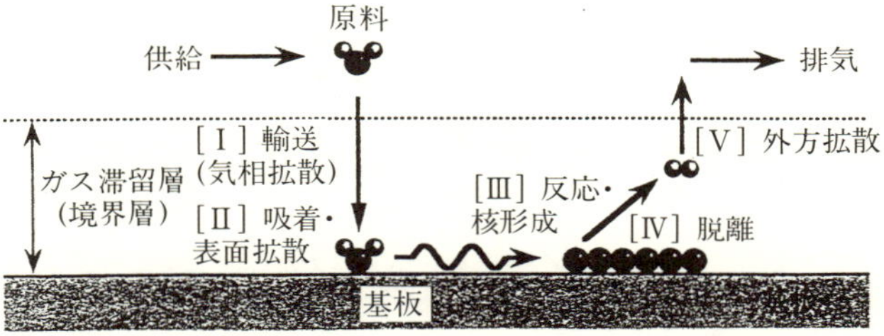

図 2.7.1 CVD プロセスにおける膜形成過程[5)]

CVD 法の基本は，上記の反応を制御することにある．そこで CVD 法は，一般に反応を励起するための供給エネルギーによって分類される．表 2.7.1 に CVD 法の分類を示した．熱エネルギーによる励起が最も基本的な方法であるが，近年はプラズマや光（レーザ）等を補助的に用いて反応温度を下げる方法が主流となりつつある．

表 2.7.1 CVD 法の分類

分　類	エネルギー供給方法
熱 CVD	抵抗加熱，高周波加熱，赤外線加熱等
プラズマ CVD	HF 帯（～数百 kHz），RF 帯（13.56 MHz），誘導結合型 RF 放電（ICP），マイクロ波（2.45 GHz），電子サイクロトロン（ECR）プラズマ（磁場＋マイクロ波）等
光 CVD	低圧水銀ランプ（185 nm），エキシマレーザ（KrF：248 nm，ArF：193 nm），炭酸ガスレーザ（10.6 μm），SOR 光等

（a） 熱 CVD 法

熱 CVD は熱エネルギーによって化学反応を励起して成膜する方法で，最も普及している基本的な技術である．図 2.7.2 に典型的なホットウォール型減圧 CVD 装置[6)]の概略図を示す．SiC の場合，原料ガスには Si のソースとして $SiCl_4$ や SiH_2Cl_2 等，C のソースとして CH_4 や C_2H_2，C_3H_8 等，キャリアガスとして H_2 ガスが用いられる．これら原料ガスの組成，流量，流速と圧力や基板温度を制御することによって，それぞれの用途に合った成膜が行われる．

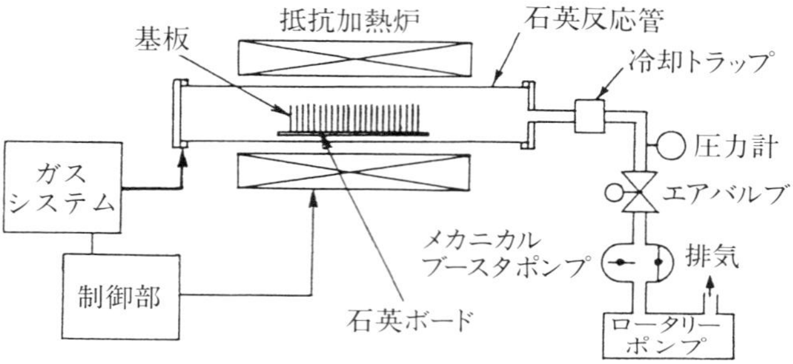

図 2. 7. 2　ホットウォール型減圧 CVD 装置の概略図[6)]

（b）　プラズマ CVD 法

プラズマ CVD では，原料ガスはあらかじめプラズマ分解されて化学的に活性なラジカルやイオンとなり，これらが基板表面に吸着して膜形成を開始する．このため，基板加熱だけで反応を励起する熱 CVD よりも低温で成膜が可能となる．ただし，熱 CVD では単なるキャリアガスとして用いられる N_2 や H_2 などは，プラズマ CVD においては分解されて膜形成化学反応に関与するため，膜中に混入することが避けられないことに留意する必要がある．

プラズマの発生方式は，容量結合方式（平行平板型）と誘電結合型（コイル型方式）の 2 つに分類される．図 2.7.3 に典型的な容量結合型プラズマ CVD 装置[7)]を，図 2.7.4 に誘導結合型プラズマ（ICP）CVD 装置[8)]の概略図を示す．プラズマ CVD では，プラズマ励起周波数に高周波（RF 帯：13.56 MHz）を使うことが多い．この理由としては，13.56 MHz が技術的に確立された周波数であること，マイクロ波のように導波管を必要とせず取り扱いが容易であること，イオン衝撃が少ないことなどが挙げられる．

より高速かつ高均一な成膜を行うためには，低圧・高密度プラズマを安定に生成させることができる電子サイクロトン共鳴（ECR）プラズマを利用することが有効である[9)]．近年，VLSI 用多層配線などの半導体プロセスを中心に，ECR プラズマ CVD 法の応用研究が活発に行われている．図 2.7.5 に ECR プラズマ CVD 装置の構成図[10)]を示す．マイクロ波を導波管によって石英ガラス窓からプラズマ生成室に導入し，マグネットコイルを用いて十分な磁束密度の

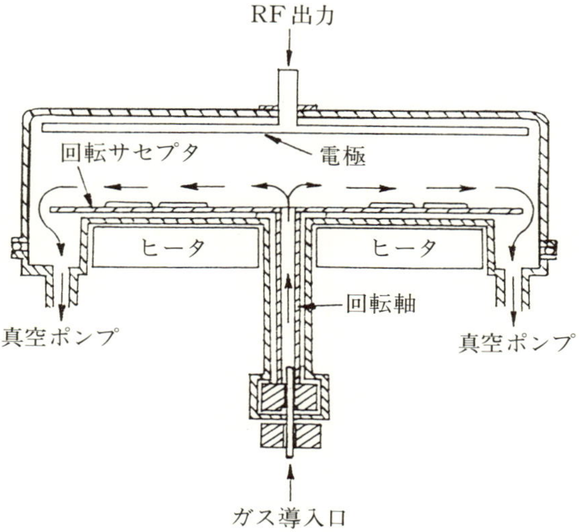

図 2.7.3　容量結合型プラズマ CVD 装置の概略図[7)]

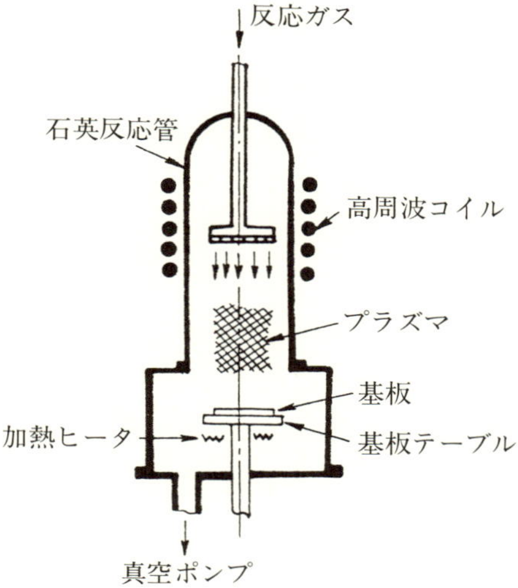

図 2.7.4　誘導結合型プラズマ（ICP）CVD 装置の概略図[8)]

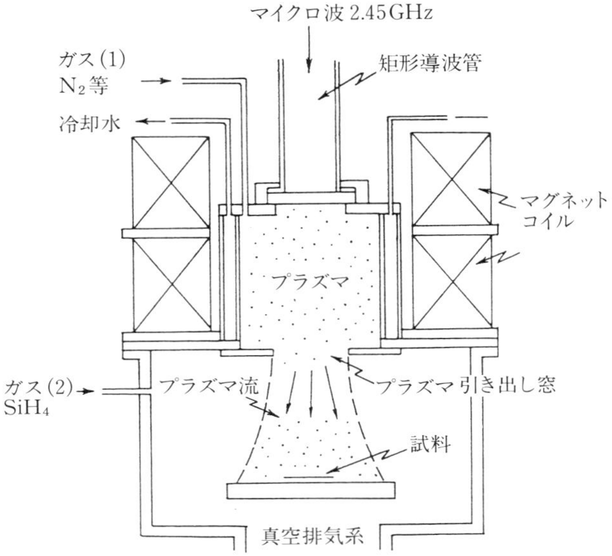

図 2.7.5　ECR プラズマ CVD 装置の概略図[10)]

磁場を形成し，ECR モードでのマイクロ波吸収が起こるしくみとなっている．低圧・高密度のプラズマは，引き出し窓から流出，拡散して試料台に到達し，低い基板温度でも特性の優れた被膜形成が可能となる．

（c）　光 CVD 法

光 CVD 法は，光化学反応を利用して成膜を行う技術である．反応励起には，紫外線や X 線を励起光として用いる場合の電子励起と，赤外線を用いる場合の振動励起があり，光エネルギーを選ぶことによって，特定の反応のみを制御することも可能になる．光 CVD では，プラズマ CVD に比べて局所的な高エネルギー密度場を形成できるため，全体の投入エネルギーを少なく押えることができる．そのため，高エネルギー状態のイオンや電子が反応室内の壁などをスパッタして不純物を放出することもなく，クリーンなプロセスが実現可能である．また，基板に励起光を照射することにより，基板表面での電子励起や加熱効果を制御することも可能である．さらに，レーザのような指向性・集光性に優れた光を使えば，微小領域での成膜制御（パターンニング）を行うこともできる[11]．図 2.7.6 にエキシマレーザ CVD 装置の概略図[4]を示す．光 CVD は応用範囲を広げつつあるが，成膜速度や成膜面積などにおいて既存の CVD 法と比べまだ劣るところも多く，今後の展開は高効率で高強度な光源の開発によるところが大きい．

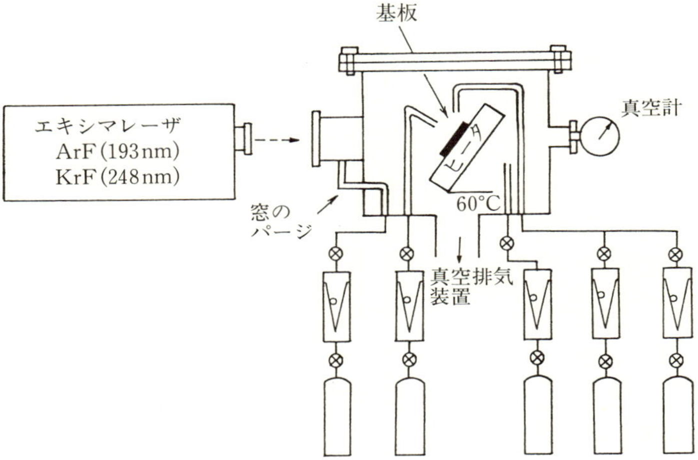

図 2.7.6 エキシマレーザ CVD 装置の概略図[4]

2.7.3 CVD-SiC コーティングの応用

SiC の持つ優れた材料特性を応用することを目的に，CVD-SiC コーティングの研究開発はさまざまな分野で行われている．主な用途としては，パワー半導体デバイス，耐熱・耐酸化性コーティング，摺動材料，紫外光用ミラーなどが挙げられる．ここではそれぞれの応用例について，CVD-SiC コーティング技術の現状と問題点を述べる．

（a） パワー半導体デバイス

SiC は，p，n 両伝導型の制御が容易なワイドバンドギャップ半導体で，絶縁破壊電界が Si よりも 1 桁高く，飽和ドリフト速度，熱伝導度も高い特徴を有するため，既存の半導体 Si や GaAs では実現不可能な大容量・低損失パワーデバイス，耐環境デバイス用材料として期待されている．SiC は同一組成で 1 次元的な積層構造の異なる結晶多形（ポリタイプ）を示し，中でも低温安定多形の 3 C-SiC，高温安定多形の 4 H-SiC と 6 H-SiC が発生確立も高く研究例も多い．SiC 単結晶基板としては，昇華法により育成された 1 インチ程度の 4 H-SiC と 6 H-SiC が市販されている．これにステップ制御エピタキシー法[12] によって 4 H-SiC，6 H-SiC 被膜をホモエピタキシャル成長させることにより，高耐圧ダイオード[13,14]，高周波パワーデバイス[15]，高温集積回路[16] などが試作されている．一方，3 C-SiC は電子移動度の点で 4 H- や 6 H-SiC よりも優れるが，大型の結晶成長が難しいため，通常は Si 基板上に CVD 法によりヘテロエピタキシャル成長させて形成される[17,18]．これらの 3 C-SiC 膜には結晶欠陥に関する問題が残されており，これを解決するためには低温での成膜が必須といわれる．そこで，シラン，プロパン系以外の原料ガスの探索が行われており，中でも単一原料中に Si と C を含んだメチルシラン[19] やヘキサメチルジシラン[20] 等の有機シラン系の原料が有望視されている．

（b）　耐熱・耐酸化性コーティング

炭素繊維強化炭素材料（C/C コンポジット）は 2000℃以上でも使用可能な軽量耐熱構造材料として，宇宙往還機やガスタービンブレード等への適用が期待されている．しかしながら，通常の炭素材料同様，500℃を超える辺りから急激に酸化を起こすため，その応用に当たっては耐酸化性の付与が必要不可欠となる．すでに米国 NASA のスペースシャトルでは，C/C コンポジット表面に CVD-SiC コーティングを施した部品がノーズコーンなどに実用化されており，約 1800℃までは使用可能とされている[21]．CVD-SiC コーティングによる酸化防止メカニズムは，基本的に表面に形成された SiO_2 によって表面がシールされ，それ以上の酸化反応の進展を遅らせるというものである．このため，安定なガラス相を形成するために，ホウ素を添加する方法[22,23] や，図 2.7.7 のように，CVD-SiC コーティング上にあらかじめガラス相を形成させる方法[24] などが検討されている．また，バルク材料にコーティングするのではなく，繊維表面に SiC コーティングする方法[25] や，CVI（Chemical Vapor

Infiltration）法によりマトリックスに SiC を用いる方法[26]なども試みられている．図 2.7.8 に CVI 法の概略図を示す[27]．CVI 法は，繊維プリフォームの空隙に CVD 原料ガスを流し，繊維表面にマトリックスを析出させるもので，複合化による寸法変化が少なく，複雑形状した複合材料を製造できる利点を持つ．一方で，CVI 法の欠点は，析出の進行とともにガスの通過孔が小さくなり，析出速度が低下することである．この欠点を克服するために開発されたのが，パルス CVI 法[28,29]である．パルス CVI 法では，反応室を真空に引いた後

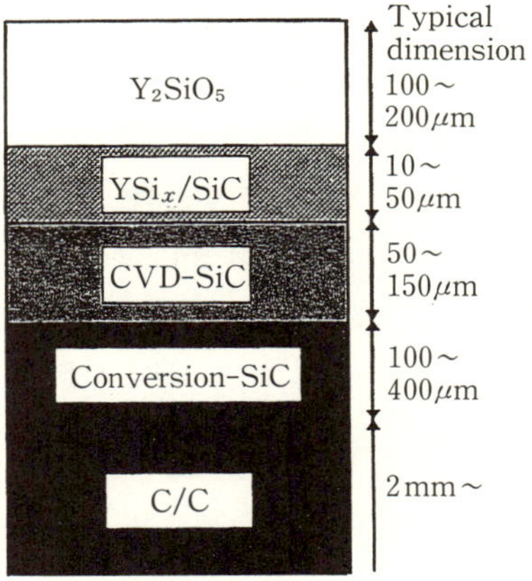

図 2.7.7　Y_2SiO_5 耐酸化コーティングの概念図[24]

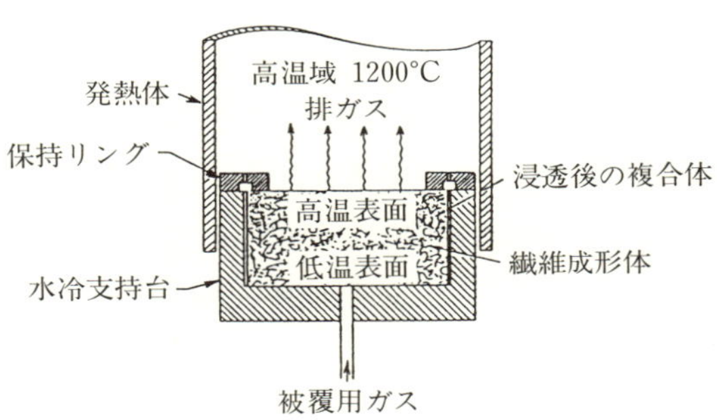

図 2.7.8　CVI 法の概略図[27]

に新鮮な反応ガスを送り，数秒保持した後に再び真空に引くサイクルを繰り返すことによって，空孔の細部までマトリックスを析出させることができる．

（c）　摺動材料

焼結製 SiC は，水中ポンプの軸受部品などの摺動材料として広く使われているが，CVD-SiC コーティングはあまり用いられてはいない．焼結 SiC は水中において非常に優れた摩擦・摩耗特性を示すことが知られており[30,31]，そのメカニズムには遊離カーボン（グラファイト）の存在が大きく関与しているものと考えられている．CVD-SiC 被膜の場合は，遊離カーボンを含まないため摩擦特性では劣るものの，欠陥の少ない強固な表面形成が可能であることから，ボールベアリングのような局所的に高い応力を受ける表面に適用する研究も行われている[32]．また，間接的ではあるが，アルミナ焼結体にダイヤモンドライクカーボン（DLC）をコーティングする際，密着性向上のための中間層に RF プラズマ CVD によるアモルファス SiC コーティングを採用することによって，水栓バルブ材料として実用化されている例もある[33]．摺動材料としての CVD-SiC コーティングは，焼結体や他の硬質被膜に比べて今のところ優位性は見られないが，炭素の組成比や構造を制御することによって，新たな展開が図られる可能性もある．

（d）　紫外光用ミラー

天体物理[34]やシンクロトロン放射光[35]の分野では，波長が 100 nm 以下の紫外域（Extreme Ultraviolet region, EUV）において，高い反射率と高い耐熱性を有したミラーの開発が急務となっている．CVD-SiC コーティングは最も有望視されている材料として数多くの研究が行われている[36]．また，X 線照射によるダメージにも強いことから軟 X 線用多層膜ミラーの下地としても応用されている[37]．CVD-SiC コーティングをミラーに応用する際には，超平滑かつ高い形状精度の超精密加工技術の開発が必須となる．形状精度 0.25 μm，表面粗さ 5 nm を実現するグラインディング加工技術[38]や，表面粗さ 0.2 nmRMS 以下を実現するポリシング加工技術[39]が報告されている．

2.7.4　おわりに

CVD-SiC コーティングは，パワー半導体デバイスから摺動材料や光学部品まで広い分野での応用が期待されており，求められる材料特性も一様ではない．CVD 技術も他の薄膜形成技術などとの融合化により今後の発展が期待される．SiC が本来持つ優れた材料特性を生かしつつ，多元素との複合化などによるナノレベルでの構造制御を可能にする低コストを視野に入れたプロセス技術の開発に期待したい．

参考文献

1) M. Bhatnagar and B. J. Baliga, IEEE Transactions on Electron Devices, **40** (1993) 645

2) M. Kitabatake and J. E. Greene, Jpn. J. Appl. Phys., **35** (1996) 257

3) M. Kanaya, J. Takahashi, Y. Fujiwara and A. Moritani, Appl. Phys. Lett., **58** (1991) 56

4) CVD 法の総説として“実用真空技術総覧”(橘　輝雄 他編, 産業技術サービスセンター, 1990) p. 676-741

5) 宮崎誠一, 応用物理, **69** (2000) 689

6) J. Oroshnik et al., J. Electrochem. Soc., **115** (1968) 649

7) W. C. ベンジング, 電子材料, **148** (1979) 111

8) 村山洋一, 柏木邦弘, Semiconducter World, **1** (1982) 42

9) Y. Okamoto and H. Tamagawa, Jpn. J. Appl. Phys., **11** (1972) 726

10) S. Matsuo and M. Kikuchi, Jpn. J. Appl. Phys., **22** (1983) L 210

11) J. D. Bennie, J. I. B. Wilson, M. J. Colles and J. L. West, J. Appl. Phys., **58** (1985) 4446

12) N. Kuroda, K. Shibahara, W. S. Yoo, S. Nishino and H. Matsunami, Ext. Abst. 19th Conf. Solid State Devices and Materials (Tokyo, 1987) p. 227

13) A. Itoh, T. Kimoto and H. Matsunami, IEEE Electron Device Lett., **16** (1995) 280

14) O. Kordina et al., Appl. Phys. Lett., **67** (1995) 1561

15) S. Sriram et al., IEEE Electron Device Lett., **15** (1994) 458

16) W. Xie, J. A. Cooper, Jr. and M. R. Mellock, IEEE Electron Device Lett., **15** (1994) 455.

17) S. Nishino, J. A. Powell and H. A. Will, Appl. Phys. Lett, **42** (1983) 460

18) H. Nagasawa and Y. Yamaguchi, J. Crstal. Growth, **115** (1991) 612

19) I. Golecki et al., Appl. Phys. Lett., **60** (1992) 1703

20) K. Takahashi et al., Appl. Phys. Lett., **61** (1992) 2081

21) S. D. Williams, D. M. Curry, D. C. Chao and V. T. Pham, AIAA, **94** (1984)

22) L. F. Pochet, P. Howard and S. Safaie, Surface Coating Technology, **86-87** (1996) 135

23) H. T. Tsou and W. Kowbel, J. Advanced Mater., **4** (1996) 10

24) 近藤雅之 他, 日本金属学会誌, **63** (1999) 851

25) 井頭賢一郎 他, 日本金属学会誌, **62** (1998) 766

26) K. l. Rugg, R. E. Tressler, C. E. Bakis and J. Lamon, J. Euro. Ceram. Soc., **19** (1999) 2285

27) D. P. Stinton, A. J. Cabuto and A. Lowden, Am. Ceram. Soc., **69** (1986) 1036

28) W. A. Bryant, J. Crystal Growth, **35** (1976) 257

29) 杉山幸三, 日本金属学会誌, **26** (1987) 1036

30) H. Tomizawa and T. E. Fisher, ASLE Trans., **30** (1987) 41

31) 佐々木信也, 潤滑, **33** (1988) 44

32) L. Y. Chao, R. Lakshminarayanan and D. K. Shetty, J. Am. Ceram. Soc., **78** (1995) 2307

33) 桑山健太, トライボロジスト, **42** (1997) 436

34) R. A. M. Keski-Kuha et al., Opt. Eng., **36** (1997) 157

35) S. Sato et al., Opt. Eng., **34** (1995) 377

36) W. J. Choyke et al., Appl. Opt., **16** (1977) 2013

37) V. Rehn and V. O. Jones, Opt. Eng., **17** (1978) 504

38) H. Suzuki and S. Murakami, Nanotechnology, **6** (1995) 152

39) M. Ando et al., Nanotechnology, **6** (1995) 111

3

SiC 焼結体

3.1 ホウ素化合物による SiC の焼結

3.1.1 SiC 微粉末の焼結の経緯

SiC 材料は研磨用粉末として古くから利用され，SiC の粗粉はアチソン炉を用いて合成されていた[1].

現在でも，研磨材，研削紙，グラインダや高温部材として広く用いられている．SiC 粉末を SiO_2(シリカ)-Al_2O_3(アルミナ)系酸化物と混合し焼結してヒータ，工業用炉の棚板や治具に，また Al_2O_3 と C とを混合して製鋼用耐火物に大量に利用され，確かな産業基盤を持っている．

SiC 焼結体を機械部品として初めて利用しようとしたのは英国で，1960～70 年代に Popper らにより反応焼結炭化ケイ素焼結体が開発され[2]，発電用タービンの高効率化を目的としていた．反応焼結 SiC は SiC と C 粉末の成形体に溶融した Si を高温で含浸し，Si＋C → SiC の反応により，SiC 焼結体を製造するものである．反応焼結 SiC は未反応 Si や気孔を含み，強度があまり高くない．使用温度も 1000°C前後以下だが，焼結時に収縮しないので寸法精度よく，大型部品を製造できる．この材料は現在でも炉材として生産されている．また，SiC 粉末をそのまま高温（～2200°C以上）に加熱して，粒子同士を接合させた再結晶 SiC 焼結体[3] も古くから作られていた．

SiC 微粉末に焼結助剤を加えて最初に焼結したのは Alliegro ら[4] であった．加圧焼結によるが，Al，B，Ca，Cr，Fe，Li と Ni 金属が焼結に有効であることを発見していた．1975 年に米国 GE 社 Prochazka[5] は β(3C)-SiC の微粉末を常圧で緻密化させることに成功した．この焼結方法の要点は，SiC のごく細かい粉末（比表面積が 8 m^2/g）に少量の B と C（各々0.25～0.8 mass%と 0.36 mass%）を添加し，2040°Cで焼結するところにあった．焼結ができないと思われていた共有結合性材料を常圧で固相拡散により緻密化できたのである．この焼結方法は極めて優れたもので，焼結体は高い耐熱温度，高強度と硬さ，耐腐食性と耐摩耗性を持つことから耐熱金属代替材料として注目され，Si_3N_4（窒化ケイ素）焼結体とともに急速に研究開発が進んだ．当初は高純度の焼結用微粉末は β(3 C) 型だったが，工業用の α(6 H)-SiC 粗粒を粉砕しても焼結可能な SiC 微粉末が得られることも分かった[6)]．SiC 粉末と焼結体の多形は，製法特許にからんで，この後おおいに議論された[7)]．

SiC 焼結体の開発は主に高純度微粉末と焼結助剤の探査を中心に行われ，かなり膨大な研究成果が公表されている．酸化物系の焼結助剤では，Al_2O_3[8)]，Al_2O_3-Y_2O_3[9)]，YAG[10)]，Al_2O_3-AlN[11)]，BeO[12)]，BaO-C[13)]，Al_2O_3-Gd_2O_3[14)] が発見されており，Al_2O_3 系でのみ常圧焼結が可能である（3.2 参照）．SiC 微粉末は不純物として SiO_2 を含み，Al_2O_3 は焼結温度で溶解するので，Al_2O_3 系では液相を通じた焼結である．BeO を助剤とする焼結の機構は解明されていない．粒界の BeO により焼結体は高い熱伝導率と電気絶縁性を持ち，半導体のヒートシンクとして開発された[12)]．

非酸化物系の焼結助剤では多くの金属が焼結助剤として有効だが[4)]，B-C，Al-C[15)] や Al-B-C 系[16)] で常圧焼結が可能である．酸化物系助剤は SiC と高温で反応し揮散しやすいので，SiC 粉末の完全な緻密化はなかなか難しい．しかし，非酸化物助剤添加では，焼結雰囲気を完全に不活性にすれば，SiC 粉末は容易に緻密化する．いずれにしても，B-C 系添加物は最も重要で優れた常圧焼結の添加物であり，現在工業的に生産されている SiC 焼結体は B（B_4C）と C 添加によるものである．

3.1.2　B-C 系助剤による SiC 粉末の焼結機構

SiC は典型的な共有結合性化合物である．ちなみに Pauling のイオン結合性は 13% と計算される．ダイヤモンドや Si_3N_4 などの共有結合性物質とともに難焼結性である．拡散が高温でないと活性化しないことと粒界が表面エネルギーを緩和する構造を作りにくく，粒界エネルギーが大きいので，粒子が接合してもエネルギーの利得が少ないことがその理由のひとつである．

SiC 粉末の焼結に必要な条件は，添加物の B が SiC の固溶限界（0.2 mass%）を超えていたことから，B が粒界に析出して粒界エネルギー γ_{GB} を低めることだと Prochazka[5] は考えた．緻密化を焼結体中の粒子に囲まれた気孔の消滅に言い換え，n 個の面に囲まれた気孔と粒子の 2 面角を θ とする (図 3.1.1)．γ_{SV} を表面エネルギーとすると，図で 2 面角 θ が，$\theta=\pi(n-2)/n$，$\gamma_{GB}=2\gamma_{SV}\cos(\theta/2)$ のとき，気孔の表面は平坦になり気孔は安定で，緻密化は進まない．気孔が消滅する条件は，気孔が凸の膨らみを持つことにほかならず，

$$\frac{\gamma_{GB}}{\gamma_{SV}}>2\cos\frac{\theta}{2},\quad \theta=\frac{\pi}{n}(n-2) \tag{3.1.1}$$

となる．SiC 粉末が焼結できたのは，焼結助剤の C が SiC 粉末表面を被覆している SiO_2 を還元除去[17] して表面エネルギー γ_{SV} を増大させ，B は界面にあって粒界エネルギー γ_{GB} を減少させ，焼結の臨界条件の (3.1.1) 式が満たされるようになったからと考えられる．

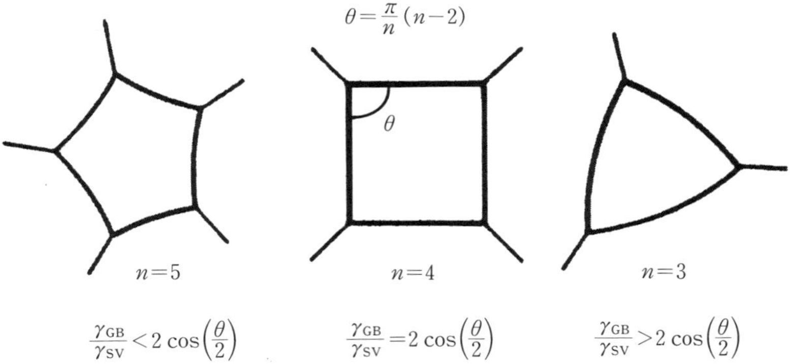

図 3.1.1　気孔の収縮と 2 面角
気孔の 2 面角 θ が (3.1.1) 式を満たす場合 (右) は気孔は収縮し，そうでないときは (左) は拡大する（Prochazka[5] より引用）

一方，焼結を動力学的にとらえた解釈もある．固体が高温になると，物質がいろいろな経路を通じて拡散するようになる．拡散経路には，粒子内を原子が

移動する体積拡散，粒界を移動する粒界拡散，粒子表面を移動する表面拡散，粒子を取り囲む液体または気体を経由する溶解析出・気化凝縮による拡散がある[18]．SiC の粉末を高温に熱すると，粒界が増大して緻密化（焼結）する過程と，小粒子から大粒子へ物質が移動して粗大化（粒成長）する過程が拮抗して起こる．拡散経路として焼結に有効なのは体積拡散と粒界拡散で，表面拡散と気化凝縮は粒成長を促す[18,19]．表面拡散は体積拡散より低温で速く，そのため，焼結初期で起こる粒成長が SiC 微粉末の焼結の緻密化を妨げている．実際に焼結助剤を加えない SiC 微粉末を加熱すると粒子の粗大化だけが起こって緻密化しない．Greskovich[20,21] らは粒子の粗大化が焼結初期に優先して起こるので共有結合性物質は難焼結性と考えた．SiC の場合では，添加した B は SiC 粒子の表面で表面拡散を遅らせて粒成長を防ぎ，C は SiO_2 を除去するほかに SiC に固溶して体積拡散を促して焼結を可能にする．

SiC 微粉末の焼結で B はごく少量（0.3 mass%前後）でよいが重要な役割をしている．鈴木・長谷ら[21] は B を含まない純粋な SiC 粉末を 1900°Cで加熱した試料の粒子接合部の 2 面角 θ を計測した．その最頻値は 92° であったことから，Greskovich らとほぼ同じ結論を得ている．しかし，詳しい実験をして彼らの結論を補正している[22]．また，B は 1500°Cで表面と粒界に素早く拡散することを見出し[23]，B は表面から粒界に，さらに SiC の粒子のごく表面層部に移動し，わずかに固溶する事を確かめている．そして，粒界相が 2 様（方向）の物質移動に寄与し，系の緻密化と粒子の成長をすすめるとして，その組成や挙動を論じている[24]．

さらに，粒界エネルギーの役割を考慮した新しい考え方がある．粉末の持つ過剰な表面エネルギーと粒界エネルギーが焼結の物質移動を駆動するとして焼結の速度式を導くものである[25,26]．焼結を接合する 2 つの球粒子で近似する(図 3.1.2)．焼結が進むと 2 球の表面積は減少し，粒界面積は増大する．無限大時間後に系の表面と界面エネルギーの総和は極小値に達して平衡になる．焼結はここで終了するが，粉末の持つ焼結に関する過剰なエネルギー ΔG はこの平衡値 ΔG_{min} を基準とした過剰な表面エネルギーと界面エネルギーの和 $\Delta G = \Delta G_{\mathrm{t}} - \Delta G_{\mathrm{min}}$ である．過剰な自由エネルギーが駆動する物質移動の基本

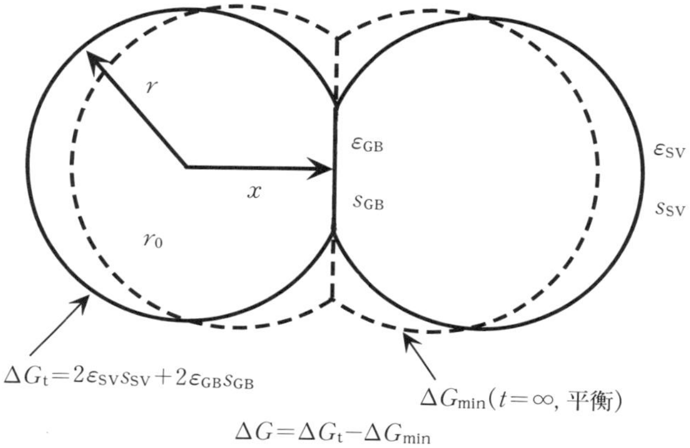

図 3.1.2 球が粒界で接する焼結モデル
焼結の物質移動を駆動するのは，系の平衡状態（点線）より過剰な表面エネルギーと粒界エネルギーの和 ΔG である

式は次式で与えられる．

$$\frac{\mathrm{d}v}{\mathrm{d}t} = D_x\left(\frac{a_x}{\lambda_x}\right)\left\{1-\exp\left(\frac{-\Delta G}{RT}\right)\right\},\ \left(\frac{a_x}{\lambda_x}\right)^{-1} = \int_v \left(\frac{a_m}{\lambda_x}\right)^{-1}\mathrm{d}v \Big/ \int_v \mathrm{d}v \tag{3.1.2}$$

D_x, a_x, λ_x は各々拡散係数，有効拡散断面積と拡散距離である．(3.1.2)式の a_x/λ_x（拡散断面積/拡散距離）は系の体積について調和平均を取ればよい．a_x/λ_x が一定とすると，焼結収縮速度 $\mathrm{d}(1-x/r_0)/\mathrm{d}t$ は

$$\frac{\mathrm{d}}{\mathrm{d}t}\left(1-\frac{x}{r_0}\right) = \left(\frac{D_x\varepsilon_x\Omega}{4\pi RT}\right)\left(\frac{a_x}{\lambda_x r^4}\right)\left\{1-3\left(1-\frac{r}{x}\right)^2\left(2+\frac{r}{x}\right)\right\}^{2/3}\left(1-\frac{r^2}{x^2}\right)^{-1}\Delta\psi \tag{3.1.3}$$

のようになった．r_0 は初期の粒径，Ω はモル容積，$\Delta\psi$ は規格化した系の過剰エネルギーで詳細[25,26]は省略するが，x/r と表面エネルギー ε_{SV}，粒界エネルギー ε_{GB} を含む関数である．

図 3.1.3[25] は，(3.1.3)式を基にして計算した焼結収縮速度で，焼結収縮率を，粒界エネルギーの表面エネルギーに対する比 $\alpha=\varepsilon_{GB}/\varepsilon_{SV}$ をパラメータに

して，時間を横軸にとって表したものである（Prochazka の(3.1.1)式の γ_{GB} は ε_{GB} の 2 倍に取っている）．α は小さいほど収縮速度が速く，およそ $\alpha=0.7\sim0.8$ 以下なら理論密度まで緻密化する．粒界が表面エネルギーを緩和しにくく，α が 1 に近い場合は理論密度まで緻密化しない．一方，不純物を含まない SiC 単結晶の（0001）接合面では，$\alpha=0.98\sim0.99$ 程度と計算から推定されている[27]．SiC 粒子の粒界エネルギーは表面エネルギーを緩和しにくく，SiC 粉末単体は焼結の駆動力を欠いている．B と C を焼結助剤にして SiC 粉末が緻密化するのは，C は SiO_2 を還元し，B は（あるいは C も）粒界に存在して α を低めているからだと解釈される．実際，焼結体の粒界に B が析出していることが観察されている[28]．

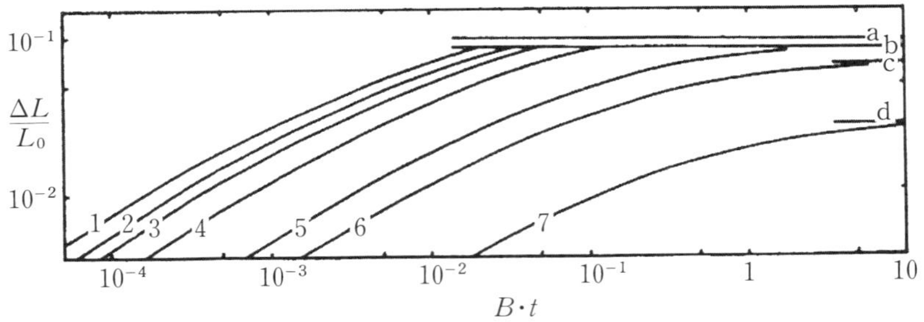

図 3.1.3　2 球モデル（図 3.1.2）の収縮曲線
(3.1.3)式から収縮率 $\Delta L/L_0$ を規格化した時間 $B\cdot t$ に対して，$\alpha=\varepsilon_{GB}/\varepsilon_{SV}$ をパラメータにプロットした．収縮曲線 1，2，～7 は各々 $\alpha=0$，1/3，1/2，0.707，0.866，0.910，0.970 に対して計算した．a は完全に緻密化した場合，b，c，d は各々曲線 5，6，7 の漸近線である（猪股[25] より引用）

3.1.3　SiC 粉末の焼結の実際

SiC 粉末には α(6H) 型と β(3C) 型がある（2.1，2.2 参照）．二者には焼結機構や焼結方法に大きな差がない．しかし，β-SiC は焼結温度で安定でないので，B-C 添加では 6 H や 15 R に転移しやすく，焼結中に異常粒成長が起こりやすい．そのため，焼結温度の設定を厳密にしなければならない．粉末の比表面積は 4 m²/g 程度以上で初期密度は 55%程度が必要である[29]．一般に市販の焼結用微粉末の平均粒径は～0.4 μm 前後，比表面積が 15 m²/g 程度で，2～4 t/cm² の CIP（静水圧プレス）やモールド成形で密度 60%程度に達し，焼結に供される．

焼結助剤 B（または B_4C）と C の混合量は各々0.3～0.5 mass%と 1～2 mass%程度が適当で，Ar 雰囲気 2100～2150°C で 30 分～1 時間保持して焼結する．この系の焼結では酸化物は焼結を阻害する．粉末に不純物として含まれる SiO_2 は加えた C との反応で除去する必要があり，焼結中の 1500°C前後ま

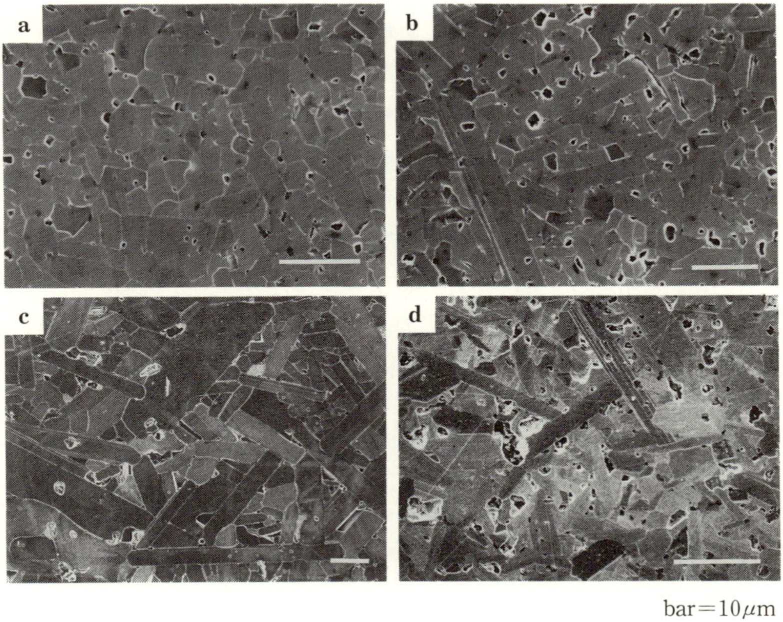

図 3.1.4　B と C を添加した SiC 焼結体の組織

a：α-SiC 焼結体（0.3 mass%B＋2 mass%C）

b：Al を 0.027 mass%固溶した粉末を用いた α-SiC 焼結体（0.3 mass%B＋2 mass%C）

c：AlB_2 を添加した α-SiC 焼結体（2.7 mass%AlB_2＋2 mass%C）

d：β-SiC 焼結体（0.3 mass%B＋2 mass%C）

では真空排気処理することが効果的である．1500℃，10 Pa（10^{-4} 気圧）では，系に存在する主な気相は CO，SiO，B_2O_2 と B_2O_3 で，起こりうる反応は

$$SiO_2(l)+C(cr)=SiO(g)+CO(g)\quad(\Delta G=-190.061\ kJ/mol)\ \cdots\cdots①$$

$$SiO(g)+2C(cr)=SiC(cr)+CO(g)\quad(\Delta G=-75.674\ kJ/mol)\ \cdots\cdots②$$

$$SiO_2(l)+3C(cr)=\beta\text{-}SiC(cr)+2CO(g)\quad(\Delta G=-267.735\ kJ/mol)\ \cdots③$$

$$B(cr)+SiO_2(l)=\frac{1}{2}B_2O_2(g)+SiO(g)\quad(\Delta G=-238.133\ kJ/mol)\cdots\cdots④$$

$$\frac{2}{3}B(cr)+SiO_2(l)=\frac{1}{3}B_2O_3(g)+SiO(g)\quad(\Delta G=-87.817\ kJ/mol)\ \cdots⑤$$

である（かっこ内の ΔG は 1500℃，10 Pa の生成自由エネルギー）[30]．SiO_2 は添加物 B と反応して（第④，⑤式）消耗させる．C は SiO_2 を SiC に還元し，SiO 分圧を下げ（第①～③式），B の消耗を防ぐのに有効であることが理解できる．1500℃以上は SiC の分解を防ぐために Ar 雰囲気下で加熱する．

焼結体の組織は原料粉末の種類，不純物や B，C 以外の添加物で変化をし，しばしば組織制御に利用されている．例えば（図 3.1.4），α(6H)-SiC 粉末からは等軸的な 6 H の粒子からなる焼結体が得られる．β(3C)-SiC 粉末は板状に伸びた積層欠陥を多く含む 3 C の粒子になる．添加した焼結助剤などから Al が SiC 結晶内に固溶すると，SiC は 4 H に部分的に転移して板・柱状の粒子に成長する（1.2 も参照）[16]．図 3.1.4 は α-SiC，Al を含有した α-SiC や β-SiC 焼結体の典型的な組織である．

3.1.4　SiC 焼結体の物性

β-SiC 焼結体では粒子は板・柱状に伸び，α-SiC 焼結体では等軸的な粒子形状をしている．そのため，破壊靱性が α 型より β 型で大きくなり，機械的性質は β 型でやや優れている．典型的な特性は表 3.1.1 のようである．この材料の特徴は，硬度と弾性率が高く耐摩耗性に優れていること，高温で強度低下がなく高温クリープ特性に優れていることである（図 3.1.5，3.1.6）[31,32]．そのため，メカニカルシールなどの耐摩耗部品に多く用いられている．非酸化

表 3.1.1　SiC焼結体の代表的特性値

密度：3.1～3.15 g/cm³	硬度：Hv 2400～3100
ヤング率：392～450 GPa	ポアソン比：0.13～0.18
曲げ強度：441～813 MPa	破壊靭性値：3.0～5.6 MPam$^{1/2}$
圧縮強度：1911～3920 MPa	熱衝撃値：450～525℃
熱膨張率：4.0（RT～1000℃）～4.6（RT～1200℃）×10^{-6}/K	
熱伝導率：75～100 W/mK	比熱：628～795 J/kgK
電気抵抗：10^4～10^7 Ωm	

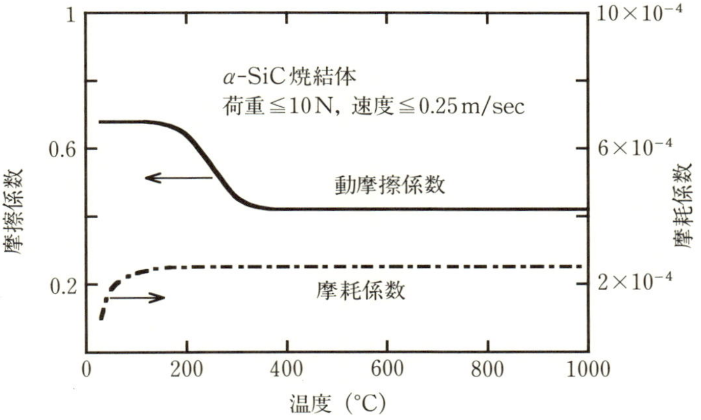

図 3.1.5　SiC焼結体の摩擦・摩耗特性（Munro[31]から引用）

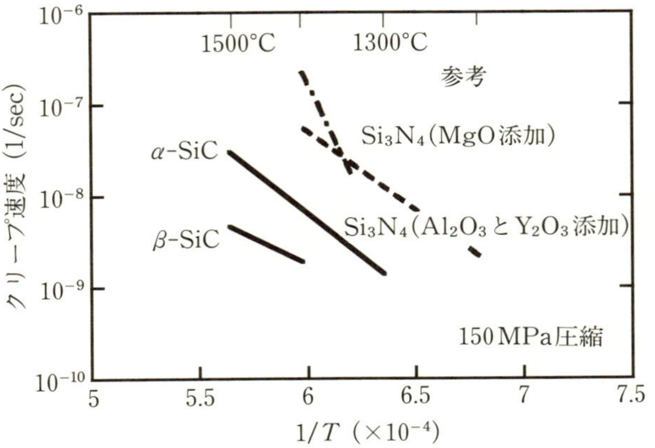

図 3.1.6　SiC焼結体のクリープ変形速度[32]

物であるから空気中では高温で酸化される欠点があるが，金属，金属ホウ化物や窒化物に比べると耐酸化性はよく，高温部品にも応用されている[33].

参考文献

1) W. F. Knippenberg, Philips Res. Reports, **18** (1963) 161
2) C. W. Forrest et al., "Special Ceramics 5" (Brit. Ceram. Res. Associ. Stoke-on Trent UK, 1972) p. 99
3) S. R. Billington et al., "Special Ceramics 1964" (ibid., 1974) p. 19
4) R. A. Alliegro et al., J. Am. Ceram. Soc., **39** (1956) 386
5) S. Prochazka, "Special Ceramics 6" (Brit. Ceram. Res. Associ. Stoke-on Trent UK, 1975) p. 171
6) Y. Murata and R. H. Smoak, "Proc. Int. Symposium of Factors in Densification and Sintering of Oxide and Non-oxide Ceramics" (Associ. Sci. Doc. Info., Tokyo Japan, 1979) p. 382
7) 特許公報　昭 57-32035, 昭 58-14390
8) K. Suzuki, Reports. Res. Lab. Asahi Glass Co., Ltd., **36** (1986) 25
9) M. Omori and H. Takai, J. Am. Ceram. Soc., **65** (1982) C-92
10) L. S. Siegl and H. J. Kleeb, J. Am. Ceram. Soc., **76** (1993) 773
11) M. Keppeler et al., J. Euro. Ceram. Soc., **18** (1998) 521
12) Y. Takeda et al., Advanced Ceram. Mater., **1** (1986) 162
13) T. Sakai and N. Hirosaki, J. Am. Ceram. Soc., **68** (1985) C-191
14) Z. Chen, J. Am. Ceram. Soc., **79** (1996) 530
15) K. A. Schwetz and A. Lipp, "Science of Ceramics 10" (Deut. Keram. Ges., Germany, 1980) p. 149
16) H. Tanaka and Y. Zhou, J. Mater. Res., **14** (1999) 518
17) G. H. Wroblewska et al., Ceramic International, **16** (1990) 201
18) M. F. Ashby, Acta Metal., **22** (1974) 275
19) W. D. Kingery et al., "Intriduction to Ceramics" (John Wiley & Sons, New York, USA, 1960) p. 448
20) C. Greskovich and J. H. Rosolowski, J. Am. Ceram. Soc., **59** (1976) 336
21) 長谷貞三, 鈴木弘茂, 富塚功, 窯業協会誌, **87** (1979) 317
22) 長谷貞三, 鈴木弘茂, 窯業協会誌, **88** (1980) 258
23) H. Suzuki and T. Hase, J. Am. Ceram. Soc., **63** (1980) 349
24) 鈴木弘茂, "高温セラミックス材料" (日刊工業新聞社, 1985) p. 92-101

25）猪股吉三, 窯業協会誌, **90**（1982）527
26）H. Tanaka, J. Ceram. Soc. Japan, **105**（1997）294
27）Y. Uemura et al., J. Mater. Sci. Letters, **16**（1981）2333
28）H. Gu et al., J. Am. Ceram. Soc., **82**（1999）469
29）W. Böcker et al., Powder Metal. Int., **13**（1981）37
30）H. Tanaka et al., J. Am. Ceram. Soc.,**83**（2000）226
31）R. G. Munro, J. Phys. Chem. Ref. Data, **26**（1997）1195
32）田中英彦 他, 耐火物, **34**（1982）191
33）長谷川安利, 広田和士, "炭化珪素セラミックス"（宗宮重行, 猪股吉三編, 内田老鶴圃, 1988）p. 211

3.2 酸化物助剤による SiC の焼結と組織制御

3.2.1 はじめに

3.1 で述べられたように，緻密な SiC 焼結体を得るためには微細な粉末を利用すると同時に焼結助剤の添加が必要となる．B–C[1] の添加による SiC 焼結体は，高温での強度やクリープ特性，耐酸化性などの高温特性に極めて優れた材料である．しかし一方で，焼結に 2000°C以上の高温を必要とし，また破壊靱性が低いために傷に敏感で，加工時にチッピングしやすいなどの問題があるとされてきた．

これに対して酸化物助剤添加系は比較的低温で緻密化が可能であり，さらにアスペクト比の高い板状粒子の交錯した組織（図 3.2.1）が形成されるととも

図 3.2.1　Al_2O_3 添加 SiC の微細組織

に，き裂が粒界に沿って進展するため，高い破壊靱性値を示すという特徴を有する．このため，焼結体の組織や特性制御の観点から酸化物の添加による液相焼結が注目され，近年になって緻密化を促進する助剤の探索や，微細組織制御に関する研究が多く見られるようになってきている．本節では酸化物系助剤を添加した SiC に関する焼結や組織制御のメカニズム，焼結体の特性などについて解説する．

3. 2. 2　酸化物系焼結助剤

酸化物の添加によって緻密な SiC が得られた例は，1956 年の Alliegro らによる Al_2O_3（アルミナ）添加ホットプレス（HP）に関する報告[2]が最初であろうと思われる．その後 1975 年になって，Lange らにより Al_2O_3 添加 HP による SiC の緻密化が，添加 Al_2O_3 と，不純物 SiO_2（シリカ）や他の金属不純物との反応によって形成された液相によって進行することが報告[3,4]されて以来，特に常圧焼結を可能とする助剤の開発が精力的に行われてきた．これまでに，Al_2O_3[5-8]，Al_2O_3-Y_2O_3（イットリア）[9-12]，Al_2O_3-Y_2O_3-CaO（カルシア）[13,14]，AlN（窒化アルミニウム）-Y_2O_3[15] 等が液相焼結による SiC の緻密化に適した酸化物として報告されている．

3. 2. 3　酸化物助剤添加系の焼結機構と粒成長

酸化物助剤添加 SiC では，上述のように，基本的には添加された酸化物が SiC 粉体表面に存在する SiO_2 と高温で反応して液相を形成し，その液相を介した溶解-析出機構によって緻密化と粒成長が進行する．図 3.2.2 に α-Al_2O_3 を 5 mass%添加した高純度 SiC（β-SiC（α-6 H 相を約 10%含有），平均粒径 0.6 μm）の常圧焼結挙動を示す．この例では，焼結温度 1800～1900°Cの領域で急速に密度が上昇するとともに，①3 C の減少と 6 H，4 H 相の生成，②一部板状粒子の生成を伴った等軸粒子の成長，③ Al_2O_3成分の局在化，などの現象が観察されており，微細な β (3 C)-SiC 粒子の溶解と α (6 H，4 H)-SiC

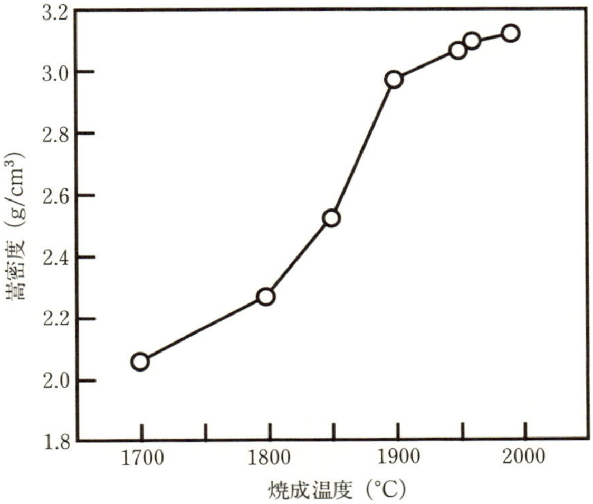

図 3.2.2　アルミナ添加 SiC の焼結挙動（焼成時間：2 h）

粒子の成長を伴った溶解-析出機構による緻密化が進行していることがわかる．一方，1800°C以下の低温領域では SiC 粒子の再配列，1900°C以上の高温では板状粒子の成長が焼結を支配しており，1900°C以上で緻密化速度が低下するのは，図 3.2.1 にも示されているように，高温で成長した板状粒子が互いに接触し，粒子間に気孔が閉塞されるためである．常圧焼結における 1800～1900°C での急速な密度の上昇は Al_2O_3-Y_2O_3 添加系でも報告されており[11,16]，1850°C の比較的低温での焼結で緻密な焼結体が得られている[11]．

酸化物添加による SiC 焼結の大きな問題のひとつは，高温での酸化物と SiC との反応による助剤成分の揮発である．

$$SiC + 2SiO_2 \rightarrow 3SiO + CO$$

$$2SiC + SiO_2 \rightarrow 3Si + 2CO$$

$$SiC + Al_2O_3 \rightarrow SiO + Al_2O + CO$$

$$2SiC + Al_2O_3 \rightarrow 2Si + Al_2O + 2CO$$

これらの反応による助剤成分の揮発は 1800°C以上で顕著に起こり，重量減少を伴った液相の減少や，助剤分布の不均一化をもたらすことから，緻密化を阻害したり，試料の変形などを引き起こす要因となる．そのため特に常圧焼結の場合では，試料を Al_2O_3 粉末を配した密閉容器中に配置したり[12]，SiC-Al_2O_3 の混合粉末中に埋設するなどによって，雰囲気の調整を行うなどの処置が必要となる．

また，酸化物添加系に特有の板状粒子の形成には種々の要因が関与しているが，一般に板状粒子が成長しやすい条件として，① β-SiC を出発原料として使用する，②成長の核となる SiC 粒子が存在する，③高温・長時間熱処理する，などを挙げることができる．板状に成長した SiC 粒子の結晶相は，β-SiC である 3 C 相や，α-SiC の 4 H 相や 6 H 相が主体となったもの，あるいはそれらが共存したものなど，使用する原料の特性や熱処理の条件によってさまざまな多形が混在したものとなる．図 3.2.2 に示した焼結体の例では，ひとつの板状粒子内に 6 H 相と 3 C，4 H 相が共存し，かつ粒界が 6 H 相の(0001)面からなる極めて平坦な面で形成されていることが TEM によって確認されている[17]．また，この板状粒子の側端面で Al に富む薄い層の存在が観察されており，この層を介した溶解-析出による物質移動が SiC の緻密化と板状粒子の成長に寄与したものと考えられている．さらに，原料として用いた β-SiC 原料の粉末粒子に 6 H 相がラメラ状に存在していることが確かめられており，この原料中の 6 H 相と板状粒子の成長との関係が指摘されている[17]．

このように，板状粒子の形成～成長は，β-SiC を出発原料として使用した場合，あるいは成長の核となる α-SiC 粒子(相)を含有する場合に，$\beta \rightarrow \alpha$ 相転移を伴って起こるものとされてきたが[18,19]，最近の研究で α-SiC を出発原料として用いても，原料粉体中の粒径差が駆動力となって，顕著な相転移を伴わずに板状粒子を含む組織が形成されることが報告されている[20]．図 3.2.3 に，市販の α-SiC に Al_2O_3 を添加して得られた焼結体中に形成された板状粒子の例を示す．α-SiC を原料として用いた場合でも板状粒子が交錯した組織が形成され，またこの例では Al_2O_3 添加量が少ない場合により顕著に板状粒子が成長していることがわかる．

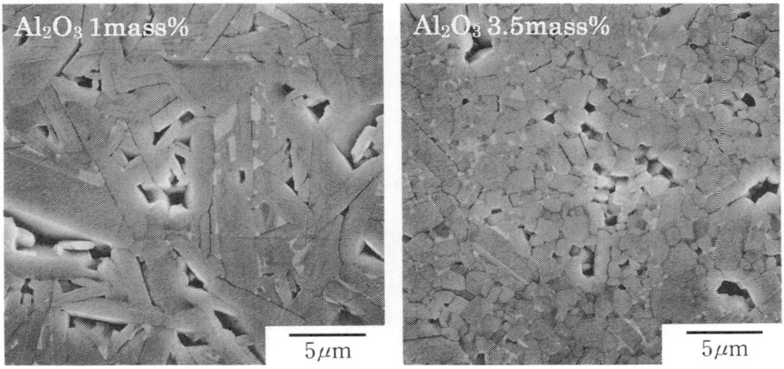

図 3.2.3　Al_2O_3 添加 α-SiC（6 H）原料から得られた焼結体の微細組織（1975°C-5 h 焼成）

3.2.4　微細組織の制御と機械的特性

表 3.2.1 に，市販および高純度開発 β-SiC 粉末を出発原料として，Al_2O_3 を添加して得られた SiC 焼結体の熱的，機械的特性の例を示す．この例からもわかるように，酸化物助剤添加 SiC では高い破壊靱性値が得られることが特徴であり，8 MPa•$m^{1/2}$ 以上の破壊靱性値が得られた例も報告されている[12,18]．Al_2O_3-Y_2O_3 系では，SiC 粒子と介在相（YAG（$Y_3Al_5O_{12}$））との熱膨張のミスマッチが，き裂が板状 SiC 粒子の粒界に沿って進展し，偏向やブリッジングによって破壊靱性値が増大する原因となっていることが指摘されている[12]．

一方で，酸化物助剤添加 SiC では一般に高温での強度や耐酸化性が低下する傾向が認められる．Al_2O_3 添加 SiC でも室温と比べて高温での強度は低下するが（表 3.2.1），その低下の度合は必ずしも添加した Al_2O_3 の量に依存しない．これは，Al_2O_3 添加量の増加が SiC 粒界の介在相の厚みに影響を及ぼさず，過剰の Al_2O_3 成分が 3 重点などの SiC 粒子間に偏析して残留するため

表 3.2.1　Al_2O_3 添加 β-SiC 原料から作製された焼結体の諸特性

			市販原料	高純度開発原料
ヤング率	GPa	室温	406	426
		1000°C	385	405
		1400°C	376	395
ポアソン比		室温	0.14	0.15
熱膨張係数	1/K	室温	2.7×10^{-6}	2.6×10^{-6}
		1000°C	4.5×10^{-6}	4.5×10^{-6}
		1400°C	4.7×10^{-6}	4.7×10^{-6}
熱伝導率（レーザフラッシュ法）	W/m・K	室温	73	70
		1000°C	41	40
		1400°C	31	32
破壊靱性（SEPB 法）	MPa・$m^{1/2}$	室温	5.8	5.5
JIS・3 点曲げ強度	MPa	室温	605	740
		1000°C	580	650
		1200°C	560	620
		1400°C	510	605
ビッカース硬度	GPa	室温	24	24
酸化増量（1300°C）	mg/cm^2	10 h	0.06	0.03
		100 h	0.18	0.10

である．Al_2O_3 添加 SiC の場合，SiC 粒界に介在相がほとんど認められないか，存在しても極めて薄いものであることが特徴であり（図 3.2.4），このため本焼結体は高温でも高い耐疲労特性を示す[5,7]．高温特性に対しては Al_2O_3 添加量よりもむしろ原料 SiC の純度の影響が大きく（表 3.2.1），原料の高純度化によって高温特性を改善することができる[7]．

3.2.5　焼結体特性に及ぼすプロセス要因の影響

このように，酸化物助剤添加 SiC 焼結体の微細組織や特性は，SiC 原料の

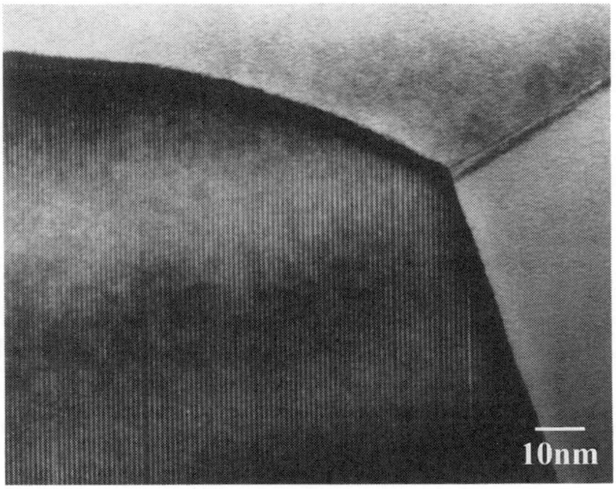

図 3.2.4 Al_2O_3 添加 SiC 粒界の高分解能 TEM 像

特性に加え，酸化物の種類や量，焼成条件などによってさまざまな形で制御することができるが，さらに SiC 焼結体の特性に影響を及ぼす要因として，成形プロセスとの関連を指摘しておきたい．本書の 2.4 で解説されているように，加圧成形プロセスの場合，顆粒～成形体の組織や特性と，焼結体の組織構造や特性との間には密接な関係がある．酸化物を添加した液相焼結 SiC の場合も例外ではなく，製造に用いた顆粒の形態や特性によって焼結体特性が影響を受ける．

図 3.2.5 は，Al_2O_3 を 5 mass%，Y_2O_3 を 0.5 mass%添加した α-SiC 粉末を異なるスラリー調整条件で噴霧造粒した顆粒の形態を示したものである．高分散条件（pH～9.8）で調整されたスラリーから作製された顆粒では，高分散の場合に特有の表面の窪みが形成されている．一方，凝集条件（pH～3.5）で作製された場合は，顆粒の密度は低いが，球状で窪みのない顆粒が得られる．図 3.2.6 に，これらの顆粒を用い，98 MPa の圧力で CIP 成形した成形体を異なる温度で焼成した場合の焼結体密度の変化を示す．図から，凝集条件で調整したスラリーから製造された顆粒を用いた方が，高い焼結体密度が得られることがわかる．SEM による組織観察の結果，分散顆粒から得られた焼結体中には顆粒痕に起因する粗大気孔が観察されており，焼結体の特性制御に対する

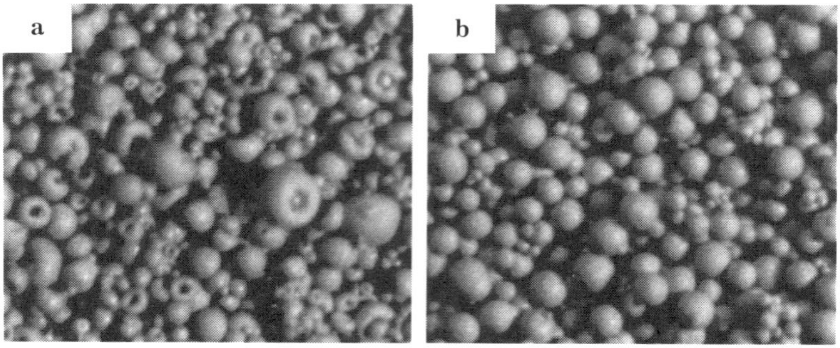

図 3. 2. 5　$Al_2O_3+Y_2O_3$ 添加 α-SiC 顆粒.
（a）分散（pH＝9.3），（b）凝集（pH＝3.5）条件のスラリーから作製

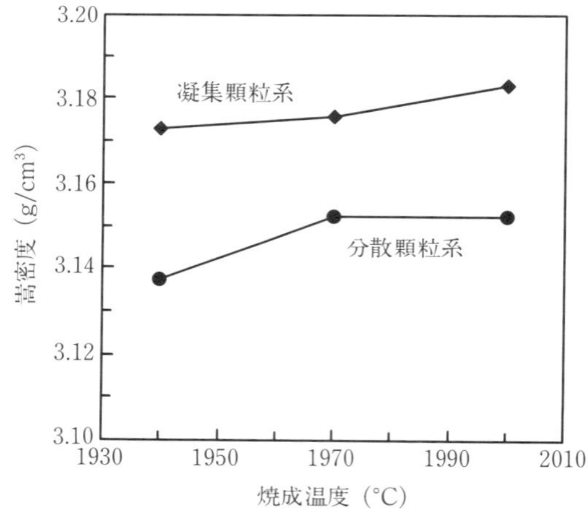

図 3. 2. 6　調整条件が異なる顆粒から得られた $Al_2O_3+Y_2O_3$ 添加 α-SiC 焼結体の嵩密度

成形体中の不均質構造制御の重要性を示唆している[21].

3. 2. 6　おわりに

以上，酸化物助剤添加による SiC について，焼結と組織制御，特性などに

関する概略を紹介した．このほかにも低温焼結によって微細化した粒子で構成された SiC 焼結体では超塑性を示すことも報告されており，多様な特性が期待される材料である．Al_2O_3 添加 SiC は室温での耐摩耗部材や高温ファン，バルブなどに適用されているが，実用化をより広範に進めるためには，助剤成分の揮発に起因する焼結体の表面性状の改善や，耐酸化性，高温強度などの高温特性の向上が必要であると思われる．今後の開発が期待される．

参考文献

1) S. Prochazka, "Special Ceramics 6" (ed. by P. Popper, British Ceramic Research Association, Stoke-on-Trent, U.K., 1975) p. 171
2) R. A. Alliegro, L. B. Coffin and J. R. Tinklepaugh, J. Am. Ceram. Soc., **39** (1956) 386
3) F. F. Lange, J. Mater. Sci., **10** (1975) 314
4) S. C. Singhal and F. F. Lange, J. Am. Ceram. Soc., **58** (1975) 433
5) 鈴木恵一朗, "炭化珪素セラミックス" (宗宮重行, 猪股吉三編, 内田老鶴圃, 1988) p. 345
6) 鈴木恵一朗, 旭硝子研究報告, **36** (1986) 25
7) 篠原伸広, 鈴木恵一朗, 菅野隆志, 旭硝子研究報告, **41** (1991) 25
8) 篠原伸広, 鈴木恵一朗, 菅野隆志, 旭硝子研究報告, **43** (1993) 21
9) M. Omori and H. Takei, J. Am. Ceram. Soc., **65** (1982) C-92
11) M. A. Mulla and V. D. Krstic, Am. Ceram. Soc., Bull., **70** (1991) 439
12) N. P. Padture, J. Am. Ceram. Soc., **77** (1994) 519
13) Y.-W. Kim, M. Mitomo and H. Hirotsuru, J. Am. Ceram. Soc., **78** (1995) 3145
14) Y.-W. Kim, M. Mitomo and J.-G. Lee, J. Ceram. Soc. Japan, **104** (1996) 816
15) 菅野隆志, "ファインセラミックス次世代研究開発の軌跡と成果" (ファインセラミックス技術研究組合編, (株)ニッポンパブリシティー, 1993) p. 1461
16) Y.-W. Kim, H. Tanaka, M. Mitomo and S. Otani, J. Ceram. Soc. Japan, **103** (1995) 257
17) S. S Shinozaki, J. Hangas, K. R. Carduner, M. J. Rokosz, K. Suzuki and N. Shinohara, J. Mater. Res., **8** (1993) 1635
18) S. K. Lee and C. H. Kim, J. Am. Ceram. Soc., **77** (1994) 1655
19) Y.-W. Kim, M. Mitomo, H. Emoto and J. G. Lee, J. Am. Ceram. Soc., **81** (1998) 3136
20) J.-Y. Kim, Y.-W. Kim, M. Mitomo, G.-D. Zhan and J.-G. Lee, J. Am. Ceram. Soc., **82** (1999) 441
21) N. Shinohara, M. Okumiya, T. Hotta, K. Nakahira, M. Naito and K. Uematsu, J. Am. Ceram. Soc., **83** (2000) 1633

3.3　SiC と鉄鋼用耐火物

3.3.1　はじめに

過去 40 年間の日本の鉄鋼業をささえてきたもののひとつが，高炉，転炉などの反応容器の内張り耐火物や連続鋳造用耐火物の進歩，これら耐火物へのグラファイトや SiC 等の非酸化物系耐火原料の適用にあったといえる．ここでは，まず，SiC を原料として製造した鉄鋼用耐火物の歴史を紹介し，次いで耐火物の中で SiC が引き起こす反応およびその機能を，例として SiC によるグラファイトの酸化防止および溶鉄浸透抑制機構について解説する．最後に，今後新たに SiC 等の非酸化物系材料を鉄鋼用耐火物へ利用していくうえで考慮すべきポイントについて述べる．

3.3.2　鉄鋼用耐火物における SiC の使用

本邦において SiC が耐火物に使用され始めたのは 1960 年代に入ってからである．以前，SiC は金属溶融用ポットや耐火物の焼成用備品（さや）として使用されていたが，1960 年に入ってから高炉の炉前の製銑用耐火物として使用されはじめた．当初は SiC 量が 10～15%程度添加した耐火物が主流であったが 1967 年頃より添加量の多い 50～60%品が出現し，SiC の使用が伸び，1973 年には 57,800 t と過去最高の使用量を記録した．その後，連続鋳造技術の進歩に伴い，SiC のもつ容積安定性と高熱伝導率から連続鋳造用機能材料の分野にも使用されはじめた．図 3.3.1 に 1976 年度以降の耐火物原料として使用した SiC の使用量の推移[1]と耐火物生産量に対する原料比率を，グラファイトとともに示す．現在に至るまで SiC 使用量の増減はあるものの，耐火物の長寿命化と連続鋳造比率の上昇に伴い耐火物の生産量が減少する中で耐火物生産量

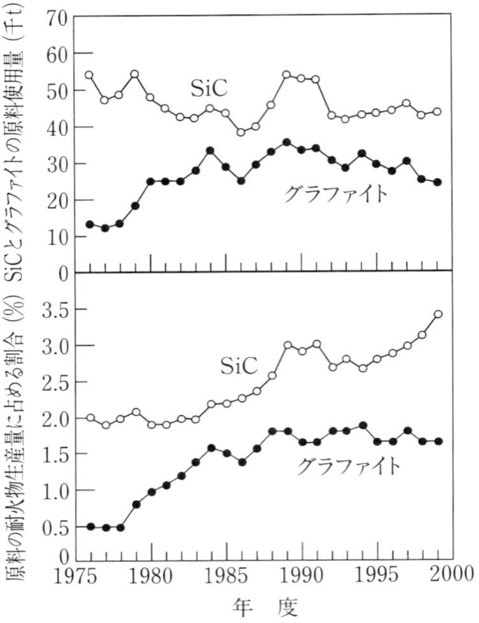

図 3.3.1　耐火物製造における SiC 原料の使用量と耐火物生産量に占める割合

に対する SiC の原料比率は年々増加しているのがわかる．

SiC を耐火物原料として用いた耐火物は，現在，高炉から加熱炉に至る鉄鋼製造プロセスの全領域で使用されている．具体的には，高炉のシャフト下部の内張りや出銑口に使用されている自己結合 SiC 質煉瓦，高炉炉底に使用されているカーボンブロック（煉瓦），出銑口の充塡材料であるマッド材，高炉から出銑した溶銑を搬送容器へ導く樋に使用される樋材，溶銑を製鋼工場まで運搬あるいは溶銑予備処理の処理容器ともなる溶銑鍋あるいは混銑車（トピードカー）の内張り耐火物の Al_2O_3–SiC–C 煉瓦，取鍋から鋳造用タンディッシュへの溶鋼の酸化を防止するロングノズル，最終的に鋳造するためにモールドに溶鋼を注ぎ込む連続鋳造用浸漬ノズルがある．さらに圧延工程においてスラブを圧延温度まで加熱する加熱炉に使用される Si_3N_4 結合 SiC 放射管（ラジアントチューブ）等の耐火物がある．これら耐火物のうち，代表的なものの成分

表 3.3.1　代表的な SiC 含有耐火物

耐火物	自己結合 SiC 質煉瓦	カーボン ブロック	高炉マッド材	高炉樋材
品番	SBN-S 100 R[1)]	K 2 RS[2)]	CAM-SR-18[1)]	CST-ST-3[1)]
用途	高炉側壁煉瓦	高炉炉底煉瓦	出銑口充填材	主樋スラグライン
化学成分（%）				
Al_2O_3	—	9	40	
SiO_2	—	—	22	1
SiC	94	14	19	55
C	—	73	20	2
見かけ気孔率（%）	11	18	29*	16**
嵩密度（g/cm^3）	2.78	1.84	1.73*	2.81**
圧縮強度（MPa）	127	34	11*	74**

耐火物	Al_2O_3-SiC-C 煉瓦	ロングノズル	浸漬ノズル	Si_3N_4結合 SiC 管
品番	AUT-2 DH 5[1)]	G 21 B 1[1)]	NS-25[2)]	NEWBON-NN[3)]
用途	溶銑鍋スラグ ライン	取鍋～TD 間	連鋳用ノズル 本体	加熱炉ラジアント チューブ
化学成分（%）				
Al_2O_3	67	53	66	—
SiC_2	12	17	—	—
SiC	5	7	4	74
C	10	20	29	—
Si_3N_4	—		—	25
見かけ気孔率（%）	11	15	16	13
嵩密度（g/cm^3）	2.88	2.50	2.56	2.59
圧縮強度（MPa）	59	45	10	19

[1)] 品川白煉瓦製，[2)] TYK 製，[3)] 東芝セラミックス製，* 1350°C-3 h 加熱後，** 1000°C-3 h 加熱後．

と特性を表 3.3.1 に示した．

骨材，添加材として使用される SiC の役割として，まず，高熱伝導性および低熱膨張性を保有することから耐火物への①耐スポール性の付与，次いで，②優れた耐溶銑性と溶銑の浸透抑制，③耐火物組織の緻密化，④ C（炭素）含有耐火物の C の酸化防止が挙げられる．

3.3.3　SiC の耐火物内における反応と機能

(1)　Al_2O_3-SiC-C 耐火物における SiC の酸化防止機構[2)]

このように使われてきた SiC もその特性について過去十分に検討されてきたとはいいがたい．ここではまず，SiC の耐火物内における気相が関与する反応と酸化防止機構についてみてみる．

溶銑予備処理法は，1978 年ごろから転炉における脱燐処理を転炉挿入前の溶銑段階で実施しようと行われたもので，開発段階で種々の耐火物が検討され，最終的に Al_2O_3-SiC-C 系の耐火物[3)]が採択された．この開発段階で，鉄鋼製造プロセスでは比較的低温度に属する 1500°C以下で耐火物中のグラファイトの酸化を防止する材料として SiC が見出された．

(3.3.1)式に示すように，溶銑鍋や混銑車の内張り耐火物の稼働面において，周囲の大気や脱燐時に使用される酸素，スラグ中の FeO 等によって Al_2O_3-SiC-C 耐火物中のグラファイトが酸化し CO(g)となる．この CO の一部は耐火物の系外の大気中に散逸するが，一部は耐火物内に存在する気孔中の雰囲気を形成する．さらに煉瓦内部でこの CO が SiC と反応して，(3.3.2)式に示すように耐火物内部で再びグラファイトを析出する．このとき同時に SiO(g)が発生する．

$$2C(s)+O_2(g) \rightarrow 2CO(g) \tag{3.3.1}$$

$$SiC(s)+CO(g) \rightarrow SiO(g)+2C(s) \tag{3.3.2}$$

$$SiO(g)+CO(g) \rightarrow SiO_2(s)+C(s) \tag{3.3.3}$$

図 3.3.2 には，SiC 粒が櫛状に変化しているのが見られるが，この櫛の間には C(s)が析出していることが確かめられている．発生した SiO(g)は，(3.3.3)式に示すように SiC 粒と離れた酸素分圧の高い耐火物内で，さらに CO(g)と反応し，Al_2O_3 粒表面やマトリックス，気孔中で Al_2O_3-SiO_2 系や SiO_2 系の化合物となる．このときもグラファイトを析出する．使用後の耐火物の顕微鏡観察において，製造時に添加したグラファイトより大きく成長したグラファイトがしばしば観察される．これらは耐火物中の気孔すなわち空隙を埋め緻密化

し，耐火物中の気相の流れを妨げることで，耐火物内のグラファイトの酸化を防止する．図3.3.3には，Al_2O_3-SiC-C 耐火物内で起こる反応の流れを示した．

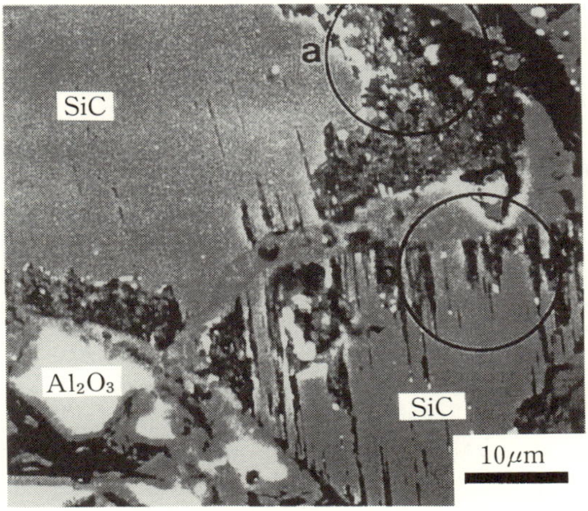

図 3.3.2　Al_2O_3-SiC-C 煉瓦内の析出物（a）と櫛状に侵食された SiC 粒（b）

Outside environment
Hot face
　　　　　　　O_2 in air　　(FeO), (Na_2O) in slag

$$C(s) + \frac{1}{2}O_2(g) \longrightarrow CO(g) \cdots (3)$$

Carbon containing zone

$$SiC(s) + CO(g) \longrightarrow SiO(g) + 2C(s) \cdots (1)$$
$$SiO(g) + CO(g) \longrightarrow SiO_2(s) + C(s) \cdots (2)$$
$$\downarrow$$
$$Na_2O - Al_2O_3 - SiO_2 \text{ compounds}$$

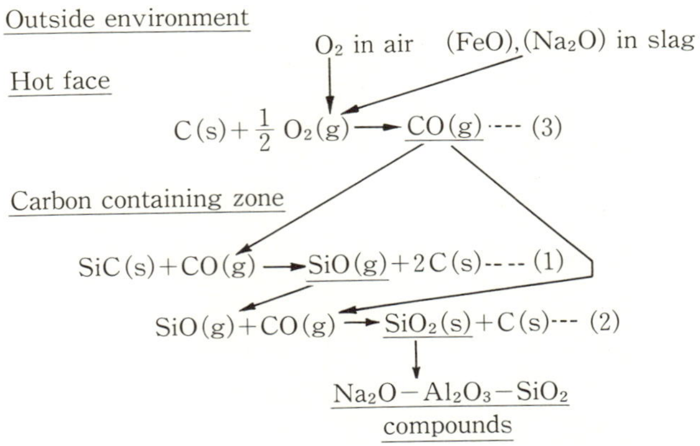

図 3.3.3　SiC による煉瓦内 C の酸化防止の発現機構

(2)　SiC と溶鉄との反応[4)]

SiC と溶鉄との反応に関しては，蓑輪ら[5)]によって検討されているが，ここでは，大型高炉炉底カーボンブロック中に添加された SiC 粒とブロック中に浸透した溶鉄との反応を考えてみる．

実高炉に使用している SiC 添加カーボンブロックを用いて，高炉炉内を想定した加圧下における溶鉄浸漬試験を実施した．図 3.3.4 に溶鉄浸漬試験後のブロックの微構造の写真を示す．まず耐火物中に浸透した C 飽和の溶鉄と SiC 粒が接触すると，SiC 中の Si が溶鉄の溶解酸素濃度を決めるレベルまで SiO_2(s)の生成なしに Si として溶鉄中にグラファイトを析出しながら溶解する((3.3.4)式)．そして Si が溶鉄中の酸素濃度を決めるレベルまで溶解すると，SiC は溶鉄中の溶解酸素と結びつき SiO_2(s)を生成しながら同時に溶鉄中に Si として溶解する（(3.3.5)式)．しかし，このとき生成する SiO_2(s)の絶対量は酸素濃度が低いことから極小量である．

$$\mathrm{SiC(s)} \rightarrow \underline{\mathrm{Si}} + \mathrm{C(s)} \tag{3.3.4}$$

$$\mathrm{SiC(s)} + \alpha\underline{\mathrm{O}} \rightarrow \beta\underline{\mathrm{Si}} + \gamma\mathrm{SiO_2(s)} + \mathrm{C(s)} \tag{3.3.5}$$

$$\underline{\mathrm{C}} \rightarrow \mathrm{C(s)} \tag{3.3.6}$$

図 3.3.4　溶鉄浸漬後の C-SiC 煉瓦稼働面の SiC 粒

なお，(3.3.5)式中の α，β，γ は係数である．次に状態図を用いてこの反応を考えてみる．

図 3.3.5 に Fe-C-Si 系の 3 元状態図を示すが，図(a)の円で囲んだ Fe に近い部分を拡大した図(b)より，SiC と A 点で示す溶鉄とが反応すると混合の比率は，P_1 から P_2，P_3 へと進んでいき，これらはグラファイトの初晶域にあり，反応に応じてグラファイトの析出量が多くなることが読み取れる．このグラファイトは図 3.3.4 に見られるようにジグザグ状にファセットを形成しながら 3 次元的に溶鉄中に析出する．さらに，状態図(b)では，液相の組成が

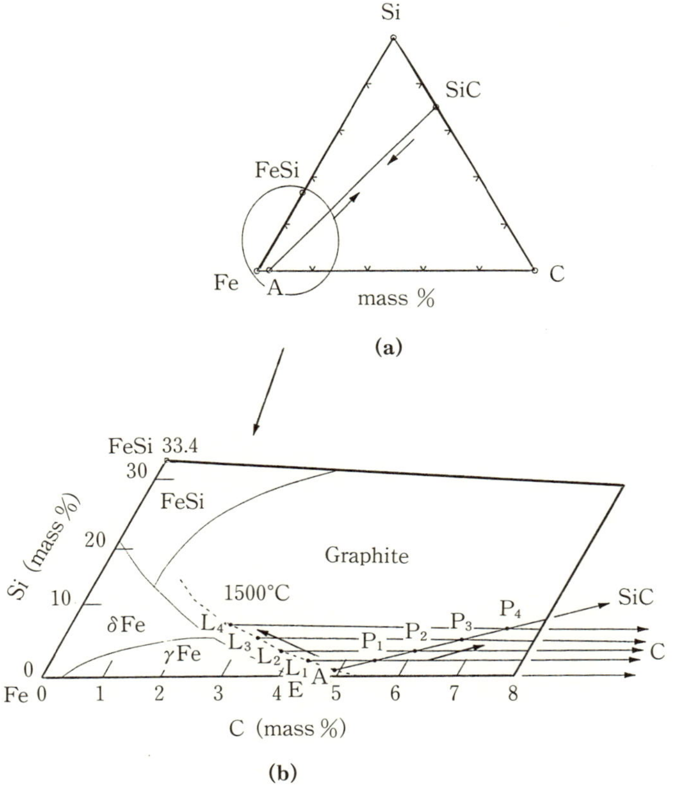

図 3.3.5　SiC と溶鉄との反応と Fe-C-Si 系 3 元系状態図

L_1 から L_4 へ反応の進行により溶銑中の Si が高まる方向に成分が変化することがみてとれる．この溶銑中の C 成分の減少と Si 成分の増加は，溶銑の粘性を上昇させることが知られている．このように，カーボンブロック中の SiC 粒と浸透した溶銑との反応は，溶銑中へのグラファイトの析出と，溶銑の粘性上昇をもたらし，ともにブロック中へ浸透してきた溶銑の動きを抑制する．

3.3.4　SiC などの非酸化物系材料を耐火材料として使用するときのポイント

以上 SiC に係わる 2 つの事例を見てきたが，SiC 等の非酸化物系材料を耐火材料として利用していく上でのポイントについて考えてみる．

（1）　耐火物内の気相が関与する反応

従来より，酸化物系に関しては，スラグとの反応，焼結時の耐火物内での反応などの検討は，主に状態図を利用し行われてきた．しかし，非酸化物系に関しては状態図自身が少なく，非酸化物系に関する状態図を用いた耐火物分野での検討は難しかった．さらに，気相を扱った系の検討はほとんどなされてこなかった．

実際の非酸化物系材料と酸化物が混合された耐火物内の環境下で，各種蒸気種の蒸気圧は，耐火物の稼動面から背面に至る距離とその位置での温度により異なる．さらに，MgO-C 煉瓦や Al_2O_3-SiC-C 耐火物のようなグラファイトを耐火物内に含むものは C(s) が存在することで，C(g) の蒸気圧が一定という条件が加わる．そして，SiC(s) が存在する場合，SiC により耐火物内での極めてローカル的な酸素分圧が決まり，これが耐火物内に気相種の蒸気圧の差，濃度勾配をもたらす結果，酸化還元反応あるいは物質移動を起こすことになる．このような蒸気圧による検討は，耐火材料として使用される SiC をはじめとした非酸化物だけでなく，酸化防止材として耐火物に添加される金属や，使用環境においては高い蒸気圧を示す MgO 系耐火物の検討にも有効である．

（2） 析出グラファイト

Al_2O_3-SiC-C 耐火物における SiC 粒と気体である CO との反応によるグラファイトの析出，および発生した SiO(g) と CO(g) との反応によるグラファイトの析出，またカーボンブロックにおける SiC 粒と C 飽和溶銑との反応によるグラファイトの析出は，いずれも C 共存下の反応であった．析出したグラファイトは，グラファイトと SiC との密度差から，消失する SiC と同体積をグラファイトが埋め，耐火物組織を緻密化させていく．この現象は使用中の自己修復機能として大変興味深い．さらに，気相で反応する場合は耐火物内 SiC と離れた場所にも析出できることを意味する．また溶銑と接触することにより析出するグラファイトはファセット状に溶銑中に成長し，この現象は溶銑の耐火物内での侵入経路を複雑化させ，移動を抑制することも注目してよい点であると考えている．

（3） 粘性の上昇

先に示したように溶銑と SiC の反応は，グラファイトの析出とともに溶銑中の Si の濃度を上昇させ，溶銑の粘性の上昇を意味する．これも，耐火物内での溶銑の移動を抑制する効果ということで特筆できる点である．

以上，SiC が関与するすべての反応，現象が，気相あるいは溶銑あるいはスラグの耐火物内での移動を抑制する方向に働く．このことは，今後の SiC を含む非酸化物系耐火材料の耐火物への新しい使用法の鍵となると考える．

参 考 文 献

1) “耐火物協会統計”(耐火物協会, 私信)

2) 高橋達人, 木谷福一, 宮下芳雄, 山口明良, 窯業協会誌, **91** (1983) 157

3) 木谷福一, 高橋達人, 半明正之, 小倉英彦, 吉野成雄, 藤原禎一, 耐火物, **35** (1983) 3

4) 高橋達人, 飯山眞人, 西　正明, セラミックス論文誌, **104** (1996) 517

5) 蓑輪　晋, 小坂岑雄, 鉄と鋼, **50** (1964) 1175

3.4 SiC 多孔体

3.4.1 はじめに

セラミックスは元来，金属材料が使用できないような，過酷な条件下での代替材料として望まれ，積極的な応用研究がなされてきた．その中でも SiC は，強い共有結合性を示し，昇華温度が約 2200℃と非常に高く，化学的安定性に優れる材料である．そこから発現する高耐熱性，耐食性，高強度，耐摩耗性，さらには高弾性率で構成原子が軽く，原子量差が小さいため，調和振動になりやすいためセラミックスの中では熱伝導率が高いという特徴を有している．その特徴を生かした用途として，メカニカルシール，軸受などの耐摩耗摺動部材，高温構造材，半導体製造装置に使用される治具と幅広く実用化されている．

一方，固体を多孔体にすることで発現する機能にはどのようなものがあるだろうか．多孔体の分類方法はさまざまである[1,2]が，図 3.4.1 に気孔の大きさと多孔体の機能を簡便にまとめてみた．広義の意味でのセラミックス多孔体で

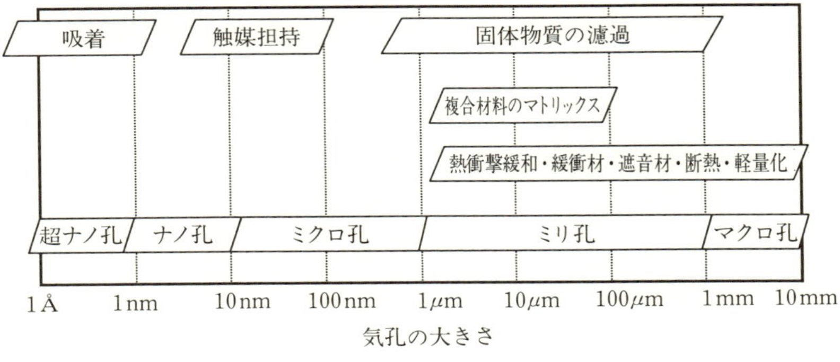

図 3.4.1 気孔の大きさと多孔体の機能

は，これらの機能のそれぞれ，もしくは複数の機能を利用した用途が積極的に開発されている．固体物質の濾過は，SiC 母材の特徴を生かしつつ，さらに熱衝撃を緩和するなど機能を高めて実用化されている分野である．また，触媒担体として機能するには，ナノオーダーの細孔が必要であり，γ-Al_2O_3 が相当し広く普及している．微量物質を吸着したり分子篩として作用するには，オングストロームオーダーの細孔が必要であり，モレキュラシーブ，活性炭，ゼオライトなどが相当する．SiC においても，耐熱性を生かした触媒担体の開発例がある．比表面積数十 m^2/g を達成できる SiC 多孔体の調製法も開発されてきている[3)]．

また，多孔体は強度，熱伝導率，密度など，母材の基本特性を変える性質を持っている．例えば，構造材料としてのセラミックスは，極めて脆性的な破壊挙動を示し，強度のばらつきが大きいという重大な欠点を有するが，多孔体ではどのようであろうか．セラミックスは製造プロセスに由来する介在物，気孔，粗大粒子，き裂などの内因欠陥や，取り扱い中に発生する機械的損傷，表面欠陥など種々の欠陥を有している．その強度は，欠陥の確率に支配されており，ときには，理論強度より極めて低い強度で破壊することが避けられない．多孔体の強度は緻密体よりも低いが，そのばらつきに関しては一考が必要である．一般的にセラミックスのような脆性破壊を示すものの強度はワイブル分布で解析される．これは，強さが σ である材料で作られた環が n 個集まり，1つの鎖を形成するもので，鎖の強度は n 個のうちの最も弱い環の強さに支配されるという最弱リンク説より導かれる[4)]．緻密体では，致命的な欠陥がひとつでもあるとそこから破壊し，全体の強度を決定することになり，各社セラミックスメーカの製造プロセスは，欠陥を取り除くための努力の結晶とよく記述される．一方，多孔体は欠陥が均一に分布している材料であり，孔よりも大きな欠陥をプロセスから取り除くことは緻密体と同様に必要であるが，統計上ばらつきが小さくなることがいえそうである．このようにセラミックス多孔体は構造材料として緻密体よりも設計しやすいという潜在的な特徴も有している．

このように SiC の特徴と多孔体によって発現する特徴が相重なり，最近，SiC 多孔体が注目され積極的に開発がなされている．

3.4.2 SiC 多孔体の分類

図 3.4.2 に SiC 多孔体の製法および用途分類を示す．以下に製法から用途にかけて全体を述べる．

製法から見た分類

- 常圧焼結法
- 再結晶法
- 反応焼結法（SiC 合成反応を伴うもの）
- フォーム形成法
- その他（ファイバ，粒子集合体）

用途から見た分類

- フィルタ
  - ガス
    - 焼却炉等高温ガスフィルタ
    - ディーゼルパティキュレートフィルタ
  - 水
  - 金属 ― 溶湯フィルタ
- 摺動材
  - オイル含浸軸受，ドライ軸受
  - C 複合材
- 含浸用母材
  - Al との複合材 ― 放熱板
  - Si 含浸体 ― 半導体製造装置
  - 金属 ― 高温摺動材
- その他 ― 触媒担体，燃料電池，熱交換器

図 3.4.2 SiC 多孔体の分類

常圧焼結法

元来，SiC は，難焼結性であり，常圧で緻密な焼成体を得ることが難しく，その理論密度は 3.2 g/cm^3 である．常圧焼結法は，1974 年の GE 社の S. Prochazka による開発に端を発し，現在では B, C, Al 等を焼結助剤に使用する常圧焼結法が主に行われている．焼結助剤は，表面エネルギーを下げ，焼結の駆動力を緻密化が完了するまで維持する役割を担っている[5]．通常，不活性雰囲気下で 2000～2200°C の温度で焼結し，3.1 g/cm^3 以上の緻密質を得るが，この温度を低温にコントロールすることにより，多孔体も得ることができる．

再 結 晶 法

焼結助剤を用いずに 2000°C 以上の不活性雰囲気で，SiC 粒子の再配列，拡散，粒成長により再結晶化し多孔体を得る方法である．その拡散の駆動力は，

焼結温度，粒子の大きさと粒度分布に支配され，多孔体の構造を決定づける重要な因子となる．用途に併せて，得るべき多孔体の材料設計を行い，その所望の構造を得るために先の因子を制御する．この再結晶法で得られる多孔体の応用分野として挙げられるものに，ディーゼルエンジン排ガス中の粒子状物質を濾過するディーゼルパティキュレートフィルタ（DPF : Diesel Particulate Filter）がある．これについては，最近，急速に市場が拡大しているので，後に詳述する．その他の応用例として，含浸用母材がある．再結晶法により焼結した多孔体を母材として，溶融した金属 Si を含浸させ SiC 単独の緻密体と同等の機械強度を保ちながら，さらに高熱伝導性を持たせた複合材料である．図 3.4.3 に半導体製造装置のひとつであるドライエッチング装置に使われるオール SiC チャンバを示す．これは，Si ウエハをプラズマドライプロセスにより，エッチングし，微細パターンを形成するものであり，それを形成する部材には，低パーティクル，耐プラズマ性，高熱伝導率が要求され，Si+SiC 系複合材料や Al+SiC 系複合材料が用いられる．図 3.4.4 にこのチャンバに使用される Si 含浸用 SiC 多孔体マトリックスを示す．この気孔構造内に Si を満たす．

反応焼結法

SiC 粉末とカーボン粉末の混合成形体に高温で溶融した Si を含浸させ，カーボンと一部の Si とを反応させ SiC を生成する．残りは Si として残留気孔

図 3.4.3　ドライエッチング装置用オール SiC チャンバ

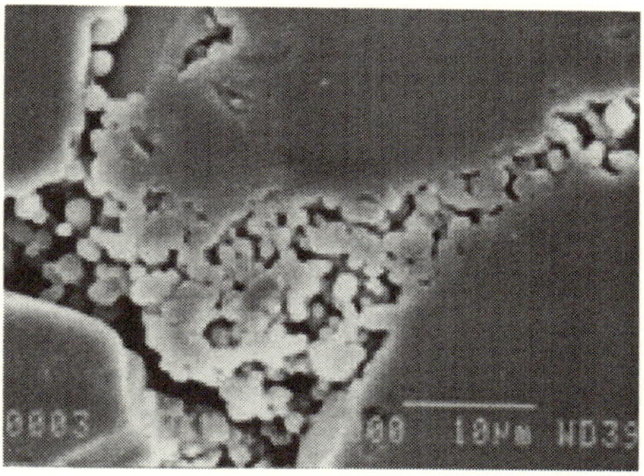

図 3.4.4　Si 含浸用 SiC 多孔体マトリックス（イビデン社製　SCP-02）

を詰め，緻密体を得る方法であるが，気孔を制御し多孔体にも応用されている．

触媒担体の合成法

新しい研究例として，N. Keller ら[3]による，固相-気相反応で触媒担体を合成している例を紹介する．Si と SiO_2 をルツボ中で溶融し，そこから気化してくる SiO ガスと活性炭を反応させ，活性炭の気孔構造そのものを転写するという方法である．この方法によると 1200～1400°C程度で，触媒担体として実用できる 50 m^2/g 以上の多孔質 SiC を得ることができる．

ガソリン自動車用の担体は通常，コージェライトが使われ，その上に触媒担体あるいはサポート材と呼ばれる γ-Al_2O_3 がコートされる．触媒活性成分はこの γ-Al_2O_3 の気孔中に分散され，その高比表面積が貴金属粒子間の距離を保ち焼結を防いでいる．昨今，この触媒担体にも高耐熱性と低反応性が求められていることが SiC の触媒担体を開発する背景にある．

フォーム形成法

フォーム状セラミックスの製造概要を図 3.4.5 に，それにより得られたフォーム状 SiC 多孔体の骨格構造を図 3.4.6 に示す．この 3 次元網目構造は，ポリウレタンフォームなどの有機発泡体の網目構造をそのまま転写するユニークな製造方法で作られ，東海カーボン社[6]，ブリジストン社などにより実用化されている．その製法は，まず，セラミックス原料紛に水などの分散剤を加えスラリー化させる．次に有機発泡体へスラリーを含浸し，その後余剰なスラリーを除去する．最後に高温でセラミックスを焼結すると同時に有機発泡体を焼失させ，写真の網目構造を得る．このセラミックフォームの用途としては，鋳鉄や Al，Cu，Ni 等の溶融金属中に含まれる固形介在物を取り除くフィルタがあり，窒素をドーピングすることにより導電性を付与した発熱体も作製することができる[7,8]．その導電機構も明らかにされてきている[9,10]．自己発熱できるフィルタとして DPF への応用[11]や骨格表面の凹凸に水を保持し印加電力により加湿量を微妙にコントロールできる加湿メディアとしての応用もある[7]．

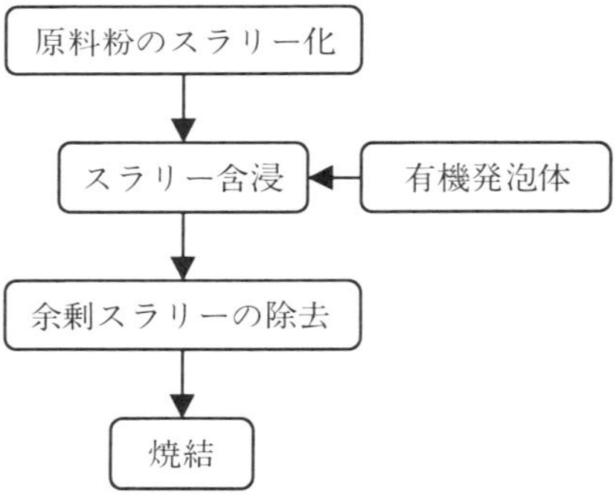

図 3. 4. 5　フォーム状セラミックスの製造概要

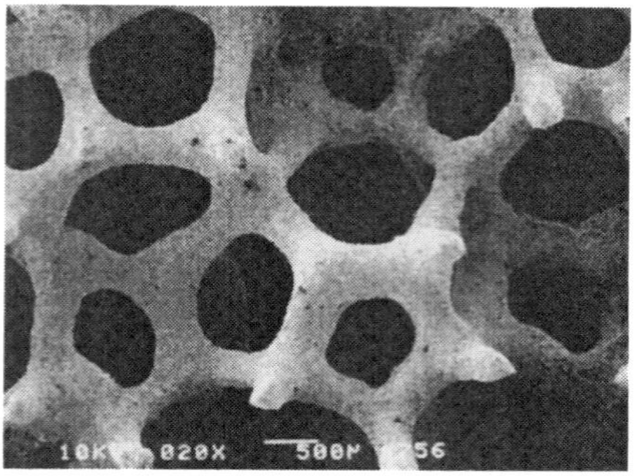

図 3. 4. 6　フォーム状 SiC 多孔体の骨格構造（東海カーボン社製）

3.4.3 DPF への応用

最近，SiC のハニカム多孔体はその特徴を生かして乗用車用の DPF[12] に実用化された．浮遊粒子状物質（PM：Particulate Matter）とは大気中に浮遊する細かい粒子のことであり，現在の環境基準は直径 10 μm 以下（PM 10）を対象としている．大気中の PM の半分以上が移動体つまりディーゼル車からの排出とされる．特に 100 nm 以下の微粒子は肺胞への沈着率が高く，呼吸器などに悪影響を及ぼすことが知られており，環境規制も年々厳しくなってきている．

DPF に必要な機能

図 3.4.7 に DPF をディーゼル排気ラインへ適用した場合の模式図を示す．DPF の第一の機能はディーゼルから排出される PM を捕集し，排気ガスを浄化することである．次にフィルタに捕集された PM は通気抵抗を増大させるので，濾過面積を広くとり通気抵抗を低く抑えエンジンの運転を妨げない機能が要求される．さらには，フィルタに捕集された PM は通常，燃焼などの方法で再生除去され，再生温度は 900℃以上にもなるので，燃焼時の熱衝撃，耐熱性，高温での低反応性が要求される．このように，ガソリン用触媒担体にはない厳しい要求が DPF に課せられる．

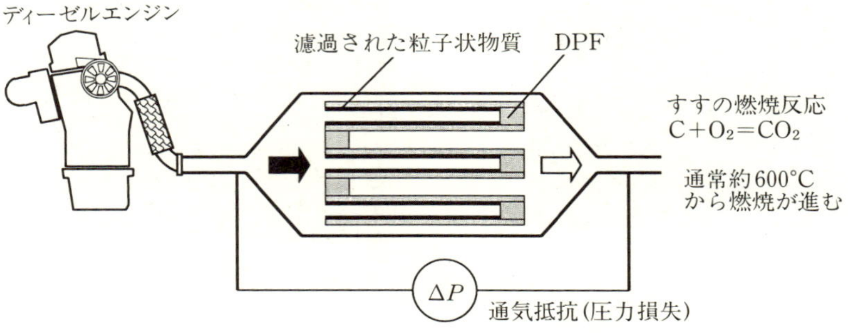

図 3.4.7　DPF のディーゼル排気ラインへの適用

DPF の種類

DPF の形式には，ハニカムを交互目封じしたハニカムタイプや，3 次元網目構造をもつフォームタイプやファイバタイプがある．ハニカムタイプは図 3.4.8 に示すように壁表面で PM を濾過捕集し，その大きな濾過面積から通気抵抗の大きな PM 堆積層を薄くすることができる．他の形式に比較して捕集率が高く，ナノオーダーの PM 捕集が可能で圧力損失が低いのが特徴であり，現在の主流である．材料はコージェライト，SiC，金属などがある．表 3.4.1 に SiC とコージェライトの特性比較を示す．SiC の最も大きな特徴は，耐熱性が高いことである．焼結温度が 2200℃と高いため，PM 燃焼時に発生する温度 900℃以上でも，燃料中の金属分や燃料添加剤との反応性が非常に低い．次に熱伝導率が高いことである．これは，PM がフィルタ内で燃焼する DPF にとって重要な特性である．ガス中で，燃焼熱を後方に効率的に熱拡散することができ，同量の PM をフィルタ内で燃焼しても最高温度が低くなる特徴がある[13,14]．また，機械的強度も高く排気ラインへ適合するときに取り扱いやすい．欠点は熱膨張係数が大きいことで，熱応力によりクラックが入ることである．この問題は，フィルタを小さなセグメントに分割し，後で一体化する手法により解決された[15]．

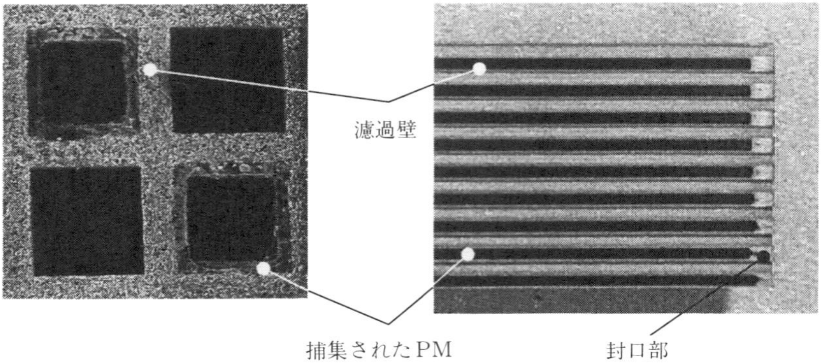

図 3.4.8　DPF の PM 捕集の様子

表 3.4.1 SiC とコージェライトの特性比較

	Properties	Unit	SiC	Cordierite	Note
Mechanical	Bending strength	MPa	40	2.8	Cordierite: EX-80 SAE paper 940325
	Compressive strength A axis	MPa	6	(0.85)	Cordierite: Catalytic converter 
	B axis		5	(0.11)	
	C axis		1.5	(0.11)	
	Isostatic strength	MPa	5	(1-2.5)	
	Young's Modulus	GPa	48	(30)	
	Weight	g/Liter	750		
Thermal	Thermal conductivity 25°C	W/mK	73	(2)	
	1000°C		19	(2)	
	Calorific capacity 25°C	J/kgK	700	850	
	-1000°C		1250		
	Thermal expansion coefficient	(Axial) /°C	4×E-6	0.33×E-6	Cordierite: EX-80 SAE paper 940325
		(Radial) /°C		0.58×E-6	

気孔構造

図 3.4.9 にイビデン社の SiC-DPF の気孔構造を示す．多孔体は再結晶法によって作られる．焼結駆動力を得るために，粗粒子粉と微粒子粉を配合して焼結する．微粒子は，主に粗粒子間のネック部に拡散吸収され，連続孔を形成する．その気孔分布は，要求される圧力損失，濾過効率に対応して制御される．

種々の SiC-DPF

図 3.4.10 に種々の SiC-DPF を示す．どの DPF もセグメント構造を持つ．NOTOX 社製はセグメントの分割方法と封口工程に特徴がある[16]．Heinbach 社は反応焼結法により多孔体を製造している．導電性も付与することに成功しており，電極を形成し，自己発熱により PM を燃焼再生することを試みている．

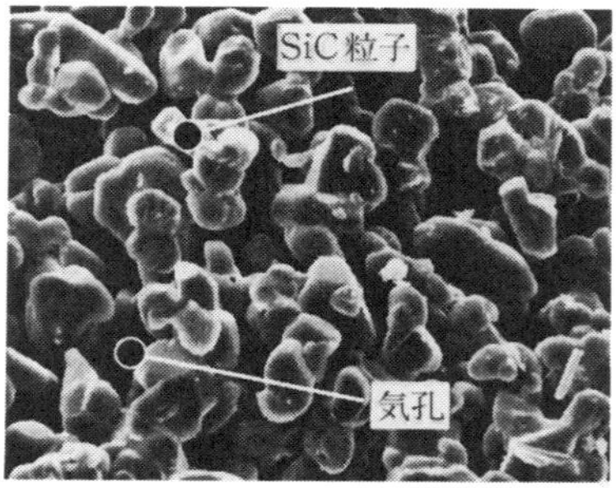

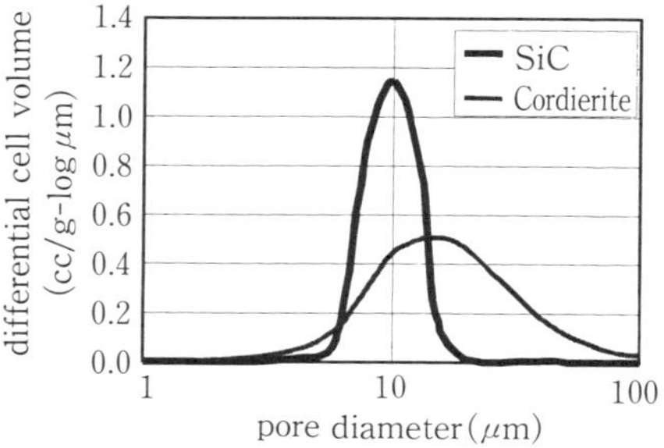

図 3. 4. 9　SiC-DPF の気孔構造（イビデン社製）

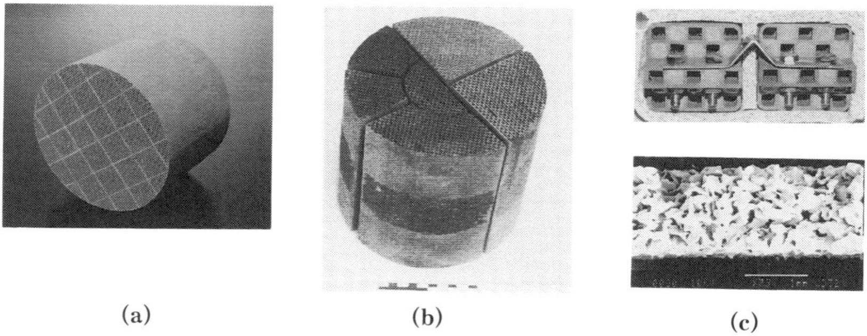

図 3. 4. 10　種々の SiC-DPF
(a) イビデン社製，平均気孔径：9 μm，気孔率：42%，壁厚：0.4 mm，セルピッチ：1.95 mm
(b) NOTOX 社製，平均気孔径：5，15，25 μm，気孔率：45%，壁厚：0.8 mm，セルピッチ：2.85 mm
(c) Heinbach 社製，平均気孔径：70 μm，気孔率：60%，壁厚：1.5 mm，セルピッチ：7.7 mm

3. 4. 4　特許出願から見る SiC 多孔体

図 3.4.11 に年度別出願件数の推移とその分類を示す．これによると 1985 年と 1986 年に大きなピークを持ち，それ以降は減少する傾向にある．しかし，

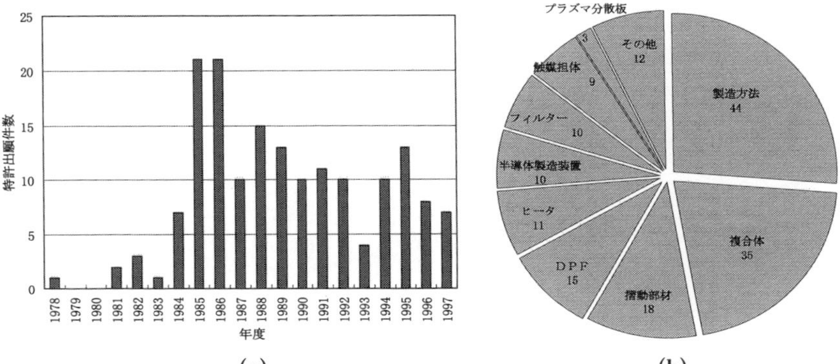

(a)　　　　　　　　　　(b)

図 **3.4.11**　特許出願に見る SiC 多孔体
（a）年度別出願件数の推移
（b）特許出願の分類

1993 年以降は再度，件数が増加し，1995 年に 2 度目のピークを迎え再び減少していることがわかる．特許出願の内容に関しては，SiC 多孔体の製造方法が最も多く，次に耐熱用部材である SiC 複合材料，さらに摺動部材と続いている．これらの特許は，主に，最初の件数ピーク時に占める割合が多い．それに対して，触媒担体や DPF は近年の特許に多く見られ，これらの特許出願が 2 度目のピークを担っている．これらに加えて，ヒータの発熱体，半導体製造装置用部材，集塵フィルタなどが特許として挙げられている．また多孔体の製造方法や複合材料に関しては，技術の向上に伴い，年度を問わずに出願されている．

3.4.5　おわりに

本章では，SiC，セラミックスと多孔体の特徴をレビューし，その用途開発の実際を，提供して頂いた資料，文献と特許などで探った．その傾向として，従来の構造部材や摺動部材としての用途開発に加え，多孔体により発現する機能と SiC の特徴をうまく共存させ，実用化に至った例が出てきている．さらなる機能追求がなされ，今後とも SiC 多孔体の用途が発展することが大いに期待される．最後に資料のご提供依頼，転載依頼に対して，ご快諾して頂いた方々へ厚く御礼申し上げる．

参考文献

1) 竹内　雍 他, “多孔質体の性質とその応用技術”（竹内　雍編, フジ・テクノシステム, 1999）p. 6
2) 服部　信, “多孔性セラミックの開発”（服部　信, 山中昭司監修, シーエムシー, 1991）p. 1
3) N. Keller, C. Pham-Huu, S. Roy and M. J. Ledoux, Journal of materials science, **34**（1999）3189
4) 西田俊彦, 安田榮一, “セラミックスの力学的特性評価”（西田俊彦, 安田榮一編, 日刊工業新聞社, 1986）p. 42
5) 宗宮重行, 猪股吉三, “炭化珪素セラミックス—基礎・応用・製品紹介—”（内田老鶴圃, 1988）
6) 近藤　明, 化学装置, 1992 年 2 月号, p. 38
7) 近藤　明, 化学工業, 1996 年 4 月号, p. 278
8) 水野善章, セラミックス, **33**（1998）535
9) 近藤　明, 日本セラミック協会学術論文誌, **100**（1992）1225
10) 前田邦裕, 日本セラミック協会学術論文誌, **97**（1989）735
11) 後藤雄一, 自動車技術会　学術講演会前刷集, **911**（1991）74
12) O. Salvat, P. Marez et al., SAE paper 2000-01-04773（2000）
13) K. Ohno, T. Komori et al., SAE paper 2000-01-0185（2000）
14) J. Michelin, B. Figueras et al., SAE paper 2000-01-0475（2000）
15) A. Itoh, T. Komori et al., SAE paper No. 930360（1993）
16) Jakob W. Hoj, Per Stobbe et al., SAE paper No. 950151（1995）

4 新しいSiC材料とその応用

4.1 半導体製造装置用高純度 SiC 部品

4.1.1 半導体製造装置用部材への SiC の適性

SiC は耐熱性に優れており，半導体熱処理炉の炉芯管として 1970 年代から使用されていたが[1]，石英ガラスに比較して重金属などの不純物が多いため適用範囲が限られていた．しかるに近年の LSI 工程における大口径化に伴う装置の自動化により，高温における熱変形が少なく，高強度のため軽量化が可能で，熱応答性の良い SiC の高純度化への要請が高まってきた．表 4.1.1 に示

表 4.1.1 高純度 SiC と石英ガラスの特性比較[2]

特性		高純度 SiC (Si-SiC)	高純度 SiC CVD コート付	石英ガラス
不純物濃度 (ppm)	Fe	3	0.028	0.1～0.8
	Ni	1	0.004	0.005
	Cu	<1	0.008	0.005～0.1
	Ca	5	0.015	0.2～1.0
	Al	25	0.017	8～28
	Na	<1	0.004	0.2～2.0
結晶相（X 線回折）		α-SiC+Si	β-SiC	非晶質
嵩密度（kg/m^3）		3020	3210	2200
気孔率（%）		0	0	0
曲げ強度（MPa）		226	834（膜のみ）	59
ヤング率（MPa）		35000	50000	7400
熱膨張率（/K） RT～1200℃		4.5×10^{-6}	4.6×10^{-6}	5.4×10^{-7}
熱伝導率（W/m・K）		174	70	1.4
電気抵抗率（Ω・m）		1.0×10^{-3}	6.0×10^{-3}	3.0×10^{6}
耐 HF 性（10%HF 中）		ほとんど変化なし	変化なし	変化あり

すような高純度 SiC の製造技術が確立され，さらに CVD 技術の導入により純度の点でも石英ガラスと同等以上の部品の製造が可能となった．製造技術の確立に加え，最終の洗浄・梱包工程に至るまでの不純物の混入防止を徹底することにより信頼性が高まり使用領域が拡大している．

SiC の高純度化は，後述する各種の高純度化技術の確立とともに分析技術の改良に負うところが大きい．SiC は耐薬品性が高いため非常に分解させにくい物質のひとつである．従来は研削材用の SiC 砥粒の分析法として，JIS R 6124 にアルカリ溶解による方法が規定されているが，融剤からのコンタミネーションがあるため高純度 SiC 中の微量成分の分析には適さない．また，耐薬品性の高い物質については，JIS R 1603 にポリ四フッ化エチレン（PTFE）樹脂容器を用いる加圧分解法が提示されている．Si_3N_4（窒化ケイ素）はこの方法で分解できるが SiC は徐々にしか分解しないため，分解に高温・長時間を要し，容器からのコンタミネーションの恐れがあった．加圧分解容器のさらに内部に緻密質の四フッ化エチレンパーフルオロアルキルビニルエーテル共重合樹脂（PFA）を用いた 2 重構造にすることによって，容器からのコンタミネーションを抑えることにより高純度 SiC 中の数 ppm～数 10 ppm の微量成分の分析が可能になった．

図 4.1.1 に半導体製造装置用高純度 SiC 部材品として主要部位に使用されている高純度 Si-SiC の微細組織を示す．SiC 粒の間隙を 20～25%の金属 Si が埋めている組織であるが，上記の加圧分解法で溶解した場合，初期に Si が優先的に溶解し，続いて SiC の溶解が進む．図 4.1.2 は分解の進行に伴う溶解成分（不純物濃度）の変化を示している．Fe については 30%程度の分解率でほぼ飽和しており，Fe が Si 中および SiC 表面に存在していることがわかる．Ni，Ca も同様の傾向を示す．一方，Al は SiC 中に固溶しており，SiC の分解が始まる分解率 20%以上から急激に溶出量が増える．40%を越えた段階で溶出量が飽和傾向を示すのは，Al 固溶量の多い SiC が先に溶解するためと思われる．Al については 1300°C程度の温度では SiC 中の Al の拡散速度は遅く，SiC 結晶中に固溶している Al については Si ウエハに対する影響は少ないと考えられている．以上のことから，Si-SiC の高純度化においては，高純

図 4.1.1　高純度 Si-SiC の微細組織（×150）

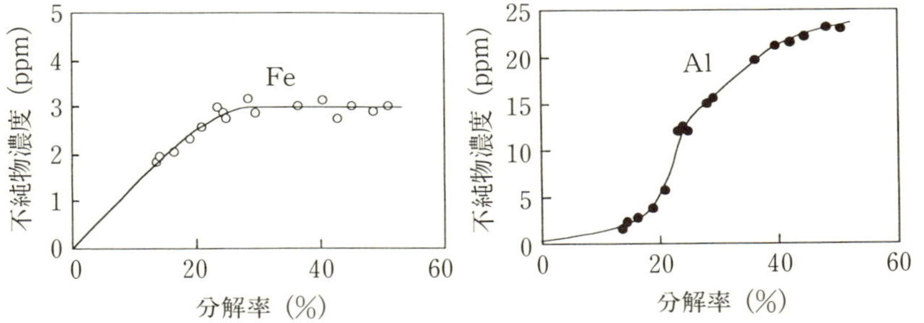

図 4.1.2　Si-SiC における分解率と不純物溶出量の関係

度 SiC 粉末を原料として製造工程中における不純物の混入を防止することが基本原理であることがわかる．

SiC は脆性材料であるため熱的衝撃，機械的には弱い．表 4.1.1 からもわかるように，SiC は石英ガラスに比べて熱伝導率は 2 桁近く高いが熱膨張率は 1 桁高いため，熱衝撃を緩和するよう設計しなければならない．ボート類，チューブ等については十分に使用実績があるので問題はないが，新しい用途に適用する場合には，温度分布緩和のための肉厚の検討や，応力集中を避けるためにスリットを設けるなどの配慮が必要である．機械的衝撃に関しては面取り等により緩和できるが，脆性材料であるため割れやすいので慎重に取り扱うよう作業者への教育の徹底が必要である．

4.1.2　高純度 SiC 部品の製造方法

現在半導体製造装置に使用されている高純度 SiC としては，(1)Si-SiC，(2)CVD SiC，(3)焼結 SiC がある．ボート，チューブ，サセプタなど主要部位に使用されているのは，コスト，純度，形状付与難易度などの点から高純度 Si-SiC が主流で，CVD SiC，焼結 SiC はそれぞれの特性を活かして補完的に使用されている．

(1)　高純度 Si-SiC

図 4.1.3 に高純度 Si-SiC の製造工程を示す．各工程の詳細を以下に説明する．

原料は研磨材用 SiC を製造しているアチソン法により製造されるものが多い．この場合，出発原料を選別し操炉条件を調整することによって，インゴットの高温部に比較的高純度の α-SiC が生成する．これを粉砕・分級・洗浄工程において適切な処理条件を選択することにより，精製された高純度 SiC 粉末が得られる．高純度 SiC 粉末の他の製法としては，シリカ還元法，気相混合シリカ法などにより β-SiC を生成させる低温合成法[2)]がある．これらの方法は不純物の混入が少なく特性的には優れているが，コスト，ハンドリングの点で難があり大量の使用には至っていない．

成形工程においては，付与すべき形状に合わせて，アイソスタティックプレス成形，押出成形，鋳込み成形などを選択するが，高純度 SiC に関しては不純物混入防止の観点からの配慮が必要である．

アイソスタティックプレス成形の場合には，粉体に流動性を付与するための造粒工程や成形時の金型との接触による Fe を主体とする不純物の混入が考えられる．押出成形の場合にも同様に混練機のロールや押出機のバレル，スクリュー，口金など金属部材との接触による不純物混入の可能性がある．これらの

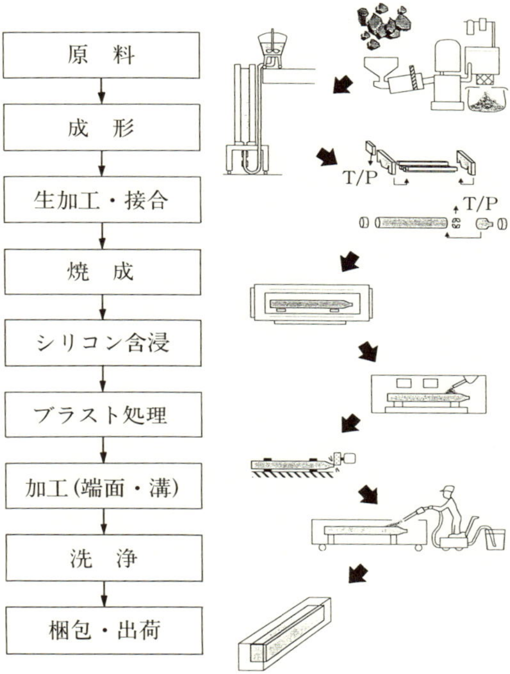

図 4.1.3　高純度 Si-SiC の製造工程

成形法を採る場合には，機械部品の材質を検討して混入を極力少なくするとともに，後述する焼成工程での純化が必要となる．

鋳込み成形の場合には，石膏型との接触による Ca の混入の可能性がある．この場合，Ca は接触部のごく表面に分布するので共材で削り落としたり，焼成工程で高温熱処理することによって除去することができる．

生加工・接合工程においては，成形された素材を焼成前に最終形状に仕上げる．チューブ類では比較的加工度は少ないが，ボート類は各部品を生加工によって削り出した後，接合によって一体形状に仕上げる．各部品を生加工する工程においては，汚染の少ない工具を選定するとともに最終仕上げにおいては共材または高純度 SiC 粒子を用いて付着している不純物を除去する．接合は，高純度 SiC 粉末を純水と混ぜて泥漿状にしたものを接着剤にして，接合部に気泡などを巻き込まないように作業する．図 4.1.4 は，鋳込み成形によって作製した部品を鋳込み泥漿を用いて接合した部位の拡大写真である．粒度分布，水分量などが同一であるため均一な組織を形成していることがわかる．

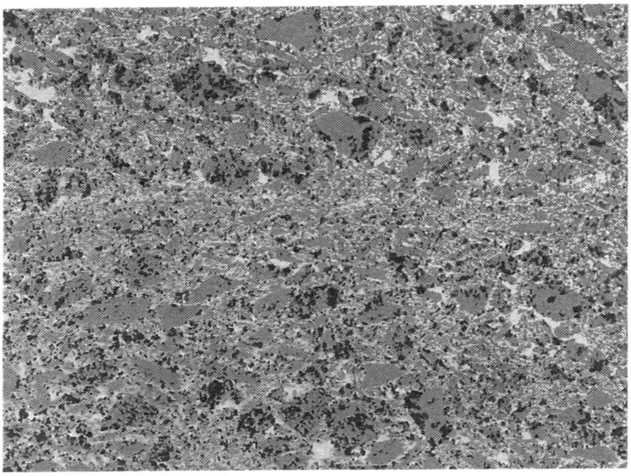

図 4.1.4　鋳込み成形品接合部拡大写真（×150）

焼成工程においては，前工程までにおいて最終形状品に仕上げられた SiC 粒子の集合体を，高温熱処理により再結晶化して SiC 粒子間の結合強度を強める．さらに，原料段階で十分に高純度化できなかったり，途中工程において不純物の混入が避けられない場合には純化処理を実施する場合もある[3]．

なお，SiC 単味では高温焼成しても再結晶化による粒成長で結合強度は向上するが，寸法収縮は起こらず 20%前後の気孔は残る．Si 含浸工程では，焼成工程で得られた気孔を有する高純度 SiC 焼成体に高純度 Si を含浸させて気孔をふさぎ，緻密化する．初期には Si_3N_4 中に埋め込んで 1900°C以上の高温で処理し，Si_3N_4 の分解により生じた Si で気孔を満たしていた[4]．現在は，焼成体と高純度 Si を Si の融点である 1400°C以上の高温に保持して溶融した Si を毛細管現象を利用して浸透させる方法が主流である．半導体デバイスの高集積化に伴い，微細な欠陥も許容されなくなってきているので，Si を均一に浸透させて微細な気孔や未含浸部をも排除することが重要である．このためには，焼成体の気孔径分布の制御などの工夫が必要となる．

Si は固化するとき約 10％の体積膨張をするので，含浸体には多数の吹出しが存在する．高純度 SiC 砥粒を使用したブラスト処理により吹出しを除去する．

チューブの端面やシリコンウエハを保持するボートの溝など機械加工精度が必要な部位は，ダイヤモンド工具などを用いて加工し最終製品とする．含浸工程以降に製品の表面に付着した不純物は，酸処理，純水洗浄，アニールなどにより除去した後乾燥し，梱包・出荷する．

（2）　CVD SiC

高純度の Si 源と C 源を含む混合気体を CVD 反応させると，基材上に高純度 SiC 膜が析出する．上述した高純度 Si-SiC 部材に CVD コートを施すことにより，表 4.1.1 に示すような純度面でも石英ガラスと同等以上の性能が得られるようになった．初期には，膜の剝離やピンホールの発生による純度低下が懸念されたが，基材とのマッチング，付着力などに検討が加えられ，信頼性が大幅に向上し主要部位に多用されている．

さらなる高純度 SiC 材料への要請に応えるため，最近はダミーウエハ等の CVD 膜単体製品の開発も進められている[5)]．

（3）　焼結 SiC

SiC は化学的に安定な物質であり，緻密な焼結体を得るには焼結助剤を加えて常圧焼結するか，ホットプレス焼結をしなければならない．

常圧焼結の場合には，焼結助剤として，B-C や Al_2O_3 等を添加しなければならない．原料に高純度 SiC 粉末を使用し，表面に CVD コート等による純化処理をしても高温で使用する場合には拡散による B や Al_2O_3 の影響は避けられない．したがって，表 4.1.2 に示すようにウエハと接触させてウエハ表面を分析して，不純物（添加助剤を含む）放出の状況を確認しながら使用することになる．

ホットプレス焼結の場合には高純度 SiC 超微粉を使用して添加助剤を使用

表 4.1.2　不純物放出量の比較[6)]

処理条件		Na	Al	K	Ca	Cr	Fe	Ni	Cu	B
O_2-Ar	400℃	0.8	0.3	0.1	0.3	0.3	0.3	0.1	0.2	0.9
	600℃	0.9	0.4	0.1	0.3	0.3	0.4	0.1	0.2	1.0
	800℃	0.9	0.4	0.1	0.5	0.4	0.4	0.1	0.3	1.2

単位（ppb）

しないで緻密化するが，この製造方法は複雑形状，大きさ，経済性の点で制約を受ける．

以上述べたように焼結 SiC は実用上は幾つかの制約を受けるが，高強度で耐摩耗性，熱衝撃性に優れているので半導体製造装置部材として高純度 Si-SiC を補完する材料として使われている．

4.1.3　半導体製造装置への適用例

4.1.2 で述べてきたように，高純度 SiC の製造技術が確立し，セラミックスの優れた特性が活かされ半導体製造装置部材のキーマテリアルとして適用領域が広がっている．適用例について以下に述べる．

（1）　横型拡散炉

Si ウエハに微量成分を添加して拡散処理するための熱処理炉の部材として，古くから Si-SiC 部品が使用されていた．図 4.1.5 に横型拡散炉の構成を示す．Si ウエハを保持したボートはカンチレバーによって反応管内に挿入され，

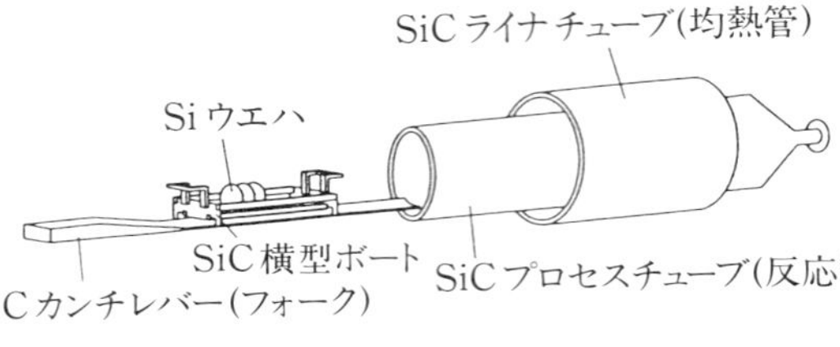

図 4.1.5　横型拡散炉の構成[2)]

雰囲気制御可能な反応管内に導入された微量成分と反応する．初期には純度の点から Si-SiC 部品の使用は均熱管などに限られていたが，材料の高純度化と CVD 技術の信頼性が向上するにつれて，カンチレバー，反応管，ボートへと適用範囲が広がってきた．

（2）　縦型熱処理炉

ウエハの大口径化に伴い炉内の均熱性に優れる縦型熱処理炉が開発された．縦型炉では Si-SiC の軽量性，高熱伝導性などの長所に加えて高温クリープがないことから，自動積み付けが可能となり，半導体製品の生産性向上に貢献している．また，ウエハに Si_3N_4 や Si 等のデポ膜を付ける LP(Low Pressure)-CVD 工程では，治具に Si-SiC を使用すると熱膨張率がデポ膜に近いので剥離が起こりにくく，パーティクルの発生を抑止して歩留まり向上にも貢献している．

図 4.1.6 に LP-CVD 炉の部材構成例[2] を，図 4.1.7 に 12 インチ用 Si-SiC インナーチューブ（ϕ 460），ボート（ϕ 330）の外観写真を示す．

（3）　ダミーウエハ

図 4.1.6 に示すように縦型炉では炉内の均熱性向上とガスの流れを調整するために炉内上下に 15～20 枚程度のダミーウエハを設置する．当初は Si ウエハが使用されていたが，ウエハ不足問題，経済性の点から SiC やカーボン等の

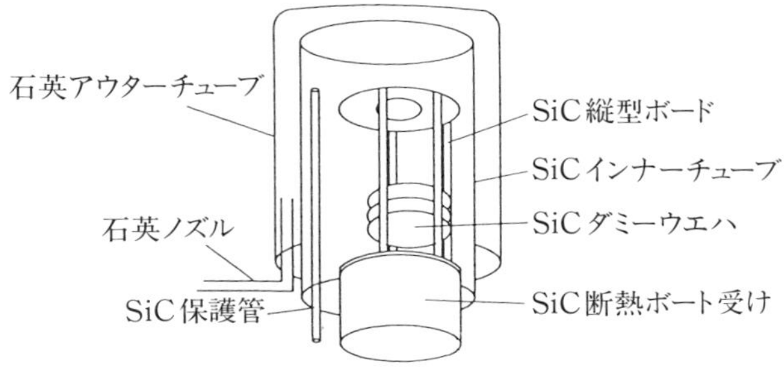

図 4.1.6　LP-CVD 炉の部材構成例

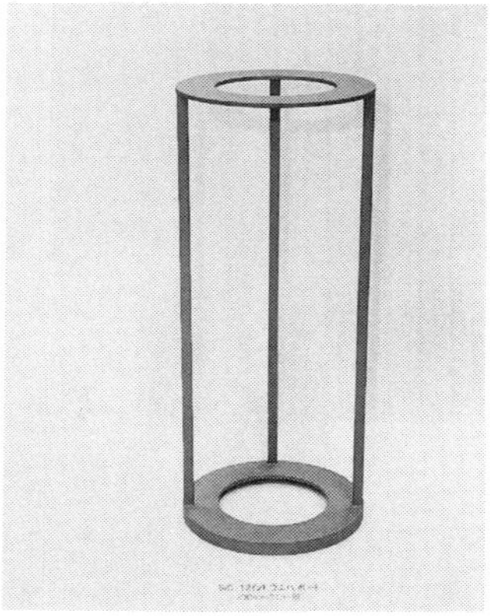

図 4.1.7　12 インチ用 Si-SiC インナーチューブ(左)，ボート(右)

材質が検討されている．SiC については耐薬品性に優れ繰り返しの使用が可能なことや，Si_3N_4 や Si 等のデポ膜との付着性に優れていることからダミーウエハ用途に定着している．SiC ダミーウエハとしては，4.1.2(2)で述べた CVD 膜単体製品と高純度 Si-SiC に 30〜60 μm 程度の CVD 膜を付けたものもある．

(4)　サセプタ

AP (Atmospheric Pressure)-CVD 工程では Si ウエハ搬送にサセプタが使用されている．従来は金属製サセプタが使用されて，反りの発生という問題があったが，熱伝導が良く，熱変形もなく耐久性に優れる高純度 SiC サセプタが使われるようになった．

(5)　その他部材

高純度，耐熱性，軽量性，高弾性率などの材料特性を活かしたウエハ移載フォーク，耐食性を活かしたシールドデポ，高熱伝導性，電導性，耐熱性を活かした枚葉式熱処理炉のヒータ等の SiC 化が進んでいる．

参考文献

1) リチャード・エイ・アレイグロ, 半導体拡散炉の構成部材, 特公昭 54-10825
2) 蔭山信夫, セラミックス, **5** (1995) 424
3) 目黒和教 他, 半導体用炭化珪素材の製造方法, 特公昭 63-10576
4) ケネス・チャールス・ニコルソン, 物体を珪素化する方法, 特公昭 36-15163
5) 茅根美治 他, ニューセラミックス, **5** (1997) 11
6) 東芝セラミックスカタログ, "CERASIC" 常圧焼結 SiC

4.2　原子力産業用 SiC 材料

4.2.1　はじめに

中性子照射により SiC から核変換で生成する放射性核種の大部分は短寿命であり，放出される γ 線のエネルギーも比較的低い．このため，SiC 材料で構成される機器の保守点検時に人体が受ける放射線被曝は比較的小さく，放射性廃棄物処理処分の際の埋設条件も緩やかである．放射線環境下での優れた性質に加えて高温強度や耐食性も良好であり，SiC 材料は高いポテンシャルをもつ先進材料として原子力産業で注目されている．ここでは，原子力環境下での SiC 材料の応用を紹介する．特に最近，検討が進んでいる核融合炉用先進構造材料としての SiC/SiC 複合材料に関する研究開発上の課題を述べる．

4.2.2　原子力環境下における SiC 材料

原子炉特有の利用法として照射温度モニタがある．照射損傷は材料の体積膨張や収縮を引き起こす．SiC は体積膨張すなわちスエリングを起こすが，照射温度以上の焼鈍により温度に比例して体積収縮する[1]．この現象から照射温度を決定でき，熱電対などによる温度計測が難しい場合の簡便な温度モニタとして使用されている．

中性子減速性能，耐熱性，低放射化，低放射損失の点で炭素系材料は非常に優れた材料である．特に靱性や強度の点で改質された C/C 複合材料の応用例は今後増加していくものと思われる．核融合の高熱負荷を受けるダイバータでは高強度・高熱伝導性 C/C 複合材料が検討されており[2]，熱効率の向上ならびに水素などの 2 次エネルギー生産を目指した高温ガス炉（黒鉛減速・He ガス冷却型核分裂炉）では，制御棒への応用が期待されている[3]．欠点としては，

400℃以上の空気や水分などの酸素を含む雰囲気下では酸化による損耗が大きく，機械的強度や熱伝導率も急激に減少し[4]，核融合装置のような高真空下でも 400℃以上では水素イオン衝撃による化学スパッタリングや照射促進昇華による損耗が問題となる[5,6]．耐酸化性，耐水素イオン衝撃性の向上には CVD などによる SiC 被覆は有効であり，多層被覆や自己修復ないしはアロイ化などの手法も研究されている[7,8]．単純な SiC 被覆の場合，急激な熱負荷変動が加わると基板である炭素との熱膨張率の違いから生じる熱応力により被覆や界面にクラックが発生し剝離することがある．このため傾斜機能材料の概念を取り入れて[9]，界面近傍の Si/C 組成比を傾斜化し熱応力を緩和することで耐熱衝撃性能の向上が図られており，SiC の熱膨張率に近い値をもつ黒鉛・炭素材料の場合には十分な耐熱衝撃性が得られている[10]．

1 D や 2 D（1 次元や 2 次元）の C/C 複合材の場合，熱膨張率の異方性が強いうえに SiC との熱膨張率の差も大きく傾斜化の効果は十分ではない[11]．一方，異方性を押え，SiC の熱膨張率に近づけた 3 D 材では比較的良好な結果が得られている[12,13]．

SiC 被覆は耐透過性の向上にも役立つ．すなわち，核融合炉内のトリチウム透過を防ぐうえで黒鉛第一壁への SiC 被覆の有効性が示されている[14,15]．また，高温ガス炉では Xe などの核分裂生成物を被覆燃料粒子内に閉じ込めるために SiC 被覆が使用されている[16]．

4.2.3 原子力への新素材の適用

物理的・化学的安定性に優れた新素材の探索研究が盛んであり，軽水炉における熱効率の向上，機器の物量低減，長寿命化・信頼性の確保などを目標に，従来材料に替わる新素材の適用を評価する研究が 1985 年から 15 年間にわたって行われた[17]．SiC が候補材として上がった部品は，海水ポンプの水中軸受，原子炉冷却系ポンプのメカニカルシール，制御棒駆動装置のガイドローラおよびシール部材，浄化装置のフィルタなどであった．スエリングや靱性の点で SiC は Si_3N_4 に比して不利になる場合もあったが，実用化が期待できると判断されたのは海水ポンプの水中軸受である．γ線照射下での 300°C前後の高温水中セラミックス腐食試験では SiC が最も良い結果を示した[17]．

クリーンエネルギーである水素を環境低負荷かつ安価に大量生産することを目標に，高温ガス炉の核熱を利用し熱化学 IS（Iodine-Sulfur）プロセスにより水素を製造する研究が進んでいる[18]．そこでは，ヨウ素，二酸化硫黄，水の反応による HI と H_2SO_4 の生成（ブンゼン反応），H_2SO_4 の分解による H_2O の生成，さらに H_2 と O_2 への分解という形で水素製造が行われる．そのため高温の H_2SO_4 やヨウ素に対する反応容器の耐食性が要求されており，容器材料のスクリーニングが行われている[19,20]．その結果，焼結助剤入り SiC と比較して反応焼結 SiC では助剤の溶出がなく耐食性に優れているとされた．

4.2.4　核融合炉用先進構造材料

核融合炉の開発は実験炉，原型炉，実証炉（初期の商用炉）の段階を踏んで進められるが，現在は実験炉に相当する国際熱核融合実験炉（ITER）の工学的設計活動が行われている[21]．ブランケットは核融合炉の主要な工学機器のひとつで，プラズマから発生する熱の取り出し，燃料となるトリチウムの生産，中性子遮蔽の 3 つの役割を担っている．ITER の遮蔽用ブランケットの構成材料としては，プラズマに面する第一壁（プラズマ対向材：Be，熱シンク材：アルミナ分散強化銅）以外はオーステナイト系 SUS 鋼（316 LN）を採用予定である[21]．一方，原型炉以降は低放射化および熱効率の点で低放射化フェライト鋼，バナジウム合金，SiC/SiC 複合材料が候補に挙げられている．SiC/SiC 複合材料は高い潜在能力を秘めてはいるものの素材開発段階であり，工学材料としての信頼性がある低放射化フェライト鋼を中心に原型炉用構造材料の開発が進んでいる[22]．

SiC/SiC 複合材料を構造材料に採用した設計案としては，カリフォルニア大学サンディエゴ校を中心にした ARIES-I[23-25]，原研の DREAM[26-28] などがある．現状のデータベースから，開発が見通せる範囲や開発に要する期間・費用を考慮し，DREAM 炉のブランケット用 SiC/SiC 複合材料の設計要件は，最高使用温度 1100°C，設計許容応力（σ_a）200 MPa（最大引張強度 3/2 σ_a：300 MPa)，熱伝導率（λ）15 W/mK，冷却用 He ガス耐圧 10 MPa である[26]．ここで注意すべきは，上記の σ_a と λ は独立ではないことである．すなわち，体積核発熱率 Q（中性子スペクトルによるが SiC の場合 10〜40 MW/m^3 程度）をもつ板厚 L の第一壁表面で一様な熱負荷 q を受けたときの第一壁の温度差 ΔT_w は，

$$\Delta T_w = \frac{qL}{\lambda} + \frac{QL^2}{2\lambda}$$

で与えられ，その熱変形を拘束したときの曲げ応力 σ_b は，

$$\sigma_b = \frac{\alpha E \cdot \Delta T_w}{2(1-\mu)}$$

となり，λ と σ_b は反比例する．したがって，σ_a が大きく取れる場合には λ は小さくてもよく，逆もあり得る．ここで，SiC の線膨張率 α：3.3×10^{-6}/K，ヤング率 E：200 GPa，ポアソン比 μ：0.2 である．第一壁の高熱伝導化は熱応力を下げるとともに効率的に熱を冷却材に伝え発電に給するうえで重要であるが，万一，熱伝導率が当初の設計要件以下であっても機械的強度の向上で補う設計変更も可能であろう．

次に冷却用 He ガスに対する気密性について述べる．SiC/SiC 複合材料には気孔が存在するとともに，破断に至る前に微小なクラックが生じ He が真空中にリークする可能性があり，高圧 He ガスに対する耐圧の評価が重要である．DREAM 炉の設計ではダイバータも SiC/SiC 複合材料の使用を想定しており，そこでは 3 MW/m^2 の熱負荷に耐えるべく 60 W/mK の熱伝導率，10^{4}W/m^{2}K の He 熱伝達率を期待している[26-28]．すなわち，He ガスの熱伝達率 h，He 冷却材温度 T_{He}，境膜温度差 ΔT_h とし，板厚が薄いことから核発熱の項を無視すると，第一壁の最高温度 T_{max} は，

$$T_{max} = \Delta T_w + \Delta T_h + T_{He} = \frac{qL}{\lambda} + \frac{q}{h} + T_{He}$$

で与えられる．L=2 mm，T_{He}=700°Cの場合，ΔT_w=100°Cであり，T_{max} を 1100°C以下にするためには ΔT_h を 300°C以下，すなわち 10^{4}W/m^{2}K 以上の高熱伝達率を必要とする．ブランケットの場合も q=0.5 MW/m^2，L=4 mm，

λ=15 W/mK として，1900 W/m²K 程度となる．ヌセルト数 Nu，流路等価直径 De，He 熱伝導率 λ_{He}，レイノルズ数 Re，プランドル数 Pr，He 流速 V，He 動粘性係数 ν とすると，

$$h=\frac{Nu\cdot\lambda_{He}}{De},\quad Nu=0.023Re^{0.8}\cdot Pr^{0.4},\quad Re=\frac{V\cdot De}{\nu}$$

となる．ν はほぼ He 圧力に反比例することが知られている[29]．したがって，高熱伝達率の実現には高レイノルズ数が必要で，高圧高流速の He ガスが要求される．例えば 10^4W/m²K の He 熱伝達率の達成には He ガス圧 10 MPa，流速 80 m/s が必要とされる．以上から明らかなように，SiC/SiC 構造材料に対する炉設計側から材料側への要求は，熱伝導率や機械的強度のみならず He 気密性においても熱負荷条件に強く依存している．さらに，ガス圧と流速は先に述べた設計許容応力と熱伝導率の関係と同様に相補的な関係にある．ブランケットは図 4.2.1 に示すようにモジュール化されており（1 個のブランケットセクタ当たり約 400 個のモジュールで構成され，トロイダル方向に 16 セクタあり，総計 7000 個程度のモジュール数になる）[26]，サイズ的には現状の製造技術レベルを越えるものではないが，ブランケット壁の内部に耐圧を有する He 冷却材用の流路を作製することが課題である．

なお，EU の TAURO 設計では熱伝達率を大きく取れる液体金属 Pb-17 Li をトリチウム増殖材兼冷却材として考えており[30]，米国の最新案である

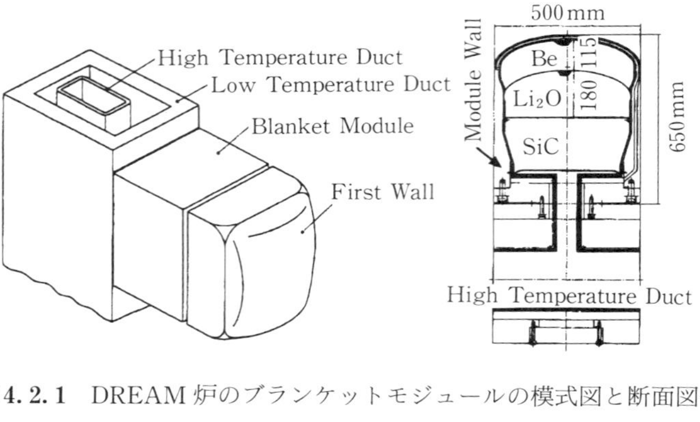

図 4.2.1　DREAM 炉のブランケットモジュールの模式図と断面図[26]

ARIES-AS 炉でも同様の概念で設計検討が行われている．この場合，Pb-Li と SiC/SiC 複合材料との共存性が大きな問題となる．

最大引張強度 300 MPa，熱伝導率 15 W/mK は未照射材であれば達成が困難な値ではなく，特に強度に関しては 500 MPa を越えるものも見受けられるが，耐照射性が問題である．現状の照射データは少ないが，図 4.2.2 に示すように，25 dpa（displacement per atom）までの照射量で強度は 1/3 程度[31]，熱伝導率は 500～1000°C領域で 1/2 程度まで減少する[32]．これらの照射は原子炉で行われており，14 MeV 核融合中性子照射により SiC 表面近傍に大量に生成する核変換 He（1 MWa/m² 当たり約 1500 appm）の効果は含まれていない．この He 生成率は中性子エネルギーの減少とともに第一壁の深さ方向に急激に減少するが[32]，熱的・機械的特性への影響は大きいと予想され，その評価は今後の重要な課題である．

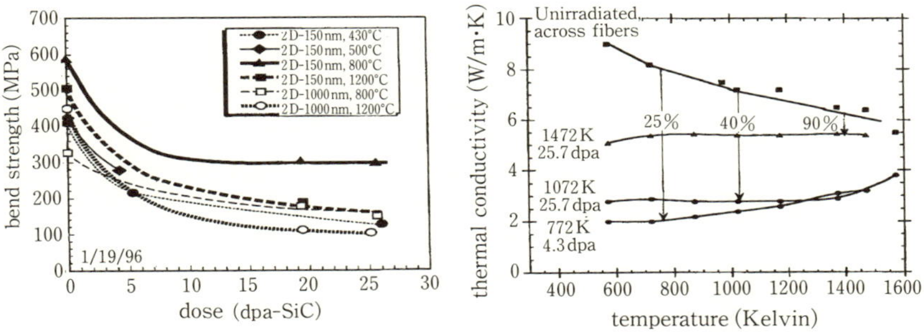

図 4.2.2 中性子照射による曲げ強度および熱伝導率の劣化[31,32]

非晶質系 SiC 繊維の場合，図 4.2.3 にあるように中性子照射により結晶化が進むため繊維収縮と密度上昇が起き，寸法安定性に問題がある[33]．最近では，結晶性が良く化学量論比に近い Hi-Nicalon S[34]，Tyranno SA[35]，Sylramic[36]の各繊維が開発されてきている（表 4.2.1）．新繊維は耐照射性に優れていることが期待でき，それらを用いた複合材の耐照射性評価が待たれる．プラズマに面するブランケットは 2～4 年程度での交換が考えられており，照射フルーエンスとしては 10 MWa/m² 程度である．dpa 換算値は SiC 中の

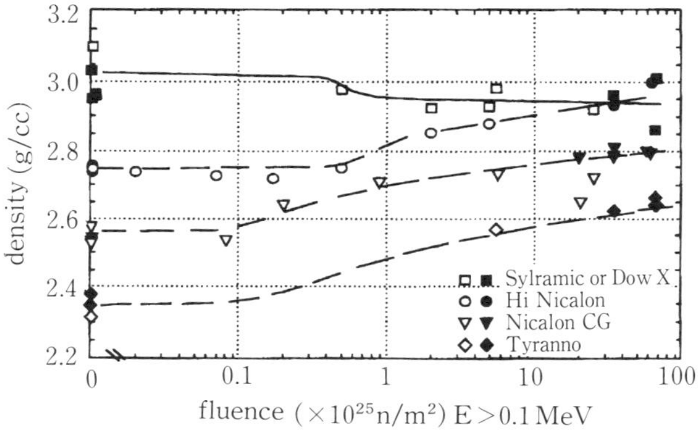

図 4. 2. 3　SiC 繊維密度の中性子照射量依存性[33)]

表 4. 2. 1　最近の SiC 繊維の特性[34−36)]

Trade Name	Hi-Nicalon	Hi-Nicalon S	Tyranno SA	Sylramic
Manufacturer	Nippon Carbon	Nippon Carbon	Ube Indus.	Dow Corning
Fiber Diameter（μm）	14	12	～8	10
Tensile Strength（GPa）	2.8	2.6	2.8	3.1
Modulus（GPa）	270	420	390	～400
Elongation（%）	1.0	0.6	0.7	～0.8
Density（g/cm³）	2.74	3.10	3.10	3.1
Average Grain Size*（nm）	～10 5	～100 22	～100 20	～100
Thermal Conductivity (W/mK)	7.77	18.4	64	46
C/Si（atomic ratio）	1.39	1.05	1.08	1.00
Chemical Composition (mass%)	Si：62.4 C：37.1 O：0.5	Si：68.9 C：30.9 O：0.2	Si：67.9 C：31.3 O：0.2 Al：0.6	Si：66.6 C：28.5 O：0.8 B：2.3 Ti：2.1 N：0.4

*上の値は TEM 観察から，下の値は X 線回折から求められた値

Si と C の原子弾き出ししきいエネルギーにより異なる．例えば，1 MWa/m^2 当たり 20 eV/20 eV（Si/C）では 16 dpa，45 eV/35 eV では 8 dpa との計算例がある．最近の分子動力学計算によれば 35 eV/21 eV を採用した場合，500 eV のカスケードの計算と実験結果が非常によく一致しており，それらの値が推奨されている[37]．

最後に，SiC の不純物と放射化について述べる．2 年間の DREAM 炉（5 MW/m^2 の中性子束）運転後に炉停止した第一壁の表面線量率の計算から，SiC/SiC 複合材料が浅地埋設可能な低レベル放射性廃棄物に該当するためには，^{14}N（n, p）^{14}C（$T_{1/2}$=5730 年）反応や ^{37}Cl（n, 2 n）^{36}Cl（$T_{1/2}$=3×10^5 年）反応で生成する長寿命核種が問題となり，N 不純物を 5 ppm 以下，Cl 不純物を 200 ppm 以下にすることが求められている[38]．従来，問題視されてきた ^{28}Si（n, np）^{27}Al および ^{28}Si（n, d）^{27}Al から ^{27}Al（n, 2 n）^{26}Al の 2 段反応で生成する ^{26}Al（$T_{1/2}$=7.2×10^5 年）は[32]，実験的検証を必要とするものの最新の理論的反応断面積（FENDL/A-2.0）を用いると，その生成率は 1 桁ほど下がり辛うじて問題ではなくなる[38,39]．Al を助剤として SiC の母材や繊維に添加してある場合は依然として問題となる．炉停止後 1 カ月内の線量率をさらに下げるためは Cu，Na，Cr，10 年以内の場合には Co，Mn 等の不純物量をより下げることが望ましい．

4.2.5　お わ り に

SiC/SiC 複合材料の製造方法は化学蒸発浸透（CVI），ポリマー含浸焼成 (PIP)，反応焼結（RB）などの各種製法があるが，純度管理をしながら複雑な冷却チャンネルを内蔵するブランケット構造体を高熱伝導・高強度化するには一層の研究開発が要求される．ブランケット構造体は，図 4.2.1 に示すように第一壁，高温配管，低温配管などから構成されており，後者になるほど設計要件は緩やかとなる．費用効果の点から複数の製造プロセスの応用が考えられるうえに，複雑構造体の製作上の要請から接合が不可欠であり，その技術開発は必須である．構造材料としての応用では信頼性の向上が最大の課題であり研究開発を着実に進めていくことが肝心であるが，それを支えていくうえでも資源的に豊富かつ環境低負荷型材料である SiC 材料の社会的ニーズが高まることが望まれる．この点で核融合炉用構造材料への応用は，幾多の困難と課題はあるものの研究開発の大きな支えになると思われる．

参 考 文 献

1) R. J. Price, Nuclear Technology, **16** (1972) 536
2) M. Araki et al., "Fusion Technology 1996" (Eds. C. Varandas and F. Serra, Elsevier Science B. V., 1997) p. 359
3) 石山新太郎, 深谷　清, 衛藤基邦, 日本原子力学会誌, **41** (1999) 104
4) 今井　久, 日本原子力学会誌, **22** (1980) 769
5) J. Roth et al., Atomic and Plasma-Material Interaction Data for Fusion, Suppl. to Nucl. Fusion, **1** (1991) 63
6) J. Roth, J. Nucl. Mater, **266-269** (1999) 51
7) 例えば, Special Issue on Oxidation Protection of Carbon Composites, Carbon **33** (1995)
8) 安田榮一, まてりあ, **37** (1998) 226
9) 例えば, "Functionally Graded Materials: Design, Processing and Applications (Eds. Y. Yamamoto et al., Kluwer Academic Pub., Boston, 1999)
10) J. Nakano, K. Fujii and M. Shindo, J. Nucl. Mater, **217** (1994) 110
11) R. Yamada and K. Fujii, "Functionally Graded Materials 1998" (Ed. W. A. Kayssser, Trans. Tech. Pub. Ltd, Switzerland, 1999) p. 902
12) Y. Sohda et al., "Functionally Gradient Materials" (Ceram. Trans. Vol. 34, Am. Ceram. Soc. 1993) p. 125
13) 早田喜穂, 設計工学, **30** (1995) 2
14) R. A. Causey and W. R. Wampler, J. Nucl. Mater. **220-222** (1995) 823
15) S. W. Tam, J. P. Kopasz and C. E. Johnson, J. Nucl. Mater, **219** (1995) 87
16) Fuel Performance and Fission Product Behavior in Gas Cooled Reactors, IAEA-TECDOC-978, IAEA, Vienna, 1997
17) 岡崎　亘 他, 日本原子力学会誌, **42** (2000) 146
18) M. Sakurai et al., Int. J. Hydrogen Energy, **25** (2000) 605
19) 小貫　薫 他, 材料と環境, **46** (1997) 113
20) 西山直紀 他, 表面技術, **50** (1999) 58
21) 「ITER 設計報告」, プラズマ核融合学会誌, **73** 増刊(1997)
22) 原子力材料研究委員会構造材料研究委員会研究開発推進専門部会(日本原子力研究所), JAERI-Review **99-014** (1999)

23) C. G. Bathke et al., Fusion Tech., **19** (1991) 783
24) C. P. C. Wong et al., Fusion Tech., **19** (1991) 938
25) S. Sharafat et al., Fusion Tech., **19** (1991) 901
26) S. Ueda et al., J. Nucl. Mater., **258** (1998) 1589
27) 西尾　敏, プラズマ核融合学会誌, **74** (1998) 927
28) S. Nishio et al., Fusion Engineering and Design, **41** (1998) 357
29) "熱物性ハンドブック" (日本熱物性学会編, 養賢堂, 1990) p. 42
30) L. Giancarli et al., Fusion Engineering and Design, **41** (1998) 165
31) R. H. Jones et al., J. Nucl. Mater., **245** (1997) 87
32) L. L. Snead et al., J. Nucl. Mater., **233-237** (1996) 26
33) G. E. Youngblood et al., J. Nucl. Mater., **258-263** (1998) 1551
34) M. Takeda, J. Nucl. Mater., **258-263** (1998) 1594
35) T. Ishikawa et al., Ceram. Eng. Sci. Proc., **21** (4) (2000) 323
36) H. M. Yun and J. A. DiCarlo, Ceram. Eng. Sci. Proc., **20** (1999) 259
37) R. Devanathan and W. J. Weber, J. Nucl. Mater., **278** (2000) 258
38) Y. Seki et al., Fusion Technology, **34** (1998) 353
39) E. T. Cheng, J. Nucl. Mater., **258-263** (1998) 1767

4.3　SiC 長繊維複合材料の製造と応用　I

4.3.1　SiC 長繊維/SiC 複合材料

(1)　はじめに

SiC をはじめとするセラミックスは，金属材料に比べて一般的に軽く，硬く，高い耐熱性を持つ等，優れた特性を持っている．しかし，低靭性というマイナス面を抱えているがゆえ，構造材料への実用化が遅れているようである．そのため，低靭性の改善策として，高強度，高弾性の繊維を使った繊維強化セラミックスが提案されてきた．図 4.3.1 に，Brook によりモデル化された繊維強化セラミックスの破壊過程[1]を示すが，応力分担，マイクロクラック，繊維引き抜き，クラック進展の妨害という 4 つの機構により靭性が向上する．その結果，繊維強化セラミックスは，成形後の切断や孔あけなど機械加工もモノリシックセラミックスより容易にできるようにもなり，今後高温構造材料とし

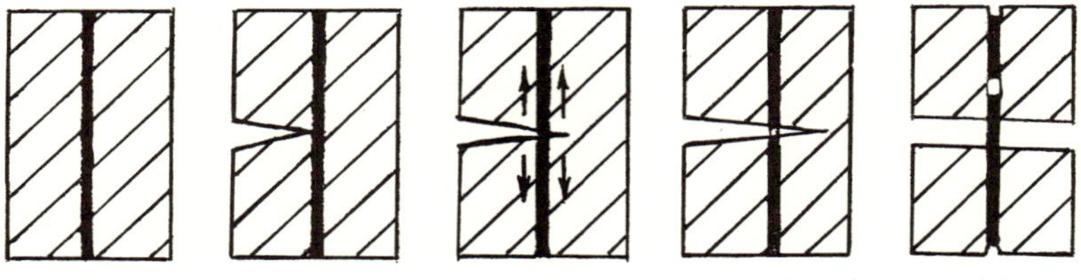

図 4.3.1　繊維強化セラミックスの破壊過程
(a)応力を繊維も負担する
(b)クラックが繊維で阻止され，向きを変える
(c)さらにクラックが進展すると，マトリックスと繊維の境界が剝離する
(d)繊維が破壊する
(e)繊維が引き抜かれる

ての利用が大いに期待される．ここでは主としてニカロン系 SiC 長繊維を使った SiC 繊維/SiC 複合材料（商品名ニカロセラム）について，その概要を説明し，また今後の SiC 繊維/SiC 複合材料の用途と課題について述べる．

（2） SiC 系強化繊維（ニカロン）

SiC 系長繊維をその製造方法より大別すると，カーボンの芯線に CVD 法（Chemical Vapor Deposition 化学気相成長法）により SiC を蒸着させて製造する，直径が 140 μm 前後の SiC 繊維（SCS シリーズ）と，有機ケイ素ポリマーを前駆体として紡糸，無機化して得られる，直径 10 μm 前後の SiC 系繊維（ニカロン，チラノ繊維）とに分けられる．複合材料の基材としては，しなやかで織布加工なども可能な後者のほうが有利である．

SiC 長繊維「ニカロン」は，有機ケイ素ポリマーのひとつであるポリカルボシラン（PCS）を前駆体として，これを溶融紡糸して繊維化し，熱酸素架橋による形状保持を目的として不融化処理を行った後，焼成することによって製造される．セラミックスが持つ軽量，耐熱性に優れた繊維で，主に複合材料の強化繊維として利用されている．

しかし，ニカロンは不融化段階で取り込まれる酸素が焼成後，製品としても残ってしまうため，1300℃付近から熱分解による強度低下が生じる．この欠点を解決すべく，電子線照射法による不融化を行うことにより，約 12%あった

表 4.3.1　ニカロン系繊維の代表的特性

タイプ／特性(単位)	ニカロン	ハイニカロン	ハイニカロンタイプ S
化学組成　Si（mass%）	56.6	62.4	68.9
C　〃	31.7	37.1	30.9
O　〃	11.7	0.5	0.2
C/Si	1.31	1.39	1.05
繊維径（μm）	14	14	12
引張強度（GPa）	3.0	2.8	2.6
引張弾性率（GPa）	220	270	420
破断伸び（%）	1.4	1.0	0.6
密度（g/cm^3）	2.55	2.74	3.10

酸素量を0.5%にまで減少させた新しいSiC繊維「ハイニカロン」を開発した．ハイニカロンは不活性雰囲気の中では1500°C以上の耐熱性を有する．

さらにハイニカロン製造における焼成条件などを改良することにより，C/Siをほとんど1に近づけた高結晶性高弾性率SiC繊維「ハイニカロンタイプS」を開発した．これら3種類のニカロン系SiC繊維の代表的特性を表4.3.1に示す．

(3)　SiC長繊維/SiC複合材料（ニカロセラム）

①　ニカロセラムの製造方法

SiC長繊維を基材としてSiC/SiC複合材料を製造するプロセスとしては，PIP法（Polymer Impregnation and Pyrolysis ポリマー含浸焼成法），CVI法（Chemical Vapor Infiltration 化学気相浸透法），MI法（Melt Infiltration 溶融シリコン含浸法）の3方法が行われている．この中で，他の方法に比べると比較的安価な設備で製作でき，肉厚品や異型品，大型部材への対応もしやすい点では，PIP法が有利である．

図4.3.2にPIP法から作られるSiC/SiC複合材料「ニカロセラム」の基本的な製造フローを示す．製造プロセスとしては，骨格となる成形体（グリーン体）の製作とその後の緻密化処理に大別することができる．グリーン体の製作

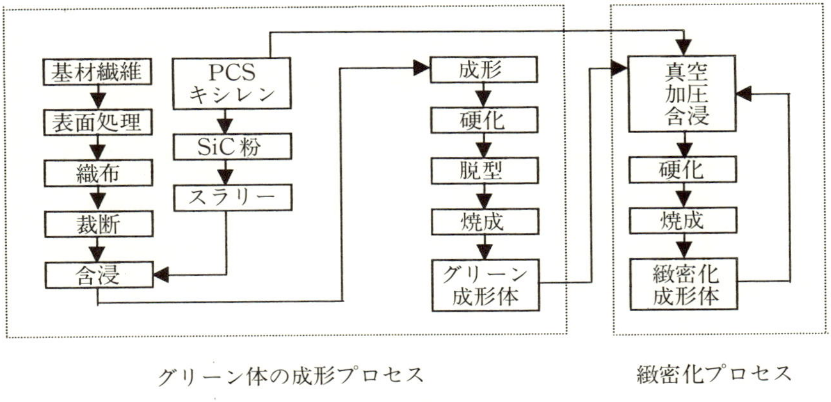

図4.3.2　ニカロセラム（織布積層板型）の製造フロー

は前駆体ポリマー（PCS）とフィラー（SiC 粉末など）のスラリーを含浸させた織布プリフォームシートの積層成形や，スラリー含浸繊維のフィラメントワインディング等，一般的な FRP の成形技術を応用している．緻密化処理では溶剤に溶解した PCS を真空・加圧含浸し，焼成による熱分解を繰り返している．この中で，ニカロセラム製造でもニカロン繊維の製造と同様に熱酸素架橋による不融化処理を硬化工程として取り入れている．不融化処理により焼成後のマトリックス収率は 80%程度になるが，それでも前駆体ポリマーの密度 1.1 g/cm³ が 1200°C焼成後には密度が 2.5 g/cm³ まで増える分，マトリックスの体積収率は約 35%にしかならず，空孔やマイクロクラックの多いマトリックスが形成され，これらを埋めるべく数回の緻密化処理の繰り返しが必要となる．最後は機械加工により指定寸法として，製品にしている．

②　基材 SiC 繊維の表面処理

繊維強化複合材料がその高靱性を発現するためには，一般に，マトリックス中をき裂が進展していく際，基材繊維が同時に破壊されることなく，き裂をブリッジングする機構を有することが必要となる．そのためには，繊維とマトリックスがあまり強固に結合していては，き裂がそのまま繊維内部まで進展し，ブリッジング機構がなされない．き裂をブリッジングするために繊維がマトリックスから剝離できる状態にあることが必要である．繊維とマトリックス間の結合を適度に弱めるべく，ニカロセラムでは基材のニカロン繊維の表面にカーボンコートをしている．ニカロセラムの場合，基材繊維表面をカーボンコートするだけの違いで曲げ強度は 2 倍以上にもなる．しかしながら，ニカロセラムは PIP 法による成形であるがゆえにマトリックスが多孔性であり，高温下ではカーボンコートが酸化消失されていくと繊維とマトリックスが固着してブリッジング効果を失う．したがってニカロセラムの複合効果は非酸化雰囲気での高温に限定されてしまう．

一方，カーボンコートによる繊維の表面処理に代わるものとして，より耐酸化性の優れた BN（窒化ホウ素）コーティングが検討されるようになった．繊維への BN 膜の形成は CVD 法によって行われる．しかし，1300°C以上の高温下での処理となるため，基材繊維もその温度に耐えなければならない．そこで，耐熱性を向上させた SiC 繊維ハイニカロンを用いることにより，これに CVD 法で BN コートをした後，ニカロセラムのときと同様の PIP 法により製作した SiC/SiC 複合材「ハイニカロセラム」を開発した．

③　SiC 長繊維/SiC 複合材料の特性

ニカロセラム系複合材料の代表的特性を表 4.3.2 に示す．

表 4.3.2　ニカロセラム系複合材料の代表的特性

特性（単位）＼タイプ	ニカロセラム	ハイニカロセラム	ハイニカロセラム S
基材繊維	ニカロン	ハイニカロン	ハイニカロンタイプ S
界面コート物質	C	BN	BN
界面コート厚さ（μm）	0.03	0.4	0.5
引張強度（MPa）	110	240	330
引張弾性率（GPa）	60	80	110
曲げ強度（MPa）	110	400	550
密度（g/cm^3）	2.0	2.2	2.3

図 4.3.3 はニカロセラム（ニカロン/C/SiC）とハイニカロセラム（ハイニカロン/BN/SiC）の高温曲げ強度を比較したものである．基材繊維とコーティングの改善によって大きな効果が得られた．また図 4.3.4 は，基材繊維とマトリックスを同じくし，繊維表面のコーティングのみを変えた複合材を作製し，BN コートの効果を確認したものである．

「ハイニカロセラム S」は，基材繊維に高結晶性高弾性率 SiC 繊維ハイニカロンタイプ S を用いて，これに BN コーティングをし，同様の PIP 法にて製作した SiC/SiC 複合材である．図 4.3.5 にハイニカロセラムとハイニカロセラム S の曲げ特性の比較を示す．高結晶性高弾性率 SiC 繊維の使用で，より高い室温および高温強度を有する複合材となる．

（4）　SiC 繊維/SiC 複合材料の期待される用途と課題

セラミックスの持つ靭性の低さ（脆さ）を，SiC 長繊維による補強により克

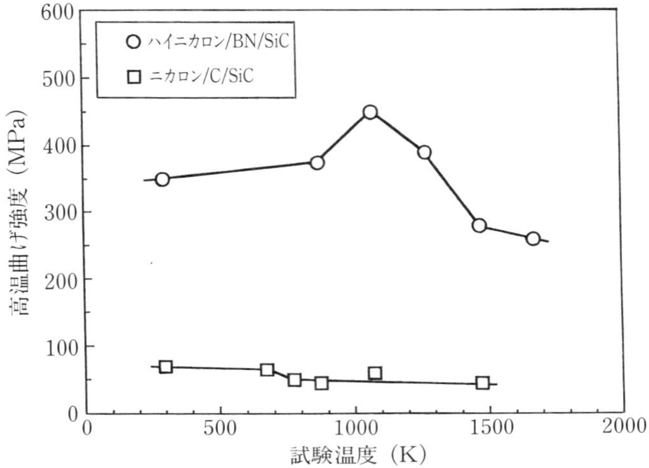

図 4.3.3　ニカロセラム（ニカロン/C/SiC）とハイニカロセラム（ハイニカロン/BN/SiC）の高温曲げ強度の比較

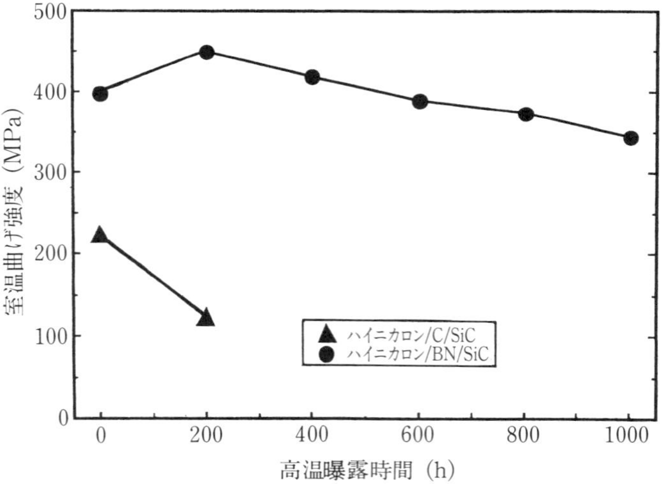

図 4.3.4　C，BN 各コート糸で作製したハイニカロン/SiC 複合材の高温（1000°C）大気曝露後の室温曲げ強度の比較

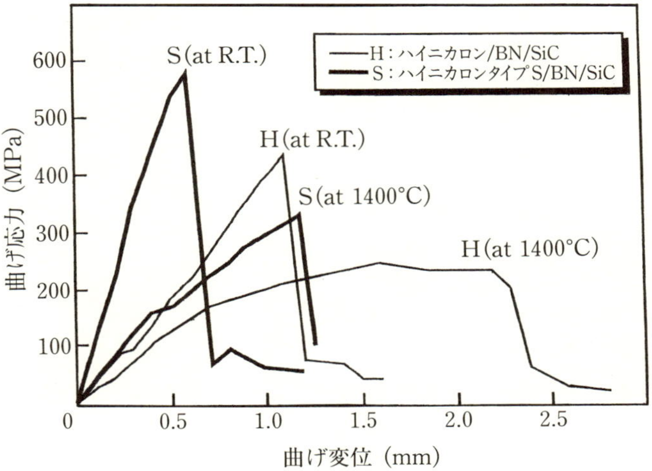

図 4.3.5　ハイニカロセラム（ハイニカロン/BN/SiC）とハイニカロセラムS（ハイニカロンタイプS/BN/SiC）の曲げ応力-変位曲線の比較

服した SiC 繊維/SiC 複合材料は，セラミックスがもともと持つ高耐熱性や高耐酸化性を合わせ持つことにより，主に金属材料の使用には厳しいような高温構造材料への用途展開が進められている．

まず宇宙航空分野において，宇宙輸送機の機体やガスタービンエンジンを構成する素材は，1500°Cにおいても高比強度，耐酸化性や高靱性など高い材料特性を保つことが要求されている[2]．また，現在開発中の超音速機に使われるエンジンにおけるタービンの入口温度は 1700°Cにまで達するという[3]．こういった金属系材料では耐用限度外にある条件での超耐熱材料として SiC 繊維/SiC 複合材料は最も注目され，期待されている材料である．すでに欧米では，CVI 法で成形したもので戦闘機の排気ノズルフラップに実用化されている（図 4.3.6 参照）．

また，新エネルギー分野においても，高効率ガスタービンにおけるタービン動翼や核融合炉の炉壁材などは 1000～2000°Cの高温に曝されるため[5]，宇宙航空分野と同様に超耐熱材料としての期待が大きい．

しかし，SiC 繊維/SiC 複合材料は，まだ国内においては研究の歴史が浅く，

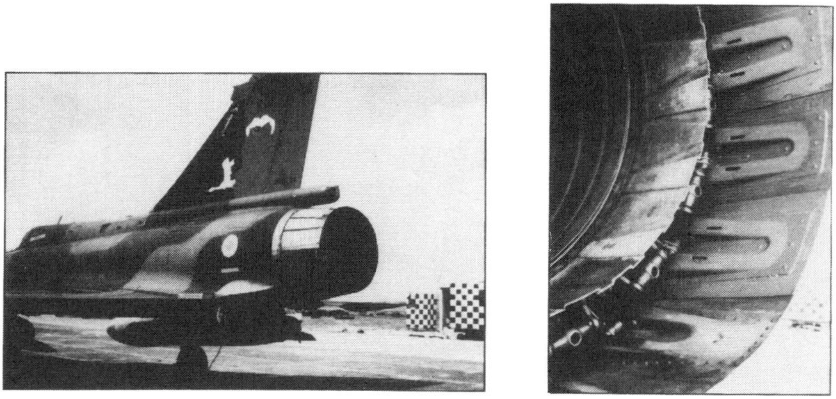

図4.3.6　戦闘機の排気ノズルフラップ[4)]

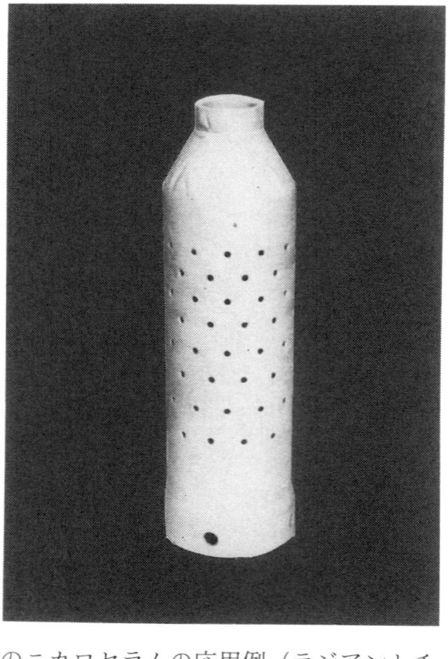

図4.3.7　異型円筒のニカロセラムの応用例（ラジアントチューブ　ϕ150×450）

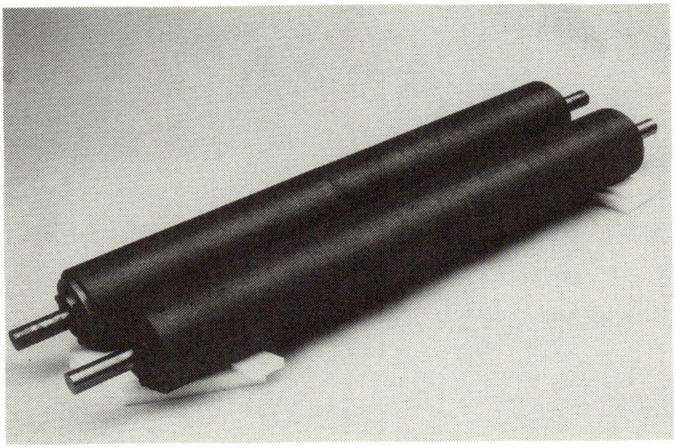

図 4.3.8　大型円筒のニカロセラムの応力例（CGL サポートロール　ϕ230×2000）

開発途上の材料である．図 4.3.7，4.3.8 に実用化が期待されるニカロセラムの試作例を示す．前述の 2 分野のほかにも一般産業用途，特に高温炉分野や金属鋳造分野などへの用途展開が期待される．

SiC 繊維/SiC 複合材料の今後の実用化に向けた課題として，期待される過酷な条件下での材料としての長期信頼性の確認が必要であり，あるいはさらなる耐熱性，耐酸化性の向上も求められよう．また，現状では非常に高価な材料であるため，広範な用途開拓のためには，少なくとも製造コストの低減が必須条件になるといえる．

参考文献

1）玉利信幸, セラミックス, **22**（1987）502
2）成澤雅紀, 岡村清人, 高分子, **49**（2000）65
3）小河昭紀, 祖父江靖, 第 38 回航空原動機・宇宙推進講演会（1998）
4）Du Pont CVI Ceramic Matrix Composites. Preliminary Engineering Data
5）岡村清人, 日本複合材料学会誌, **20**（1994）34

4.4 SiC 長繊維複合材料の製造と応用 II

4.4.1 金属元素含有 SiC 繊維/SiC 複合材料

近年，性質の異なる 2 種類以上の材料を複合化させることにより，単独では示し得ない新たな力学的特性や機能の発現を狙った，長繊維強化複合材料の開発が活発に行われている．この複合材料は，特に宇宙・航空機用の最先端材料をはじめ，高機能化を目指す種々の材料として，今後益々多く使用されてゆくものと思われる．複合材料の開発において，力学的特性の優れたものを得るためには長繊維の使用が最も効果的である．この中でも，炭素繊維，SiC/C(W) 複合繊維（CVD 法），ボロン繊維，Si-C-O 繊維（ニカロン，日本カーボン）ならびに Si-Ti(または Zr)-C-O 繊維（チラノ繊維，宇部興産）などの無機長繊維が耐熱性や力学的特性に優れていることから，各種耐熱構造材料用強化繊維として使用されている．また，さらに優れた耐熱性を有する SiC 繊維を目指して，限りなく酸素含有量や余剰炭素を低減させたハイニカロンやハイニカロン S（日本カーボン），あるいはごく僅かなアルミニウムを焼結助剤成分として用いた SiC 多結晶構造からなる SA 繊維（宇部興産）なども開発されている．本項では上記 SiC 系繊維の中でも，異種金属元素を僅かに含む Si-Ti(または Zr)-C-O 繊維，およびアルミニウムを焼結助剤として用いて得た SiC 多結晶繊維（SA 繊維）の製造方法ならびに諸特性について前半で述べ，後半では同繊維を用いた高性能複合材料の構造および特性について概説する．

(1) Si-Ti(または Zr)-C-O 繊維[1-7]

Si-Ti(または Zr)-C-O 繊維は，ジメチルジクロロシランから得られるポリジメチルシラン（PS）を原料とし，ポリボロジフェニルシロキサン（PBDS）

を適量添加して加熱反応して得たポリカルボシラン（PCB）に，チタン（IV）アルコキシドまたはジルコニウム（IV）アルコキシドを加えて，さらに加熱反応して合成したポリチタノカルボシラン（PTC）またはポリジルコノカルボシラン（PZT）を溶融紡糸，不融化，焼成して製造される．その製造工程を図 4.4.1 に示す．また，これら繊維の性質を表 4.4.1 に示す．

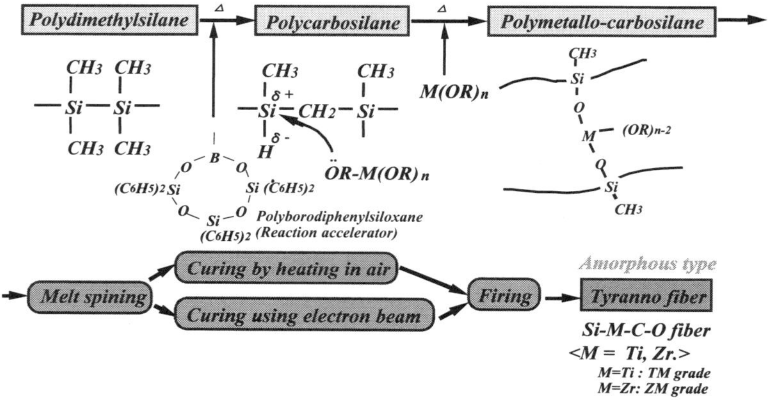

図 4.4.1　Si-Ti(または Zr)-C-O 繊維の製造工程

PS から PCB への変換反応においては，PS の主鎖骨格中の Si-Si 結合の解離，それにより生成したラジカルの転位反応による Si-CH_2-Si 結合（カルボシラン骨格）および Si-H 結合の生成，ならびに Si-H 結合間の脱水素縮合反応が逐次または併発的に進行する．その中で，一種のルイス酸である PBDS は，≡$Si^{\delta+}$-$H^{\delta-}$ 結合間の脱水素縮合反応による Si-Si 結合の生成を伴った高分子量化を促進する働きをしている．

PCB 中の Si-H 結合とチタン（IV）アルコキシドのアルキル基との間の脱アルカン橋かけ反応によりポリマー中に導入される Ti は，無機化過程における Si-C 結合の相対的な結合力を増大させて緻密化を促進し，さらに 1300℃を超える高温下で進行する分解においても，TiC の核生成を効果的に起こすことにより β-SiC 結晶の異常粒成長を抑制して，急激な強度低下を防ぐのに重

表 4.4.1　Si-Ti（または Zr）-C-O 繊維の性質

タイプ			Si-Zr-C-O			Si-Ti-C-O		
グレード			ZM	ZMI	ZE	LoxM	LoxE	S
フィラメント径	(μm)		11	11	13	11	11	11
フィラメント数	(fil./yarn)		800	800	400	800	400	800
テックス	(g/1000 m)		200	200	140	200	100	200
引張強度	(GPa)		3.3	3.4	3.5	3.3	3.4	3.3
引張弾性率	(GPa)		192	200	233	187	206	170
破断伸び	(%)		1.7	1.7	1.5	1.8	1.7	1.9
密度	(g/cm^3)		2.48	2.48	2.55	2.48	2.55	2.35
組成	(mass%)	Si	55.3	56.6	58.9	55.4	55.3	50.4
		C	33.9	37.8	38.4	32.4	37.7	29.7
		O	9.8	7.6	1.7	10.2	5.0	17.9
		T	—	—	—	2.0	2.0	2.0
		Zr	1.0	1.0	1.0	—	—	—
熱膨張係数	(10^{-6}/K)		—	—	—	—	3.1	3.1
比熱	(J/gK)		0.735	—	0.712	0.735	0.705	0.737
熱伝導率	(W/mK)		1.78	—	3.78	1.35	2.42	0.97
使用限界温度	(°C)		1500			1300		

要な働きをしていることが明らかとなっている．このような SiC 系セラミックス繊維の高温における分解過程は，一般に繊維中に含まれる酸素が，同じく繊維中に残存する余剰炭素と反応して CO ガスを放出することにより進行する．したがって，上記繊維中に含まれる酸素含有量を限りなく減少させることにより，さらに優れた耐熱性が得られる．このような目的で，図 4.4.1 に示した不融化工程を不活性ガス中で電子線照射することにより行い，低酸素含有量でより高耐熱性を有する繊維（表 4.4.1 中の LoxE グレード）の開発も行われている．

ところで，表 4.4.1 から Si-Zr-C-O 繊維は Si-Ti-C-O 繊維に比べて使用限界温度が 200°C高く，耐熱性に優れていることがわかる．前述のように，この種の繊維の耐熱性は，繊維中に含まれている酸素（Si，Ti または Zr と結合）

と余剰炭素の反応が顕著に進行し始める温度域と密接に関連しており，その温度域は両者で異なっていると考えられている．Zr は Ti に比べて酸素との結合力が強く，また結合量も多い（Ti と Zr の配位数は，それぞれ 6 と 8）．さらに Zr は，より高温まで酸素を捕獲して放さない性質を有している．これは，Ti の酸化物が繊維中の余剰炭素と反応して酸素を放す（Ti の炭化物を生成する）温度が 1298°C であるのに対して，Zr の酸化物の場合は，同温度が 1633°C と極めて高くなっていることからもわかる．そのため，Si-Zr-C-O 繊維では，繊維中に酸素が多く存在していても分解反応が進行しにくく，優れた耐熱性が発現できたと考えられている．

（2）　多結晶質 SiC 繊維（SA 繊維）[8,9]

SA 繊維は，非晶質の Si-Al-C-O 繊維を厳密に雰囲気制御された状況下で高温加熱処理して合成される．Si-Al-C-O 繊維は，ポリカルボシランと呼ばれる有機ケイ素重合体とアルミニウム（III）アルコキシドを 300°C で反応させて得られるポリアルミノカルボシランを前駆物質として合成された．この反応では，ポリカルボシラン中に含まれる Si-H 結合とアルミニウム（III）アルコキシドのアルキル基との間で脱アルカンが進行し，Si-O-Al-O-Si 結合からなる橋かけ構造が生成される．ポリアルミノカルボシランは，220°C で溶融紡糸され，160°C の空気中で不融化処理される．この不融化繊維を 1300°C の窒素中で 1 段目の焼成を行い Si-Al-C-O 繊維を得る．Si-Al-C-O 繊維は，原料のポリカルボシランの組成に起因する余剰炭素と，約 15 mass% の酸素を含有している．Si-Al-C-O 繊維をアルゴンガス中 2000°C まで昇温して，2 段目の加熱処理を行い，SiC の焼結構造からなる多結晶質 SiC 繊維（SA 繊維）が得られる．この熱処理過程では，1500〜1700°C の温度範囲で CO ガスの脱離が定量的に進行してケイ素と炭素が SiC 結晶の化学量論的組成に近づき，次いで SiC 微粒子の焼結が繊維内部で進行していく．ところで，上記焼結過程では，繊維中に含まれる Al を 1 mass% 以下になるように厳密に制御しなければならない．この Al は，繊維材を構成する SiC 結晶の焼結助剤として重要な役割をしているが，その含有量を SiC 結晶に対する固溶限界量以下にしておくことが高い強度ならびに優れた高温特性を発現させるうえで極めて重要なことである．

図 4.4.2 からわかるように，SA 繊維（Al 含有量≦1 mass%）は滑らかな表面（図 a）と緻密な内部構造（図 b）を示している．この場合，SA 繊維を構成する SiC 結晶粒は強固に結合しており，粒内破壊挙動を示す（図 c）．一方，Al 含有量が 1 mass%を超えて多い場合は，粒界破壊挙動を示した（図 d）．この現象は，SiC 結晶に対する Al の固溶限界濃度（約 1 mass%）と密接に関連していると考えている．ところで，Al 含有量が 1 mass%以下の SA 繊維を構成する SiC 結晶の粒界領域の TEM 像観察を行ったところ明確な粒界第二相の存在は認められなかった．その後，EDX 分析により Al の分布状態（Al/Si，原子比）を詳しく調べたところ，SiC 結晶の内部，粒界，および 3 重点で，それぞれ 0.002〜0.004，0.01〜0.04，および 0.03〜0.05 と，粒界や 3 重点に比較的多く存在しているが，その量はケイ素原子 100 個に対して 1〜5

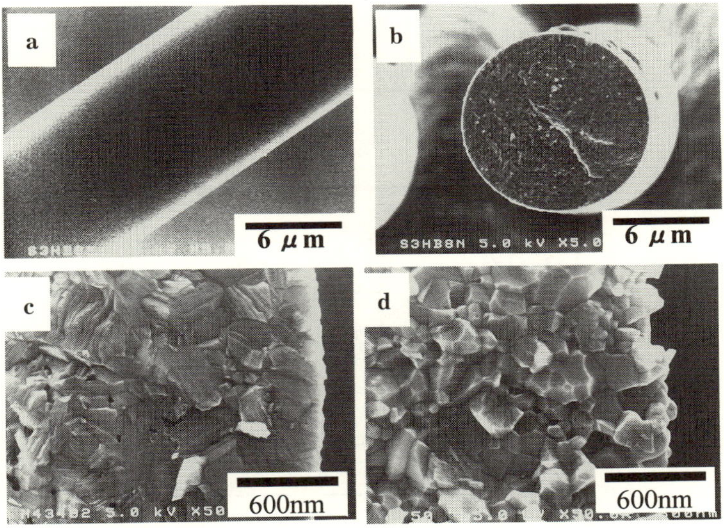

図 4.4.2　a：SA 繊維の表面 SEM 写真，b：破断面の SEM 写真，
c：Al 含有量 0.6 mass%の SA 繊維の粒内破壊断面（好ましい状態），
d：Al 含有量 1.2 mass%の焼結 SiC 繊維の粒界破壊断面（好ましくない状態）

個程度であることが明らかとなった．

SA繊維は，高強度ならびに高弾性率を示すことが知られているが，繊維径を細くすることによりさらに力学的特性が向上することが明らかにされている．前述のように，SA繊維の生成過程では，Si-Al-C-O繊維が1500℃を超えた高温でCOガスの脱離を伴って分解した後，繊維内部でSiC微結晶の焼結が進行する．この焼結に先立って起こる上記分解は，繊維内部でCOガスの拡散を伴って進行することから，繊維径が細いほど有利でより短時間で終了することが理解できる．したがって，繊維径が細いほど効果的な核生成ならびにより低温域からの焼結開始が期待でき，結晶の微細化や繊維表面の平滑化が効果的に起こり，上述の高強度化が達成できたと考えられる．さらに，細径化により繊維の中心部までより均一な焼結構造が形成されており，Arガス中，2000℃で処理しても強度低下しない優れた耐熱性も同時に得ることができる．

図4.4.3には，SA繊維をArガス中，2000℃までの各温度で1時間加熱処理した後の室温強度を，代表的なSiC繊維と比較して示している．前述のように，SA繊維は，2000℃で処理した後もほぼ初期の強度を保持していること

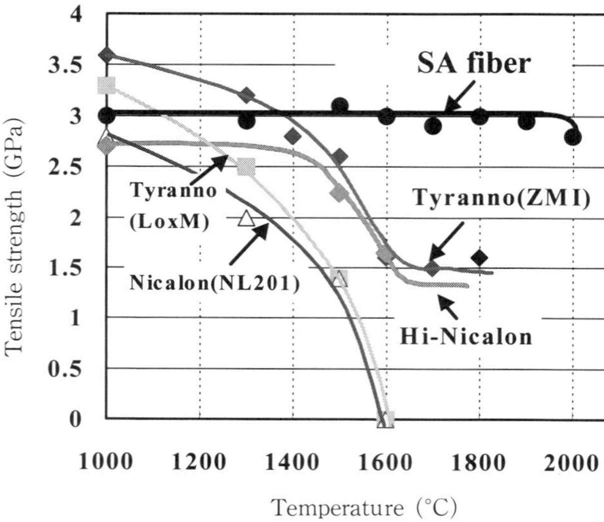

図4.4.3　Arガス中，各温度で1時間処理した後の室温強度の比較

がわかる．これに対して，代表的な SiC 繊維であるハイニカロンは，1550°C および 1800°Cの処理で，それぞれ初期強度の 65％および 40％まで強度低下していることがわかる．また，SA 繊維は，1000°Cの空気中で 2000 時間処理した後も初期の強度を保っていた．

図 4.4.4 は，SA 繊維を 1300°Cの大気中で，1 GPa の応力のもとで引張クリープ試験した結果を，他の代表的な SiC 繊維と比較して示している．これからわかるように，SA 繊維は極めて歪み速度が小さく，また破断までに要した時間もハイニカロンの約 2 倍程度であった．

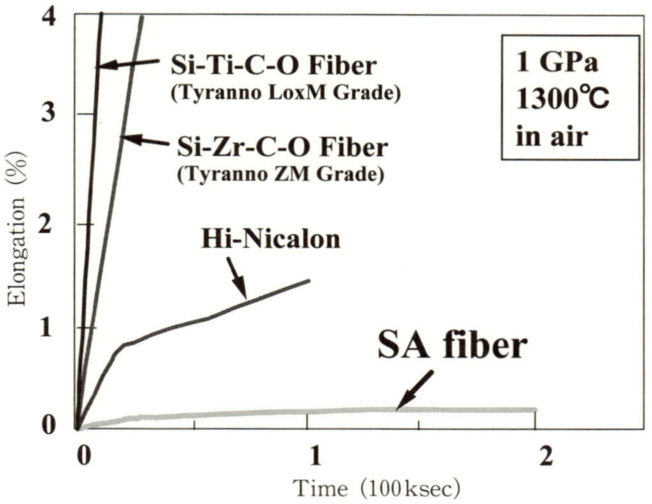

図 4.4.4　1300°Cの空気中における引張クリープ試験結果

SA 繊維は，直径が 7〜8 μm と非常に細いことからしなやかで，8 枚しゅす織物などへの加工性も比較的良好である（図 4.4.5）．また，表 4.4.2 に SA 繊維の諸特性をまとめて示す．ここで，SA 繊維の高熱伝導性を強調したい．熱伝導率 64 W/mK という値は極めて大きく，これまで知られていた非晶質の SiC 系繊維の約 20〜30 倍もの大きさである．

以上述べてきたように，SA 繊維は，耐熱・耐酸化性に優れ，耐クリープ特性も従来の SiC 系繊維に比べて優れていることから，高温構造材料用セラミ

図 **4. 4. 5**　SA 繊維のしゅす織物

表 **4. 4. 2**　SA 繊維の諸特性

Diameter (μm)		～8.0
Strength (GPa)	Mono-filament method	3.0
	Strand method	2.8
Modulus (GPa)	Mono-filament method	290
	Strand method	390
Density (g/cm³)		3.1
Thermal conductivity (W/mK)		64
Chemical composition		$Si_1C_{1.08}Al_{0.009}O_{0.006}$

ックスの強化繊維として期待できる．また，高い熱伝導度を生かして，熱交換器用構造材料の強化材としての応用や耐熱衝撃性を緩和する材料としての用途展開も図れると思われる．

（3）　繊維結合型セラミックス

Si-Ti(または Zr)-C-O 繊維および多結晶質 SiC 繊維ともに優れた力学的特性やそれぞれ特徴ある高温特性を有していることから，いずれも各種複合材料用の強化繊維として使用されている．ここでは，紙面の制約上，上記繊維の特徴を最大限に生かせる，繊維のみを原料として得られる繊維結合型セラミックスについて紹介する．

前述の Si-Ti-C-O 繊維（LoxM グレード）を 1273 K の空気中で加熱処理して得られる，表面に 300～500 nm の酸化層を有する酸化繊維をシート状または織物に成形した後，方向を揃えて積層し，形状を整えた後，炭素製のダイス中に仕込み，1750°C で 50 MPa の圧力をかけてホットプレス成形して Si-Ti-C-O 繊維結合型セラミックス（チラノヘックス，宇部興産）が製造される[10,11]．上記原料繊維の表面に存在する酸化層は，主として SiO_2 と TiO_2 からなり，高温における繊維の分解を抑制する表面保護層としての役割ならびに繊維同士を接着させるバインダとしての役割を有している．チラノヘックスは，繊維形状を保持した部分の最密充填構造からなり，それぞれの繊維の隙間は，原料繊維の表面に存在していた酸化物により均一に充填されている．そして，繊維同士が接触しているところの境界および繊維と酸化物相の境界には，厚さ約 10～20 nm の乱層構造からなる炭素層が繊維の回りに配向して均一に生成している．ところで，前述のように原料繊維の表面に存在している酸化物は，主として SiO_2 と TiO_2 からなるが，得られたチラノヘックスの繊維間に存在する酸化物相は TiC の微結晶の分散構造に変化している．このような変化は，ホットプレスによる製造過程に進行している．なお，これらの変化の中心的な役割を演じている炭素の供給源は，原料として用いた繊維中の余剰炭素と考えている．上記境界炭素層の存在により，チラノヘックスは極めて大きい破壊エネルギー（一方向材で窒化ケイ素の約 100 倍の破壊エネルギー）を有している．すなわち，き裂が進展するのに非常に大きな仕事量を要し，結果としてチラノヘックスは極めて割れにくいセラミックス材料となっている．この材料は，1500°C の大気中で 1000 時間処理しても初期の優れた力学的特性を維持しており，緻密性と断熱特性を生かした用途展開が図られている．

Si-Ti-C-O 繊維の代わりに Si-Al-C-O 繊維を原料に用い，その織物を積層後，1900°C で 50 MPa の圧力をかけてホットプレスすることにより，六角柱状に変形した多結晶質 SiC 繊維材が 10～30 nm 程度の薄い境界炭素層を介在して結合した繊維結合型セラミックス（SA-チラノヘックス，宇部興産）が得られる[9,12]．上記境界炭素層の存在により，SA-チラノヘックスは，ファイバラスな破壊形態を示し，図 4.4.6 に示すように多くの繊維の引き抜け現象が観察された．

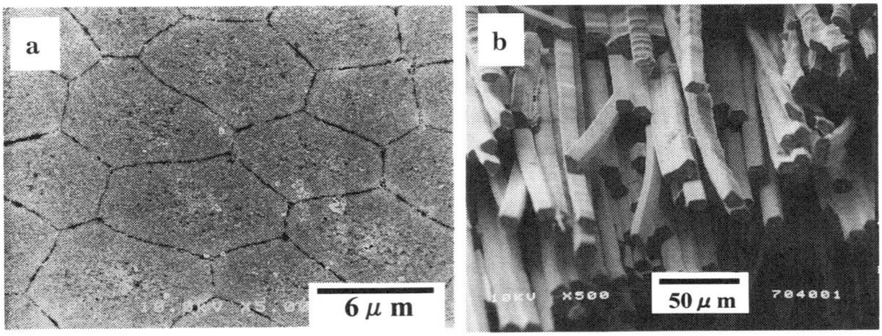

図 4.4.6　SA-チラノヘックスの断面 SEM 写真とファイバラスな破断面

以上のことからも推察できるが，SA-チラノヘックスは極めて大きな破壊エネルギーを有しており，二方向材のシェブロンノッチ入り試験片を用いた準静的 3 点曲げ試験により求めた破壊エネルギーも約 2000 J/m^2 と極めて大きく，窒化ケイ素焼結体の約 20〜30 倍程度の値を示す．SA-チラノヘックスは，結晶質の SiC 繊維材のみから構成されていることから比較的高い弾性率（約 300 GPa）を有しており，また弾性限界も 120 MPa と従来の SiC/SiC 複合材料に比べて高いことがわかっている．

このSA-チラノヘックスの室温および高温での力学的特性は，原料繊維である非晶質 Si-Al-C-O 繊維の直径に強く依存しており，繊維径を 7〜8 μm まで細くすることによりその特性が大きく改善される．図 4.4.7 には，原料繊維の径が異なる 2 種類の SA-チラノヘックスの高温力学的特性を比較して示す．このような，SA-チラノヘックスの優れた高温特性は，これまで知られている炭化ケイ素系セラミックス複合材料の中でも卓越したものである．例えば，ハイニカロンを強化繊維とした SiC/SiC 複合材料（ハイニカロン-SiC/SiC）は，1200°Cを超える高温で明らかな強度低下を示す[13]．他の SiC/SiC 複合材

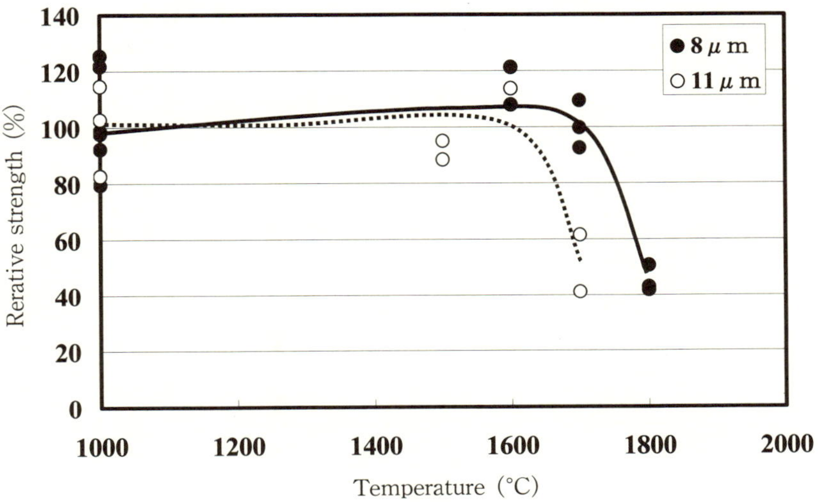

図 4.4.7　繊維径の異なる 2 種類の繊維材で構成された SA-チラノヘックスのそれぞれの高温強度の比較

料も，上記ハイニカロン-SiC/SiC とほぼ同様の傾向を示すことが知られている[14]．一般に，SiC/SiC 複合材料の高温特性は，強化材として用いられるセラミックス繊維の高温特性に支配される．ハイニカロンの場合，繊維強度は測定温度の上昇とともに低下し，1500°Cにおいて室温強度の 43%に低下することが報告されている[15]．したがって，このような繊維強度の低下が，上記 SiC/SiC 複合材料の強度低下の原因と考えられる．一方，SA-チラノヘックスの高耐熱性は，それを構成する繊維材が，前述の SA 繊維と同一構造であることに起因している．

SA-チラノヘックスは，1000°Cを超える高温まで極めて高い熱伝導率を示すことから，熱交換器や耐熱衝撃性に優れた高温構造材料としての用途が期待される．図 4.4.8 には，焼結チラノヘックスの積層方向ならびに繊維方向の熱伝導率を他の材料と比較して示す．このような高い熱伝導率と優れた高温特性を生かして，原子炉の炉壁材料，熱交換器用の構造材料や航空機の静翼材などへの用途展開が図られている．

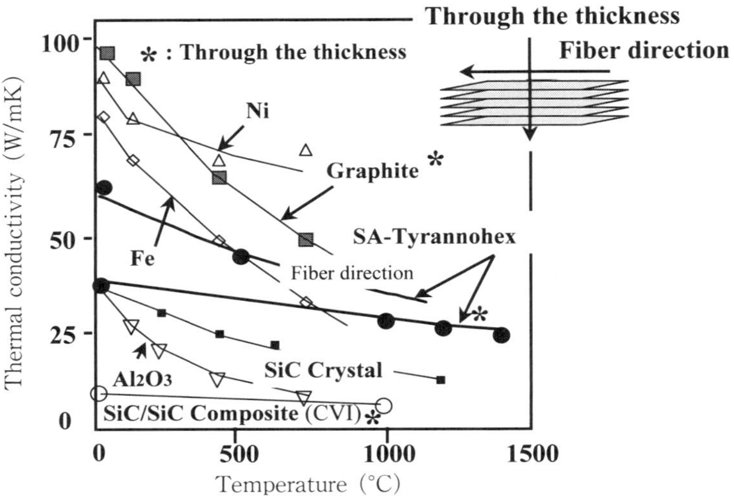

図 4.4.8　SA-チラノヘックスの熱伝導率

参考文献

1) T. Yamamura, T. Ishikawa, M. Shibuya, T. Hisayuki and K. Okamura, J. Mater. Sci., **23** (1988) 2589

2) T. Ishikawa, T. Yamamura and K. Okamura, J. Mater. Sci., **27** (1992) 6627

3) M. Sato, T. Hisayuki, Y. Matsumori and S. Iwase, Proceedings of the 7th Symposium on High-Performance Materials for Severe Environments (1996) 235

4) M. Shibuya, S. Kajii and T. Yamamura, Proceedings of the 3rd Japan International SAMPE Symposium, Dec. 7-10 (1993) 491

5) K. Kumagawa, H. Yamaoka, M. Shibuya and T. Yamamura, Proceedings of the 21st Annual Conference on Composites, Advanced Ceramics, Materials and Structures—A (1997) 113

6) T. Ishikawa, M. Shibuya and T. Yamamura, J. Mater. Sci., **25** (1990) 2809

7) 石川敏弘, 山村武民, 岡村清人, 日本化学会誌, **11** (1990) 1277

8) T. Ishikawa, Y. Kohtoku, K. Kumagawa, T. Yamamura and T. Nagasawa, Nature, **391** (1998) 773

9) 石川敏弘, マテリアルインテグレーション, **13** (2000) 29

10) T. Ishikawa, S. Kajii, K. Matsunaga, T. Hogami and Y. Kohtoku, J. Mater. Sci., **30** (1995) 6218

11) 石川敏弘, 梶井紳二, 松永賢二, 布上俊彦, 神徳泰彦, 材料, **45** (1996) 593

12) T. Ishikawa, S. Kajii, K. Matsunaga, T. Hogami, Y. Kohtoku and T. Nagasawa, Science, **282** (1998) 1295

13) M. Takeda et al., Ceram. Eng. Sci. Proc., **18** (1997) 779

14) K. Ifflander and G. C. Gualco, Ceram. Eng. Sci. Proc., **18** (1997) 625

15) M. Tanaka et al., Ceram. Eng. Sci. Proc., **14** (1993) 540

4.5 SiC/SiC 複合材料の強度特性

4.5.1. まえがき

近年，化石燃料の大量使用による CO_2 ガスの増大や NO_x による大気汚染が地球規模での重大な環境問題になっている．その対策の一環としてエネルギー効率向上の観点だけでなく大気汚染低減の観点からも，複合発電用高温ガスタービン，自動車エンジン用ガスタービンあるいはコジェネ用ガスタービンなどにおける駆動燃焼ガスの高温化が積極的に推進されている．エネルギー機器高温部材への繊維強化セラミックスの適用はその技術推進におけるキーテクノロジーのひとつとして注目されている．過去 10 数年にわたってエネルギー効率向上の面から積極的に取り組まれたエネルギー機器高温部材へのモノリシック系セラミックスの適用研究では，材料開発，適用技術および部品化技術に目覚しい進歩が見られ，信頼性の観点からはかなり満足できる技術までには達し，その適用実現の可能性に対する見通しと問題点が明らかにされた．しかしながら，その商用実機への実用化までの展開・普及には，まだ閉塞感があるのが現状である．それは，現状でも SiC や Si_3N_4 などのモノリシック系セラミックスには安全性設計に対応できるだけの破壊靱性の向上がなく，実用化において最も重要である，不測事態に対する安全性・健全性を保証できるほどの損傷許容性には欠如するという大きな課題を残しているためである．この究極の課題を打破できるセラミックス材料として，セラミックス系長繊維強化セラミックス基複合材料 CFCC（Continuous Fiber Ceramic Composites）が期待され，耐環境性・治癒機能・超耐熱性などの多機能性と健全性・安全性に対応できる有力な高温部材のひとつとして大いに期待されている．この章では，モノリシック系セラミックスによるガスタービンへの適用研究で得られた貴重な知見をもとに，CFCC の代表的材料である SiC/SiC 複合材料における強度特性の現状と期待について述べる．

4.5.2　高温部材への適用における期待と要求性能

(1)　モノリシック系セラミックス適用研究からの知見[1,2)]

従来，ガスタービンの効率向上は耐熱超合金の開発を基盤として駆動流体の燃焼ガスの温度上昇と冷却技術向上により図られてきた．しかし，この方法での効率向上には将来的には限界があり，高温部材へのセラミックス適用による無冷却方式での燃焼ガスの大幅上昇を期待して，過去10年余りにわたって適用研究・開発が進められてきた．この際のセラミックス材料開発や適用研究過程における材料特性究明，設計技術開発あるいは1300°C級セラミックスガスタービン高温部品の要素試験を通して，セラミックスガスタービンが実機として実現する上での重要ポイントとして，①強度信頼性とその長期安全性・健全性，②耐環境性，③最適構造信頼性，④材料開発などの観点から下記のように種々の知見を得ている．

1)　構造形状の簡素化による応力解析の精度向上，
2)　構造部品の大きさと部品点数の最適化，
3)　スラスト力による局部的接触応力の発生防止構造，
4)　非定常熱応力と定常熱応力との最適化のための弱冷却構造，
5)　最適冷却設計での部材表面温度の適度な低減による耐高温酸化性の長期間信頼性向上，
6)　不測の過大負荷条件に対しても局部損傷で済む損傷許容のあるセラミックス，
7)　適用部材構造の製造技術に基づく材料開発．

以上のようなことを知見として活かし，エネルギー機器高温部材への適用のための新しい材料設計や構造・機能設計ができるセラミックス材料となると，SiC/SiC 複合材料への期待が必然的に大きくなる．その中でも最大の期待は実機実現において，究極の条件である安全性にとって不可欠な損傷許容性にあるといっても過言ではない．

(2)　SiC 長繊維の強度特性と CFCC の製造方法

超高温構造部材に期待できる CFCC の強化材としては，実際に使用できるものとなると，いまのところ，高温まで室温での強度や弾性率を保持できるという優れた特徴があり，なかでも優れた高温強度を示す SiC 繊維であるニカロン繊維およびチラノ繊維になる．両 SiC 繊維はいずれも，有機ケイ素ポリマーのポリカルボシランを紡糸し，不融化・焼成して得られる SiC 系非晶質長繊維である．これらの SiC 繊維を強化材とする SiC/SiC 複合材料のマトリックス材は，CVI（Chemical Vapor Infiltration）法あるいは PIP（Polymer Impregnation Pyrolysis）法により SiC が含浸されている．いずれの製造方法によるものも，試作・評価のレベルのものから実用化レベルのものまで広範囲にわたっている．両 SiC 繊維は 1200°C前後が耐熱温度の限界となるので，必然的にマトリックスとしてのセラミックスの焼結法に制約を受け，通常のモノリシック系セラミックスの焼結法を適用できない．開発当初のニカロン繊維を用いた SiC/SiC 複合材料としては，CVI 法か PIP 法による SiC マトリックスの CFCC（ニカロセラム）であった．この耐熱温度限界は下記のような熱劣化機構に起因する．

ニカロン繊維は，製法上，過剰な酸素と炭素を含有する不定比化合物であり，1200°C以上の SiC/SiC 複合材料の焼成では，過剰な酸素と炭素を SiO および CO ガスとして放出し β-SiC に結晶化する熱分解が生じて繊維自体の強度が低下する．チラノ繊維はニカロン繊維より過剰な酸素が多いのを Ti 添加により β-SiC の結晶化のための熱分解を抑えている．ところが，最近では，ニカロン繊維は，電子線照射による不融化技術の開発により，過剰な酸素の含有量が極めて少なくなり高温特性が極めて向上して 1600°Cまで熱分解に起因する熱劣化の小さい SiC 長繊維（ハイニカロン）が開発された．これにより図 4.5.1 のように SiC/SiC 複合材料の製造技術が大幅に広がり，反応焼結法やホットプレス焼結などの方法が適用できるようになり，高強度の SiC/SiC 複合材料ができるようになった．さらなる技術の進歩により化学量論的処理で過剰な炭素も低減させた SiC 繊維のハイニカロン S[3] が開発され，一層の高温

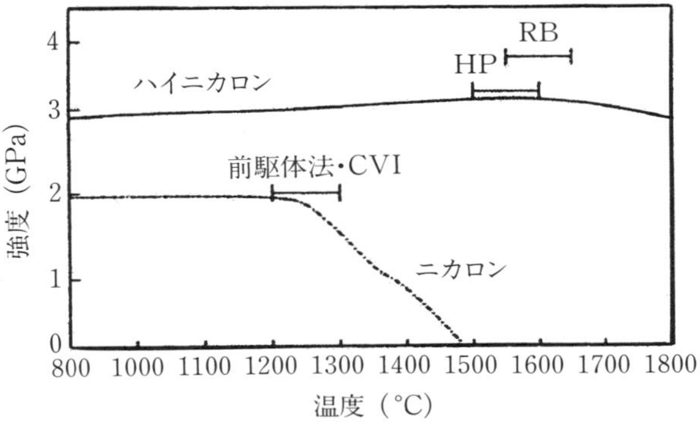

図 4.5.1　SiC 長繊維の耐熱性向上による製造技術の広がり

強度特性と耐熱性の改善が図られた．これにより，製造上あるいは実使用上での雰囲気の自由度が増し，今後の SiC/SiC 複合材料の開発促進に大いに役立っている．

4.5.3　SiC/SiC 複合材料の製造方法と強度特性

耐熱性・耐酸化性・高温強度の向上を図るための SiC/SiC 複合材料の製造方法としては，製造プロセス温度に対する繊維の耐熱性を考慮することが重要である．ニカロン繊維に対しては，欧米で積極的に取り組まれている CVI 法による SiC/SiC 系 CFCC（CVI-SiC/SiC）があり，繊維含有率も高く優れている．しかし，極めて高価であり商業ベースでの製品としては難しい．これに反して，格段に安価に製造できる PIP 法による SiC/SiC 複合材料（ニカロセラム）がある．これはニカロン繊維を 500 本程度束ねた織り糸を用いた織布に対してポリカルボシランに SiC 粉を混合したスラリーを含浸・焼成を繰り返しながら緻密化を図ったものである．CVI-SiC/SiC に比べて，繊維含有率が低くはなるが，成形が容易，かつ大型部品の製作もできる．この利点を活かし，既にガスタービンなどの高温部品の製造技術開発や特性評価が検討されてきた．また，ハイニカロンやハイニカロン S を用いて，反応焼結法[4]やホットプレス法[5,6]による SiC/SiC 複合材料の素材開発はもちろんのこと，しゅす織り布の積層成形やブレーディング成形[7,8] あるいは 3 次元織り成形などの成形法の適用により部品化技術開発も進んでいる．マトリックスへの SiC の含浸には各焼結法に応じて含浸が行われている．このような製法によるガスタービン高温部品の試作・開発部品[9] を図 4.5.2 に示す．

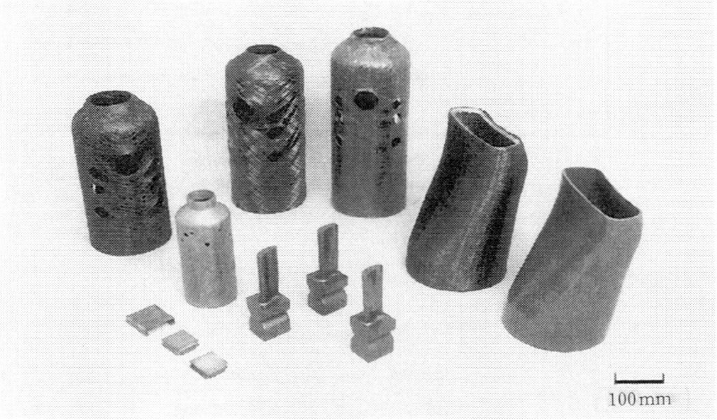

図 4.5.2　SiC/SiC 複合材料によるタービン部品の試作開発

SiC/SiC 複合材料が損傷許容性を有するには，一般に，マトリックス中をき裂が進展しても繊維が同時には破壊することなく，き裂をブリッジングする機構が生じるようにして靭性向上を図る必要がある[2]．このためには，き裂をブリッジングする過程でマトリックスから繊維が引き抜けることが重要である．製造過程ではもちろんのこと，実機での長期間供用中でも繊維とマトリックスが固着しないように界面特性に着目した SiC/SiC 複合材料の設計が必要である．ニカロセラムでは，ニカロン繊維表面にカーボンコートを施すことによりこの繊維の引き抜けを維持している．それゆえ，ニカロセラムの高靭性発揮は繊維表面のコーティングが機能するか否かに依存する．図 4.5.3 のニカロセラムの曲げ試験後の破面に見られるように，室温破面では引き抜け効果が十分認められるが，1200℃破面では認められずセラミックス基複合材料としての特性が消失している．これはマトリックスが多孔質のため繊維表面のカーボンコーティングが 1200℃まで加熱する間に酸化消失し，繊維とマトリックスとの固着が生じることに起因する．したがって，複合効果の発揮は室温あるいは

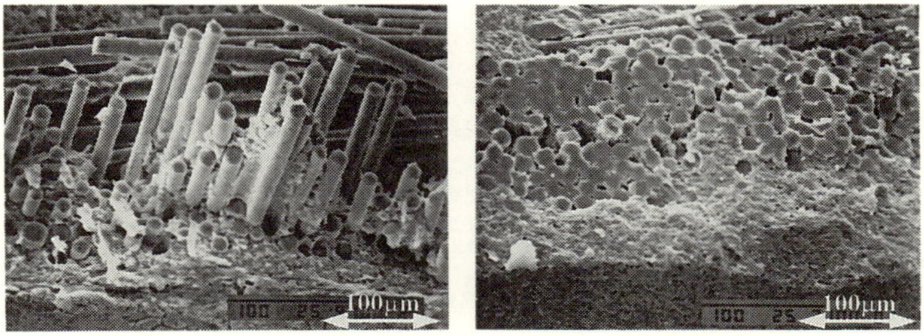

図 4.5.3　曲げ試験後のニカロセラム破面
(左)室温破面，(右)1200°C破面

非酸化環境での高温に限定されてしまう．現在ではその解決策として化学的に安定な BN の CVD コーティングが施されている[10]．

4.5.4　SiC/SiC 複合材料の強度特性と損傷許容性

(1)　繊維/マトリックス界面特性と強度特性

SiC/SiC 複合材料の強度特性およびその温度依存性は繊維とマトリックスとの界面特性およびマトリックス強度に依存するのはよく知られている．例えば，ニカロセラムの曲げによる即時破壊試験においても，図 4.5.4 に見られるように破壊挙動の特徴が反映される荷重-変位曲線の中に繊維/マトリックス界

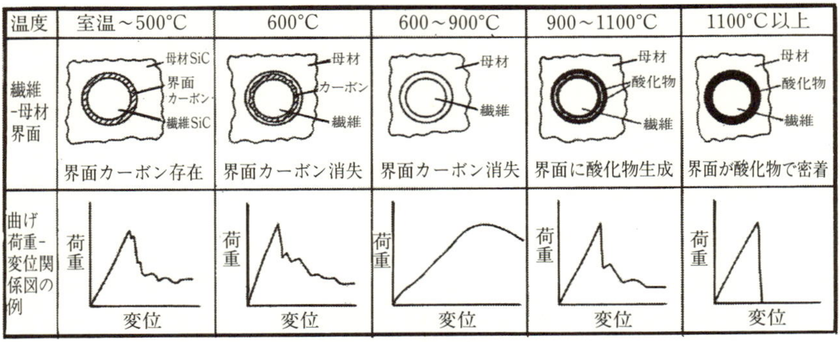
温度
室温～500°C
600°C
600～900°C
900～1100°C
1100°C 以上
繊維-母材界面
母材SiC
界面カーボン
繊維SiC
母材
カーボン
繊維
母材
繊維
母材
酸化物
繊維
母材
酸化物
繊維
界面カーボン存在
界面カーボン消失
界面カーボン消失
界面に酸化物生成
界面が酸化物で密着
曲げ荷重-変位関係図の例
荷重
変位

図 4.5.4　荷重-変位曲線の温度依存性

面における化学反応や反応生成物の軟化・溶融現象の影響が発現されている[11]．

高温部材への適用において期待される強度特性を発現できるように，SiC 長繊維セラミックス複合材料を開発するには，①繊維/マトリックスの界面制御および②マトリックス組成制御による強度特性向上が必要である．

荷重-変位曲線における①線形弾性域の上限の向上，②非線形強度上昇域のレベル向上および③強度低下域の広域化に着目した概念での新材料開発が必要である．

この概念に基づいた反応焼結法による CFCC 開発で製作した SiC/SiC 複合材料の荷重-変位線図[12] を図 4.5.5 に示す．

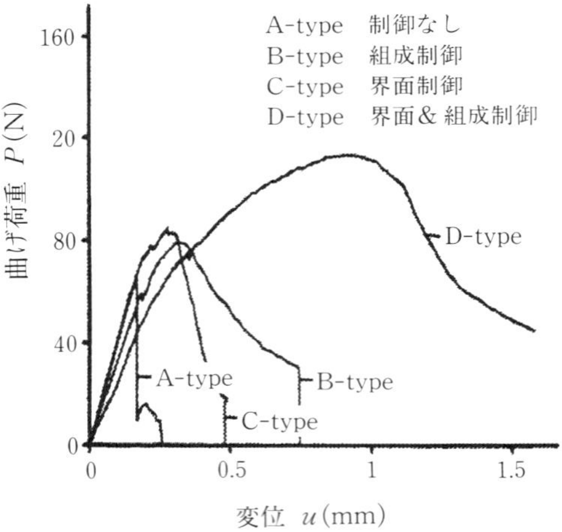

図 4.5.5　反応焼結による SiC/SiC 複合材料の曲げ試験における荷重-変位線図

図中の線図（D タイプ）のように界面制御とマトリックス組成制御の複合（シナジー）効果によりそれぞれ単一の制御による方法に比べ破壊強度（最大強度）も破壊吸収エネルギーも格段に向上している．その効果は図 4.5.6 の破面に見られるように明瞭な繊維の引き抜け効果が出ていることからもわかる．

図 4.5.6 反応焼結 Si/SiC 複合材料の破面

(2) 損傷許容性に対する要求概念[13,14)]

高温構造部材として SiC/SiC 複合材料に期待されている損傷許容性とは，定性的には図 4.4.5 中の荷重-変位曲線（D タイプ）による強度特性であると考えてよいだろう．

図 4.5.7 のように荷重-変位曲線を模式図で表すと，適用部位の受ける力学

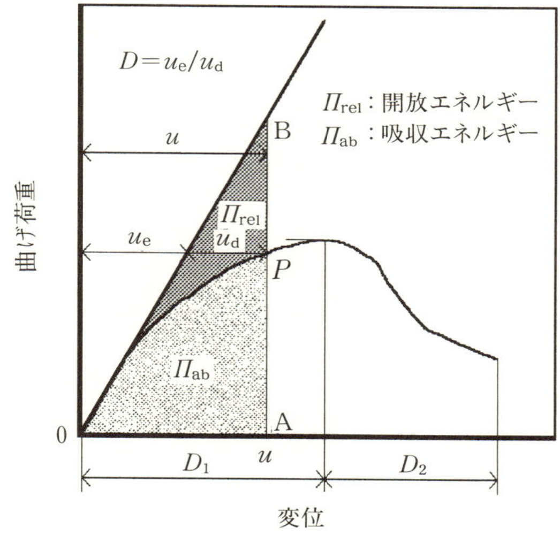

図 4.5.7 開放エネルギーの概念模式図

的条件および要求性能によって損傷許容性は異なってくる．

タービン動翼のように荷重制御の力学条件下では，線形弾性限界強度が高く，非線形域もできる限り長くて最大強度が高いほどよい．それは何らかの不測の高応力が発生し，線形弾性限界強度を万一超えても部分損傷にとどまり破壊に至らないためである．一方，燃焼器や尾筒のライナなどのような変位制御の力学条件下では，最大強度が高いよりも強度低下域ができるだけ長い方がよい．それは複数の損傷き裂が増大しても破断破壊にならなければ，健全性や安全性が確保できるからである．静翼は両部材の中間的力学条件にあると考えてよい．

(3)　損傷許容性に対する評価尺度

損傷許容性が認められる図 4.5.5 中の曲げ試験による荷重-変位曲線（D タイプ）に対して損傷許容性の定量的な評価を検討する．損傷許容性に対する評価は，部材内に部分的に損傷が生じて外力による仕事の一部を開放するエネルギー Π_{rel}，あるいは部材内に吸収するエネルギー Π_{ab} に着目して検討する必要がある．

そこで，SiC/SiC 複合材料の板状試験片が 3 点曲げ試験により引張面からき裂 a が発生し，圧縮面側に向かってき裂進展するときの曲げたわみ変位を u，曲げ剛性を k，コンプライアンスを λ とした FEM 解析モデルを考え，u，k および λ に対して a の関数としての $f_{\mathrm{u}}(a)$，$f_{\mathrm{k}}(a)$，$f_{\lambda}(a)$ を求めておくと，き裂進展に伴うエネルギー開放率 G を積分することにより開放エネルギー $\Pi(a)$ は

$$\Pi(a)=\frac{1}{2B(1-\nu^2)}\int_A M(a)^2\frac{\mathrm{d}\lambda}{\mathrm{d}a}\mathrm{d}A=\frac{1}{1-\nu^2}\int_0^a M(a)^2\frac{\mathrm{d}\lambda}{\mathrm{d}a}\mathrm{d}a$$
$$=\frac{1}{1-\nu^2}\int_0^u M(u)^2\left(\frac{\mathrm{d}\lambda}{\mathrm{d}a}\right)\left(\frac{\mathrm{d}a}{\mathrm{d}u}\right)\mathrm{d}u=\Pi_{\mathrm{a}}(u) \tag{4.5.1}$$

のように求められる．

一方，荷重-変位曲線を利用すると，開放エネルギー $\Pi_{\mathrm{u}}(u)$ は損傷なしで線形弾性変形するときの弾性エネルギー Π_{e} から損傷吸収エネルギー Π_{d} を差し引くことにより

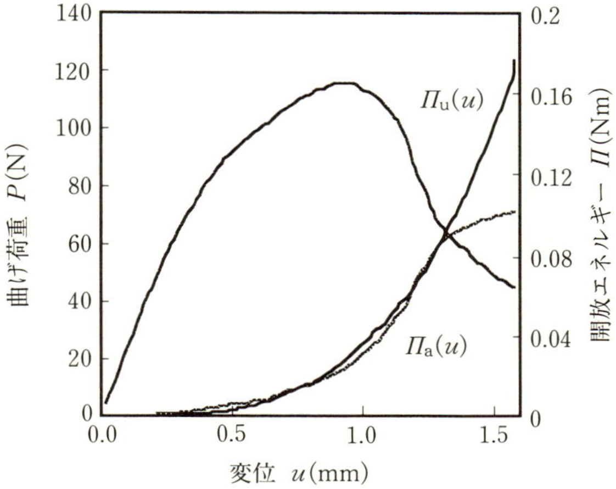

図 4.5.8　荷重-変位曲線と開放エネルギーの挙動

$$\Pi_{\mathrm{u}}(u)=\Pi_{\mathrm{e}}(u)-\Pi_{\mathrm{d}}(u)=\int_0^u\{P_{\mathrm{e}}(u)-P_{\mathrm{d}}(u)\}\mathrm{d}u \tag{4.5.2}$$

のように簡便に求めることができる．

そこで，図 4.5.8 は図 4.5.5 中の荷重-変位曲線に対して (4.5.1)式，(4.5.2)式により $\Pi_{\mathrm{a}}(u)$，$\Pi_{\mathrm{u}}(u)$ を求めて図示したものであり，両エネルギーの挙動はよく一致すること示している．このことは荷重-変位曲線に基づく $\Pi_{\mathrm{u}}(u)$ に破壊力学に基づく $\Pi_{\mathrm{a}}(u)$ が反映されていることを示唆している．したがって，$\Pi_{\mathrm{a}}(u)=\Pi_{\mathrm{u}}(u)$ とおいた積分方程式

$$\frac{1}{1-\nu^2}\int_0^u M(u)^2\left(\frac{\mathrm{d}\lambda}{\mathrm{d}a}\right)\left(\frac{\mathrm{d}a}{\mathrm{d}u}\right)\mathrm{d}u=\int_0^u\{P_{\mathrm{e}}(u)-P_{\mathrm{d}}(u)\}\mathrm{d}u \tag{4.5.3}$$

に対して数値積分することにより，図中の荷重-変位曲線および開放エネルギー $\Pi(u)$ は逆推定できる[15]．荷重-変位曲線に基づき全変位 u を損傷変位 u_{d} と弾性変位（非損傷変位）u_{e} とに分離して，損傷度を $D=u_{\mathrm{d}}/u_{\mathrm{e}}$ のように定義し，D を損傷評価パラメータとすると，損傷度 D は，また，開放エネルギー Π の関数として表せるので，最大強度までの損傷度である最大許容損傷

D_{max} に対する開放エネルギー $\Pi(D_{max})$ を求めることができ，変位制御の力学条件に対する SiC/SiC 複合材料の損傷許容性に対する評価尺度のひとつにはなる．

（4） 損傷許容性に対する定量的評価とその応用

変位制御形力学条件下での損傷許容性に対する評価試験法としては曲げ試験でもよいが，荷重制御形力学条件下での損傷許容性に対する評価試験法としては引張試験が必要である．図 4.5.9 はチラノヘックス（2 次元繊維強化），ハイニカロセラム（2 次元しゅす織り布積層強化）および 3 次元チラノヘックス（3 次元織り SiC 繊維）の 3 種類の SiC/SiC 複合材料による板状試験片に対する引張試験での荷重-変位曲線[16) を示す．

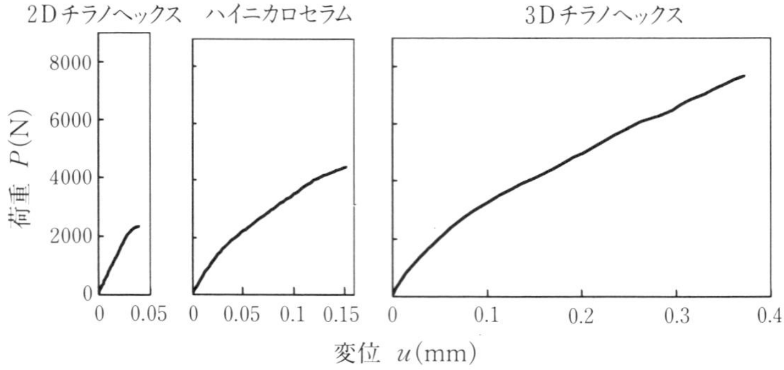

図 4.5.9　引張試験での SiC/SiC 複合材料の荷重-変位線図

そこで，これらの荷重-変位曲線から算出できる開放エネルギー Π_{rel}，吸収エネルギー Π_{ab} から，損傷許容性の評価に対しての有効エネルギー Π_{eff} を

$$\Pi_{eff}=\frac{\Pi_{rel}\Pi_{ab}}{\Pi_{rel}+\Pi_{ab}} \qquad (4.5.4)$$

のように定義する．この有効エネルギー Π_{eff} による損傷許容性は強度特性も十分考慮した定量的評価となるので，合理的である．

図 4.5.10 は前述の 3 種類の SiC/SiC 複合材料に対して最大強度までの Π_{eff} と最大強度 σ_{max} とで比較評価した結果を示し，各 SiC/SiC 複合材料の損傷許

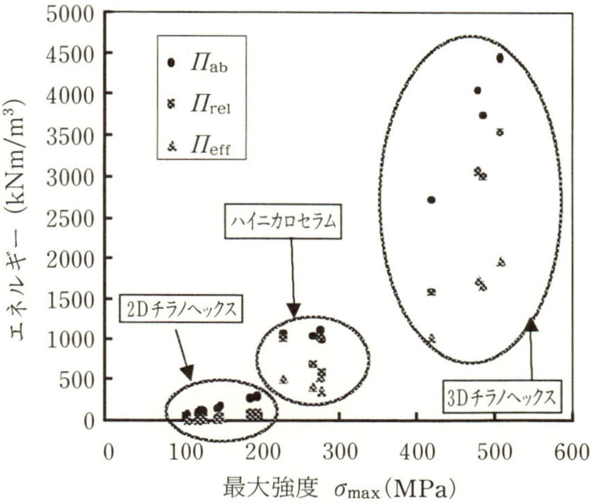

図 4.5.10　各種 CFCC の損傷許容性評価

容性をよく評価できている．

4.5.5　あとがき

高温構造部材への SiC/SiC 複合材料の実用化の実現には，機器としての安全性・健全性のために，SiC/SiC 複合材料による部材に損傷許容性が最も重要な強度特性のひとつとして要求される．SiC/SiC 複合材料にはその損傷許容性を創造できると期待し開発されている．しかし，その損傷許容性に対する概念あるいは評価法は明確になっていないのが現状であり，その概念および実用的かつ合理的で簡便な評価法について紹介した．今後の SiC/SiC 複合材料の開発ならびに設計・評価技術にご参考になればと思う．

参 考 文 献

1) 岡部永年, "ガスタービン高温部品へのセラミツクス適用技術", 先進セラミックス（日刊工業新聞社, 1994）p. 203
2) 岡部永年, 耐熱金属材料第123委員会研究報告, Vol. 37 No. 3：第8回討論会（1997）p. 151
3) M. Takeda et al., Ceramic Engineering & Science Proceedings, Vol. 16（1995）p. 37
4) 網治　登 他, セラミックス, **31**（1996）567
5) 神谷　晶 他, J. Cer. Soc. Japan, **102**（1994）957
6) 神谷　晶 他, J. Cer. Soc. Japan, **103**（1995）191
7) 濱田泰以 他, 日本複合材料学会誌, **16**（1990）155
8) 濱田泰以 他, 繊維機械学会誌, **41**（1988）45
9) T. Kameda et al., High Temperature Ceramic Matrix Composies III（1999）p. 95
10) 神谷　晶 他, 日本セラミックス協会年会予稿集（1995）p. 65
11) 平田英之, 第16回材料・構造信頼性シンポジウム講演論文集（1998）p. 59
12) T. Kameda et al., Ceramic Engineering & Science Proceedings, Vol. 18（1997）p. 419
13) 岡部永年 他, 第11回ガスタービン秋季講演会講演論文集（1996）p. 251
14) 岡部永年 他, 第9回計算力学講演会講演論文集, No. 96-25（1996）p. 303
15) 岡部永年 他, 日本機械学会第74期通常総会講演会講演論文集（II）（1997）p. 41
16) N. Okabe et al., ACCM-1, Vol, II（Oct. 1998）, Osaka, Japan, p. 551

4.6 SiC 材料の熱交換器への応用

4.6.1 概　　　要

SiC 材料のもつ優れた高温強度，耐腐食性などの性質は，従来の材料では耐久性の点から実現の難しかったプロセスを可能とするポテンシャルを秘めている．本章では，高効率廃棄物発電を目的とした，SiC 材料を利用した「セラミック式高温空気加熱器」の開発状況について，その開発背景，特徴，今後の展望などを概説する．

4.6.2 国内における廃棄物発電の現状

資源枯渇や地球温暖化に対する関心の高まりを受け，廃棄物処理の分野においても，廃棄物の保有するエネルギーの有効活用が求められており，風力発電，太陽光発電などに加え廃棄物発電が新エネルギーの一形態として重要視されている．廃棄物のもつ熱量を利用して発電するには，その燃焼により発生した排ガスの顕熱を廃熱ボイラで蒸気に回収し，蒸気タービンを用いて発電する方式が一般的である．その発電効率は，蒸気タービンに供給される過熱蒸気の温度に大きく依存しており，過熱蒸気温度を上げることにより発電効率を向上させることができる．

しかし，国内の廃棄物発電設備における過熱蒸気温度は，実用上は約 300℃が上限となっており，発電効率は 20％弱程度と一般の火力発電設備に比較して著しく低いのが実状である[1]．過熱蒸気温度の上限が 300℃となっているのは，ボイラ過熱器の伝熱管における高温腐食の問題のためである．化石燃料と異なり，廃棄物の燃焼ガス中には HCl 等の腐食性ガス成分が多く含まれるため，金属材料の使用環境としては非常に厳しい．図 4.6.1 は，金属材料につい

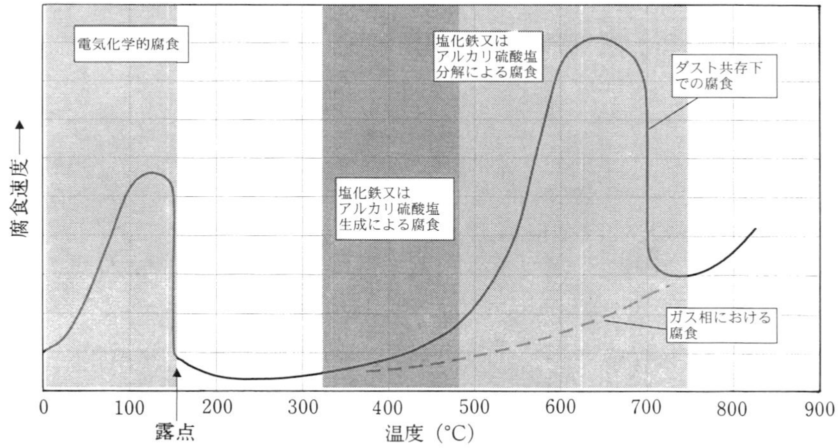

図 4. 6. 1　伝熱管の表面温度と腐食速度の関係

て一般的に知られている伝熱管表面温度と腐食速度の関係を示している．管温度 150°C以下における腐食は，酸露点（酸性ガス成分の凝縮温度）以下で生じる電気化学的腐食であり，酸露点以上では 320°C程度までの範囲においては腐食は比較的穏やかである．ところが，管温度 320°C以上，特に 480°C以上の領域では，腐食は非常に激しいものとなる．この領域では，ガス中に含まれる HCl 等の腐食性ガス成分による腐食に加えて，焼却灰中の NaCl，KCl，Na_2SO_4 等の塩類が溶融して腐食に関与するため，腐食速度が非常に大きくなり加速度的な腐食進行が生じる．この現象は，高温溶融塩腐食と呼ばれており[2)]，この激しい腐食領域を避けるためには，管表面温度を 350°C程度に抑える必要がある．蒸気過熱器の管表面温度は，一般に蒸気温度＋50°C程度となる．したがって，過熱蒸気温度は約 300°Cが上限という制約を受けざるを得なかったのである．

近年では，材料開発や運転管理などの改善により，蒸気温度 400°C程度のプラントも幾つか運転されているほか，蒸気温度 500°Cを目標とした材料開発の試みもなされている[3)]．しかし，蒸気過熱器においては，被加熱流体が高圧の過熱蒸気であることから，伝熱管材料には耐腐食性に加えて高い高温強度が要求されるため，経済性と信頼性の両面を満足する材料の開発の難易度は非常に高い状況にあるといえる．

4.6.3　ガス化溶融炉における廃棄物処理

一方では，近年の廃棄物処理に対する要請は大きく変化しており，特に廃棄物の燃焼によって発生するダイオキシン類の問題，埋立処分場の残余年数の問題が重要視されている．こうした要請に応えうる次世代型の処理技術として，ガス化溶融炉の開発が盛んに行われており，近年実用化の段階を迎えている[4,5]．

ガス化溶融炉の特徴は高温燃焼にあり，廃棄物を熱分解ガス化して発生した可燃ガス，チャー，タール等を高温燃焼することで，ダイオキシン類の完全分解と，灰分の溶融固化による減容化を同時に実現することができ，埋立処分場の延命化にも寄与することができる．ガス化溶融炉における燃焼温度は，その炉形式あるいは廃棄物の種類にもよるが，一般に 1200～1500℃程度であり，従来型の焼却炉（800～900℃）に比べて非常に高い．すなわち，ガス化溶融炉からの燃焼排ガスは，従来型の焼却炉に比べて高い顕熱を有している．この高温顕熱を有効利用することにより，従来以上の高効率発電が可能になると期待されているが，前に述べた高温溶融塩腐食のために，ボイラの過熱蒸気温度が従来と同等の制限を受けることに変わりはない．このため，より一層の発電効率の向上のためには，高温の排ガスから顕熱を有効回収する新たな技術が求められている状況にある．

4.6.4　過熱蒸気の間接加熱方式

これまで述べてきた背景から，以下に述べる「過熱蒸気の間接加熱システム」による高効率発電方式の実用化に向けた研究開発が行われている[6,7]．図 4.6.2 に本システムのプロセスフローを示す．本システムでは，まずガス化溶

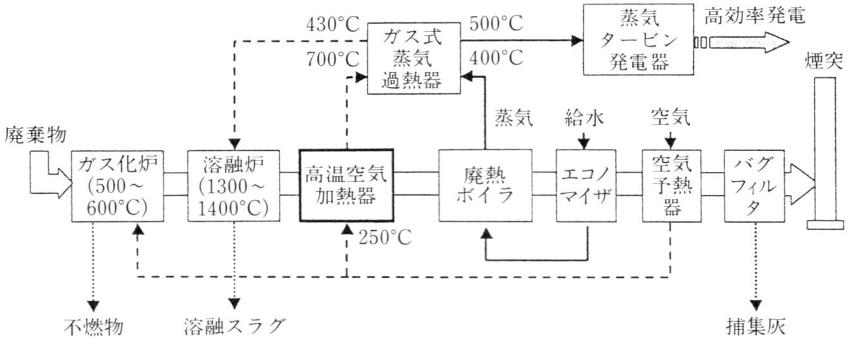

図 4. 6. 2　過熱蒸気の間接加熱方式

融炉出口に設置した高温空気加熱器において，燃焼排ガスと空気を熱交換することにより，700°C以上の高温空気を得る．次に，この空気を蒸気過熱器に導き，高温空気と蒸気を熱交換して，最終的に 500°C以上の過熱蒸気を得る．このように蒸気を間接的に加熱することによるメリットは，以下の通りである．

（1）　燃焼排ガスと熱交換される空気は常圧であるため，高温空気加熱器の伝熱管材質には耐圧性は要求されない．すなわち，法規の適用を受けるボイラ伝熱管材料のような高い高温強度は必要ではないため，耐腐食性に特化した材料（セラミックス）を用いることができる．

（2）　一方，蒸気過熱器については，熱交換は腐食性ガス成分のない空気と蒸気の間でなされるため，高温溶融塩腐食の問題は完全に回避できるうえ，強度的な問題についても既存技術によって十分対応できるため，技術的難点はないといえる．

以上のように，本システムを用いた場合，高温溶融塩腐食の問題なしに 500°C以上の高温過熱蒸気を発生させることができる．この場合，発電端効率は大型炉で 28～35%が期待でき，従来の廃棄物発電とは一線を画した廃棄物ガス化溶融発電システムが実現できる．

4.6.5　高温空気加熱器

上記の過熱蒸気間接加熱方式の中核技術となるのが，1200°C以上の高温排ガス雰囲気中に設置される高温空気加熱器である．高温空気加熱器の構造図を図4.6.3 に示す．本空気加熱器はバヨネット式熱交換器と呼ばれるものであり，

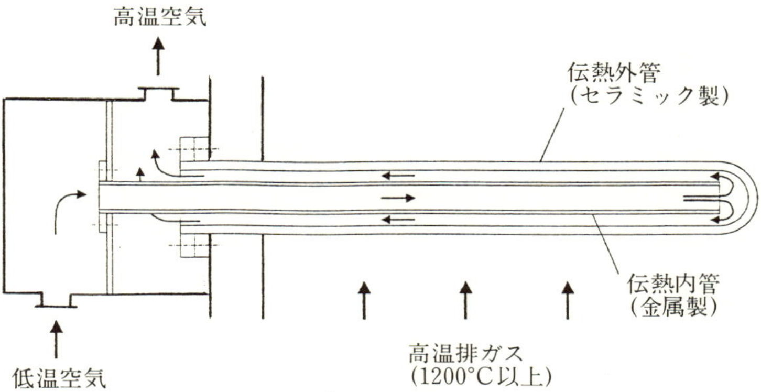

図 4.6.3　高温空気加熱器構造図

伝熱外管，伝熱内管の 1 組 2 本の伝熱管を複数組配置して構成される．加熱される空気はまず伝熱内管を経由して伝熱管先端に導かれ，先端で流れが反転して伝熱内管と伝熱外管の間を通って排出される．この熱交換器の特徴として，以下のような点が挙げられる．

（1）　片端が完全自由の構造となっているため，本システムのように加熱側と被加熱側の温度差が大きい場合でも，熱膨張を逃がすことができる．

（2）　したがって，熱応力はほとんど発生しないため，伝熱管の必要強度は低く抑えることができる．

（3）　伝熱管の形状が非常に単純であり，特に曲げ部分が存在しない．このことは，伝熱外管の材質としてセラミック成形体を用いるうえで大きなメリットとなる．

（4）　伝熱管の交換・点検のための取外し作業が容易である．

本空気加熱器において鍵となるのが伝熱外管の材質である．前に述べたように，本空気加熱器の伝熱管は法規などの規制を受けないので，耐腐食性に優れたセラミック等を用いることができる．具体的な材料組成に関しては，現在，以下に述べる研究開発の一環として耐久性評価が行われている．

4. 6. 6　セラミック式高温空気加熱器の実証試験

(株)荏原製作所では，平成 10 年度～平成 12 年度の 3 カ年にわたり，NEDO（新エネルギー・産業技術総合開発機構）および(財)エネルギー総合工学研究所による委託事業「廃棄物ガス化溶融発電技術開発」の一環として，このセラミック式高温空気加熱器の実証を行っている[7]．実証試験は(株)荏原製作所藤沢工場内にある「ガス化溶融施設 20 t/d 実証プラント」において行われている．実証プラントのブロックフロー図を図 4.6.4 に示す[5]．

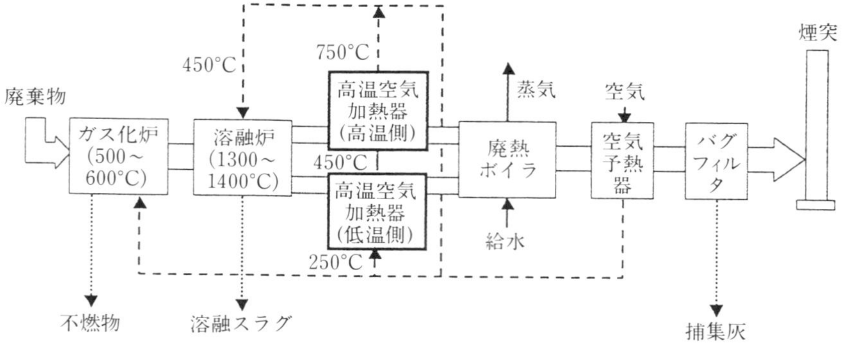

図 4. 6. 4　ガス化溶融炉実証プラントフロー図

本プラントでは，溶融炉の出口に 2 組の高温空気加熱器が設置されており，それらを直列に接続して使用している．空気はあらかじめボイラの下流に設置された空気予熱器において約 250°Cに加熱された後，第 1 段目（低温側）の高温空気加熱器に導かれ，約 450°Cに加熱される．続いて，第 2 段目（高温側）

の高温空気加熱器において，約 750℃に加熱される．なお，本実証試験においては，高温空気加熱器の性能および耐久性評価が主目的であるため，この高温空気は蒸気加熱には用いられず，溶融炉の燃焼用空気の一部として使用されている．

材料選定の上では，(1)耐久性，(2)信頼性，(3)経済性の 3 点に注目して，Al_2O_3，SiC，Si_3N_4 等のさまざまな材質について，緻密質焼結体，多孔質焼結体を含め比較試験を行ってきた．これまでの評価としては，緻密質 SiC 焼結体の試験状況が最も優れており，現在，数社の国内メーカにて製造されている α-SiC 材料および β-SiC 材料を最終候補として，長期の耐用試験が行われている．

耐用試験の状況としては，本システムで想定されている使用条件下における伝熱管材料の劣化は金属材料と比較してごくわずかであるうえ，セラミック材料に特有のヒートショックによる破損もほとんど見られず，十分な長寿命が期待できる状況である．また，伝熱特性に関しては，設置環境が高温であり輻射伝熱が主体であること，高温排ガスと被加熱空気の温度差が大きいこと，伝熱管材質（SiC）の熱伝導性が非常に良好であること等から，比較的少ない伝熱面積で効率的な熱交換を行うことができ，750℃以上の高温空気が安定して得られることが確認されている．各材料の最終的な耐久性評価，および本システムの総合的な経済性評価については，平成 12 年度末に試験結果を総括する予定である．

4.6.7　今後の展望

廃棄物処理の今後の流れとしては，ガス化溶融炉に取って代わる次世代のプロセスとして，廃棄物を可燃ガスに変換し，それを用いてガスタービン，ガスエンジンあるいは燃料電池などによって発電するプロセスへと移行していくと考えられている[6)]．

そのようなプロセスにおいても，高温の発生ガスから効率的に顕熱を回収するシステムの必要性が認識されており，本章で述べたセラミック式高温空気加熱器が重要な要素技術となるといえる．ただし，設置環境が還元雰囲気となるため，還元雰囲気における SiC 材料の耐久性について十分検討する必要があると考えている．

このように，本章で述べたこのシステムは，各種の高温ガスからの熱回収に応用することができ，その適用範囲は非常に広いものといえる．もちろん，他分野，他プロセスへの応用にあたっては，さまざまな成分の高温ガス環境下における SiC 材料の耐久性に関して，より広範なデータを蓄積する必要があるが，従来の金属材料では実現不可能であったプロセスを可能にするという点で，SiC 材料を用いたこのようなシステムに対する期待は今後一層高まってくると考えている．

参 考 文 献

1）吉葉正行, 学振 123 委研究報告, **38**（1997）319
2）林　安治 他, 火力発電, **21**（1970）489
3）NEDO, 高効率廃棄物発電技術開発平成 10 年度報告書（1999）
4）大下孝裕, 化学装置, **1**（1997）87
5）廣勢哲久 他, エバラ時報, **180**（1998）26
6）大下孝裕, 日本エネルギー学会誌, **78**（1999）712
7）NEDO, 廃棄物ガス化溶融発電技術開発平成 11 年度報告書（2000）

4.7　SiC単結晶のパワーデバイスへの応用

4.7.1　はじめに

パワーデバイスは電力の変換や制御を行う電気回路に使われる半導体デバイスであり，広範囲の電気機器に適用されている．1950年にパワートランジスタやサイリスタが商品化されて以来，約50年間にわたってSiを素材とした性能の改善が進められてきたが，低損失化というデバイスの根源的な命題に対してSiはそろそろ限界に近づいている．SiCを素材とするパワーデバイスはこの限界を超えることができ，そのうえ，300°C以上の高温動作も可能である．ここ数年の急速な技術進歩からするとSiCパワーデバイスの実用化はそう遠い先ではない．しかし，結晶材料やプロセスに係わる幾つかの課題が残されている．

4.7.2　パワーデバイスの役割と現状

パワー半導体デバイスは，電力輸送や産業システム，鉄道，自動車などの大きな変換装置のほか，テレビ，冷蔵庫，エアコンなどの家庭用機器あるいはパソコンなど情報関連機器の電源，モータ制御などの小型機器まで，あらゆる分野に幅広く使われている．図4.7.1にいろいろなデバイスの変換容量と動作周波数と主な応用分野の関係を示す．それぞれの用途に適合したデバイスが選択されるが，最近ではパワーMOSFET（Metal Oxide Semiconductor Field Effect Transistor）やIGBT（Insulated Gate Bipolar Transistor）が主力デバイスとなっている．基本的には，電流の流れる方向を制限する整流作用と，電流のオン，オフを行うスイッチング作用の2つの動作があり，これらを駆使

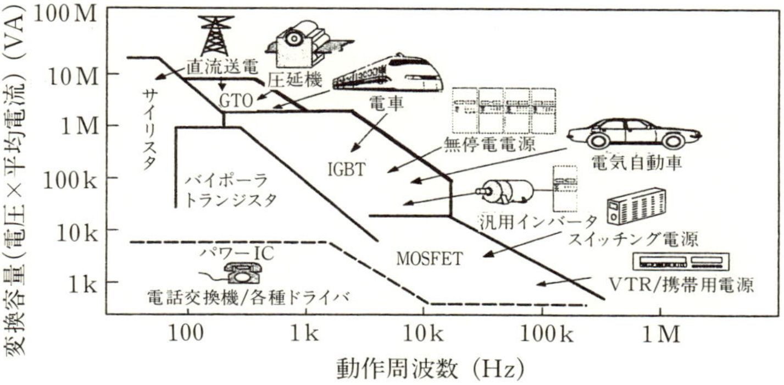

図 4.7.1　パワーデバイスの変換容量と応用分野

して，望ましい電圧・電流波形を電源から作り出す．したがって，パワーデバイスの性能が応用機器の効率などの電気的性能はもちろん，装置の大きさにも影響を与えることになる．そのため，デバイスの高性能化が強く求められてきた．主要な課題は，電流通電時やスイッチング時の発生損失の低減，高速化，大容量化などの性能向上と，集積化やインテリジェント化などによる使いやすさの向上である．特に最近では，地球環境の保全と持続可能な経済発展の観点から電気エネルギーの効率的な利用が叫ばれ，パワーデバイスの低損失化がとりわけ強く求められている．

4.7.3　SiC によるパワーデバイスの性能向上

(1)　物性値の比較

まず，SiC によってパワーデバイスの性能がどの程度向上するのかを見る．表 4.7.1 は Si と SiC の物性の比較を示す．SiC 結晶には幾つかの多形（ポリタイプ）があるが，パワーデバイスに好適と言われる 4 H-SiC の値を示す．Si に比べて，1)バンドギャップが 2〜3 倍，2)絶縁破壊電界が約 7.5 倍，3)熱伝導率が 3 倍，そして 4)真性半導体となる上限温度が 3〜4 倍という物性値はパワーデバイス用材料として極めて優れている．すなわち，ワイドバンドギャ

表 4.7.1　SiC vs Si 物性値の比較

項目	4 H-SiC	Si	(SiC/Si)
バンドギャップ　E_g (eV)	3.2	1.12	2.86
電子移動度　μ_n (cm²/Vs)	700	1450	0.48
電子飽和速度　V_s (cm/s)	2.0×10^7	1×10^7	2.00
絶縁破壊電界　E_c (V/cm)	2.2×10^6	3×10^5	7.33
比誘電率　ε	9.7	11.9	0.82
熱伝導率　χ (W/cm°C)	4.9	1.5	3.27
真性化温度 (°C)	1240	300	4.13

ップは pn 接合の高温漏れ電流を少なくし，真性化温度の増大によって動作上限温度を高くでき，また，高い絶縁破壊強度はデバイスの厚さを極めて薄くできることになり，電流導通損失（オン損失と呼ぶ）の飛躍的な低減が期待できるからである[1]．以下に，これらの物性値とデバイスの電気特性の関係をもう少し詳しく述べる．

(2)　オン抵抗の低減

図 4.7.2 は pn 接合に逆電圧を印加したときの空乏層の広がりと電界分布を Si と SiC で比較したものである．電圧の増加に応じて空乏層がドリフト層内に広がることによって電圧を阻止する．そして，pn 接合位置での電界が絶縁破壊電界 E_C に到達した時点でアバランシェ降伏を起こす．この電圧をブレー

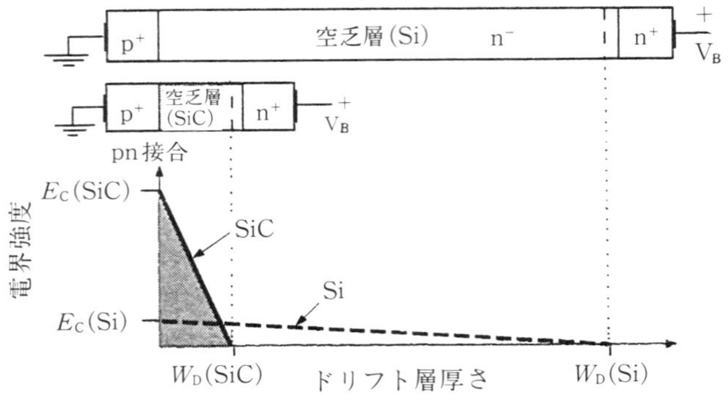

図 4.7.2　空乏層の広がりと電界分布の比較

クダウン電圧 V_{BD} とすると，V_{BD} は粗い近似で $V_{BD}=W_D \cdot E_C/2$ と表せる．ここで，W_D は空乏層の長さ（必要なドリフト層の長さに相当する）である．したがって，絶縁破壊電界 E_C が Si の 7.5 倍の SiC では W_D が Si の 13% でよいことになる．また，このときのドリフト層の不純物ドーピング濃度 N_D は，ポアソンの関係式から $N_D=\varepsilon E_C/qW_D=\varepsilon E_C^2/2qV_{BD}$ と表され，E_C の 2 乗に比例して大きくなり，Si の約 60 倍の高濃度にできる．これらはオン抵抗の著しい減少につながる．すなわち，単位面積当たりのオン抵抗 $R_{on\cdot s}$ は，電子移動度を μ_n として $R_{on\cdot s}=W_D/q\mu_n N_D$ と表せるので，W_D および N_D と E_C の上記の関係を代入すると次式のようになる．

$$R_{on\cdot s}=\frac{4V_{BD}^2}{\varepsilon\mu_n E_C^3}$$

したがって，SiC 素子のドリフト層のオン抵抗は Si の約 1/300 に激減することになる．

図 4.7.3 はいろいろな耐電圧の素子のオン抵抗 $R_{on\cdot s}$ およびオン電圧 V_F（@100 A/cm²）を示す．コンタクト抵抗などを無視した単なるドリフト層のオン抵抗，チャネル抵抗を考慮した SiC-MOSFET のオン抵抗[2] およびショットキー障壁を加えたショットキーダイオード（SBD）のオン電圧のいずれも計算による予測値を示している．比較のために Si-MOSFET のオン抵抗や

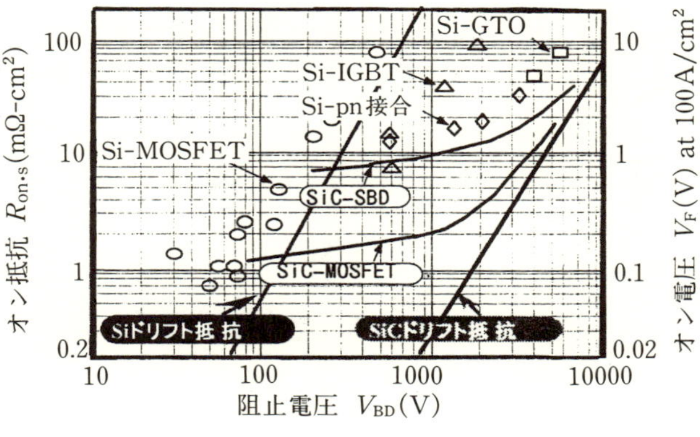

図 4.7.3 オン抵抗，オン電圧と阻止電圧の関係

IGBT, GTO および pn 接合ダイオードなど代表的な Si パワー素子のオン電圧の実績値をプロットした．注目したいのはバイポーラ型の Si 素子より低いオン抵抗，オン電圧の MOSFET および SBD の可能性がある点である．もちろん，ユニポーラ型素子なのでスイッチング速度は極めて速く，損失も極めて小さい．低電圧から高電圧まで広い範囲をカバーしており，まさに理想的なパワーデバイスが実現できることになる．

（3）　高い動作温度

pn 接合の漏れ電流 J_R は，空乏層での生成電流が支配的であるとして，次式のようになる．

$$J_R \fallingdotseq \frac{q n_i W_D}{\tau} = \frac{2 q n_i V_{BD}}{E_C \tau} \propto \frac{2 q V_{BD} \cdot \exp(-E_g/2kT)}{E_C \tau}$$

ここで，n_i は真性キャリア濃度，τ は空乏層内のキャリア寿命，E_g はバンドギャップである．図 4.7.4 は漏れ電流の温度変化を SiC と Si で比較する．$J_R = 1 \times 10^{-3}$ A/cm^2 が動作限界温度とすると，Si では 150℃，SiC では最大 700℃の高温まで動作可能となるが，実際には電極や絶縁材料などデバイスの信頼性に関係する他の要因で制限される．SiC は動作上限温度 T_{jmax} が 300〜450℃の高温デバイスとして期待できる．

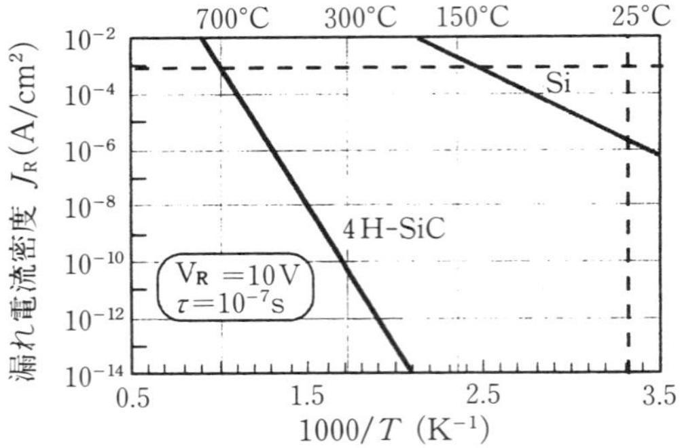

図 4.7.4　漏れ電流の温度変化（計算値）

4.7.4　応用装置へのインパクト

図 4.7.5 は SiC パワーデバイスの応用装置に及ぼす効果について相互の関連を示す．装置への効果は高効率化とコンパクト化である．そして，応用が進んだときの電力の有効利用による省エネルギーの効果は極めて大きいといえる．SiC デバイスの開発実用化が順調に進められ，Si デバイスに代わって応用展開が実現されれば 2030 年には国内で 530 万 kW の電力損失低減が可能であると予測した報告例もある[3]．現在の MOSFET や IGBT などの Si デバイスでほぼ充足されている応用分野には SiC デバイスは入りにくい．この点で最も期待されているのは電力の輸送や変換の分野，特に大容量の素子が使用される無効電力補償装置，高圧直流送電，非同期連係装置などの自励式電力変換器への適用である．これらの装置は扱う電力が大きいので高い変換効率が求められており，現状の Si デバイスでは十分な満足が得られていない．SiC デバイスを適用した場合，装置の大きさならびに損失がそれぞれ約 60%，約 30% になるという試算例も報告されている．しかし，高耐圧，大電流，高信頼のデバイスが要求される分野であり，実用化までの開発課題も多い．また，装置のコンパクト化が望まれる電車や自動車などの交通輸送の分野においても期待が大きい．とくに，新幹線などの長距離高速電車や電気自動車のインバータ，

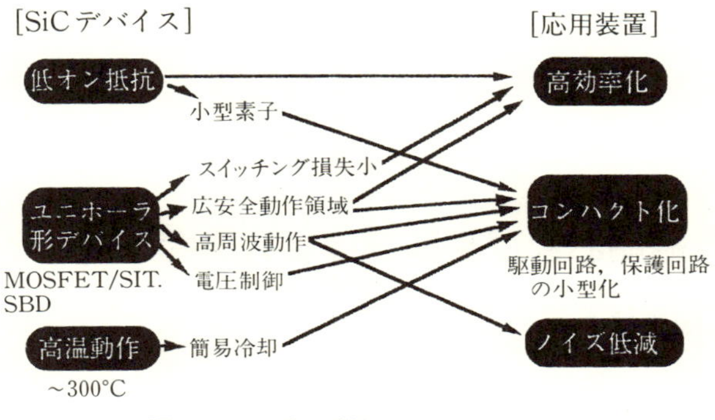

図 4.7.5　応用装置へのインパクト

DC-DC コンバータなどの小型・軽量化にとって SiC デバイスは大きく貢献できる．低損失という利点に加えて，高温動作の特徴が生きてくる．すなわち，現状の Si デバイスで最大 80°C の許容冷却フィン温度が SiC デバイスの適用によって 160°C に上昇するので，外気（40°C）との温度差が 3 倍に拡大し，冷却システムの大幅な簡単化が可能になる．とくに，電気自動車やハイブリッド車では現状の水冷却を省略できるのでインバータの小型・軽量化のみならず組み立ての簡略化やメンテナンスの点で有利である．このほか，各種小型電源などの効率向上やコンパクト化にも効果は著しいが，これらの機器に適用されるには，SiC の材料やデバイスの製作技術が進んで Si デバイスに対する価格競争力が付くことが前提条件となる．さらに，オン電圧が 1.0 V 以下という超低損失のスイッチング素子の出現は，これまでになかった新たな応用を造り出す可能性がある．例えば，商用電源ラインや直流電源ラインの半導体スイッチなど，Si 素子ではロスが大きくて適用できなかった応用などが考えられる．

また，SiC ダイオードだけでも大きな効果がある．一般に，インバータ回路では IGBT などのスイッチング素子に並列にダイオードが接続される．ターンオン時には対アームのダイオードのリカバリー電流も流れるので大きなスイッチング損失とノイズ発生源になり，インバータの効率や高速動作が制限される．このような応用には，高速のスイッチング素子だけでなく高速・低損失の整流ダイオードが望まれているが，Si ダイオードの性能改善はもう限界に近い．SiC ショットキーダイオード（SiC-SBD）はこのような応用に格好な整流ダイオードである．このように，Si の IGBT と一緒に使用されるならば，SiC パワーデバイスとしてはショットキーダイオードが一番早く実用化されるものと思われる．

4.7.5　単結晶および製作プロセス開発の現状

（1）　SiC 単結晶

原理的には極めて期待の大きい SiC デバイスであるが，今日まであまり進展しなかった理由は高品質な結晶が得られなかったことにある．しかし，改良された昇華法で比較的欠陥の少ない単結晶インゴットが製作され，また，1987年に京都大のグループが開発したステップ制御エピタキシャルと呼ばれる方法[4]によって比較的低温で高品質な結晶成長が可能になってから，本格的なデバイスの研究が進められるようになった．結晶やプロセスの現状は文献[5]にまとめられている．SiC 単結晶は SiC 粉末を原料として 2000°C以上の高温で種結晶に昇華形成されるが，成長技術の蓄積に伴って多形の制御もほぼ完全に行われるようになり，現在では直径 50 mm の n，p 型の 6 H および 4 H の SiC ウエハが市販されている．さらに大口径（100 mmϕ）の可能性も示されている．また，デバイスにとって致命的な欠陥とされていた直径数 μm の貫通欠陥（マイクロパイプ）も研究レベルで 0.5 個/cm^2，市販品で数 10 個/cm^2 まで少なくなった．

（2）　製作プロセス技術

前項で述べたように，SiC パワーデバイスのアクティブ領域（ドリフト層）の厚さは Si の約 1/10 でよい．したがって，高耐圧素子であっても Si デバイスのように厚さ 300～500 μm の単結晶ウエハをそのままアクティブ領域として使用することはなく，低抵抗の単結晶基板上に所定濃度に不純物ドープされた厚さ 5～50 μm のエピタキシャル層が使われる．SiH_4 と C_3H_8 を原料ガス，H_2 をキャリアガスとする 1500～1600 °Cの温度の CVD 法で結晶成長し，n 型には N_2，p 型には Al をドープする．すでに 10^{14}～$10^{19}cm^{-3}$ の範囲で高純度，高精度のドーピング制御ができるまでになっている．電子移動度はエピタキシャル層で調べられ，4 H-SiC で 850 cm^2/Vs の最大値が報告されている．SiC ではドーパント不純物の拡散係数が極めて小さいので，Si のような拡散法が適用できない．そのため，イオン注入法が重要な接合形成手段となる．パワーデバイスには深い接合が好ましいので MeV 級の高エネルギーの注入が必要である．n^+ 層の形成には N_2，P，p^+ 層には B，Al を注入し，活性化に 1500°C以上の高温アニールが必要であるが，それぞれ数 100，数 kΩ/□のシート抵抗が得られている．オーミック電極として n^+ 層に Ni，p^+ 層に Al の材料が使われ，表面濃度を $10^{19}cm^{-3}$ 程度にすれば接触抵抗 10^{-4}～10^{-5} Ωcm^2 のコンタクトが得られている．シンター温度が 1000°C程度と高いが，当面のデバイス研究には適用できる．このほかに MOSFET のゲート絶縁膜や接合の表面保護膜として SiO_2/SiC 界面の性質が重要であるが，再酸化処理などの方法で界面準位密度が，p 型 SiC で $10^{10}cm^{-2}eV^{-1}$ オーダ，n 型 SiC で $10^{11}cm^{-2}eV^{-1}$ 程度の値が報告されている．

4.7.6　デバイス開発の現状

表 4.7.2 はこれまでに試作された主なパワー素子の代表的なものの電気特性を示す．すでに，pn 接合ダイオード，SBD，MOSFET，JFET，GTO サイリスタなどが試作されており，それぞれ Si では実現できない高い性能が実証されている．

表 4.7.2　主な試作素子の電気特性

デバイス	阻止電圧（V）	オン電流（A）	オン抵抗，電圧	サイズ（mm^2）
pn 接合ダイオード	5500	0.25	6.2 V（@100 A/cm^2）	0.2
	4800	5	4.0 V（↑）	2.2
	2500	100	3.4 V（↑）	40.0
ショットキーダイオード	3000	～1.0	7.1 V（↑）	1.0
	1500	4.0	2.0 V（↑）	2.0
	1000	6.0	1.4 V（↑）	7.0
MOSFET	450	～0.1	10.9 mΩ-cm^2	4.0
	1400	～0.1	15.7 mΩ-cm^2	0.02
	1800	1	46　mΩ-cm^2	1.0
JFET/SIT	1200	5	12　mΩ-cm^2	7.8
GTO	600	1	3.5 V（@1000 A/cm^2）	0.36

（1）　ダイオード

pn 接合ダイオードでは，5.5 kV の高耐圧ダイオードが試作されている．小型素子ではさらに高耐圧の報告例もある．最も大きな素子は 2.5 kV-100 A（40 mm^2）で，これを 4 個 Si-IGBT と一緒にフラットパッケージに組み込んで特性の経時変化まで調べられている[6]．バンドギャップの広い SiC では pn 接合の Built-in 電圧（オン電流が立ち上がり始める電圧）が約 2.5 V と Si の約 0.7 V より相当高くなるので低耐圧素子には不利であり，主として高耐圧素子として検討されている．これに対して SiC ショットキーダイオード（SiC-SBD）は，pn 接合ダイオードの Built-in 電圧の問題を回避できるので，電源電圧が 200 V 以下の通常のパワー回路の整流ダイオードとしてはこちらが主体となる．図 4.7.6 のようにショットキー金属の周辺に B イオンを注入して電界緩和用のガードリングを形成して高い阻止電圧を得ている．リカバリー電流は極めて小さく，理想的な過渡特性が確認されている．試作されたダイオ

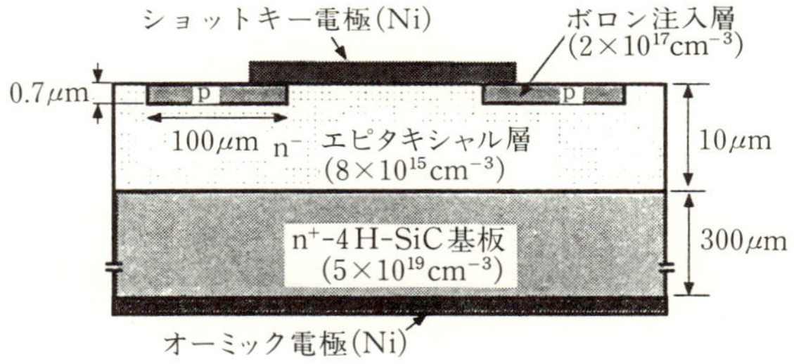

図 4.7.6　SiC ショットキーダイオード

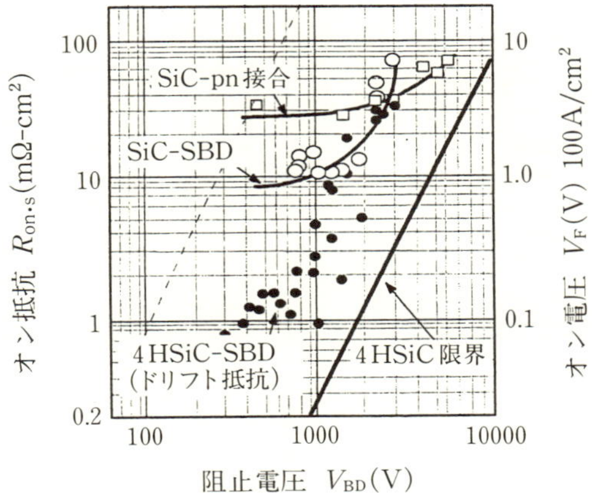

図 4.7.7　SiC ダイオードのオン抵抗，オン電圧

ードのオン電圧と阻止電圧の関係を図 4.7.7 に示す．とくに高耐圧の SBD の特性改善の余地が残されている．

（2） MOSFET

SiC は Si と同様のプロセスで表面に酸化膜が形成でき，界面準位密度が $\sim 10^{11} cm^{-2}$ 程度の割合良質の SiO_2 膜ができるので，早くから MOSFET の研究が進められた．しかし，以下の 2 つの問題点があり，当初期待した低いオン抵抗がなかなか得られなかった．その 1 つは，ゲート酸化膜の絶縁破壊によって阻止電圧が制限されることである．SiC 内部の最大電界を絶縁破壊電界に設計すると SiO_2 界面の電界が上限値（3 MV/cm）を超えてしまう．これを避けるため内部の最大電界を下げることは，ドリフト層の濃度を下げ，かつ厚くすることであり，結果としてオン抵抗が増大する．もう 1 つの問題は，チャネル反転層の電子移動度が 1〜20 $cm^2/V\cdot s$ と Si の場合の 500 $cm^2/V\cdot s$ に比べて極めて低いことである．これらの問題を解消するための提案がなされ，2〜3 年前より Si の限界を超える高耐圧，低オン抵抗の MOSFET が試作された．図 4.7.8 に 2 つの代表的な構造例を示す．共通したところは，チャネル層として p → n 反転層を使わずに，ゲート電圧で $n^- \to n^+$ 層となるいわゆる蓄積型

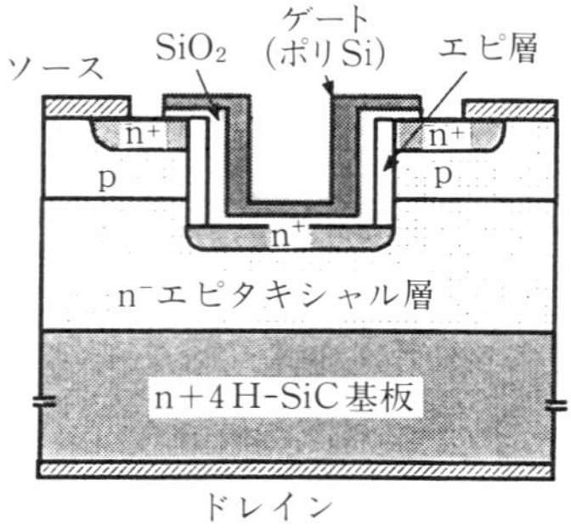

(a)

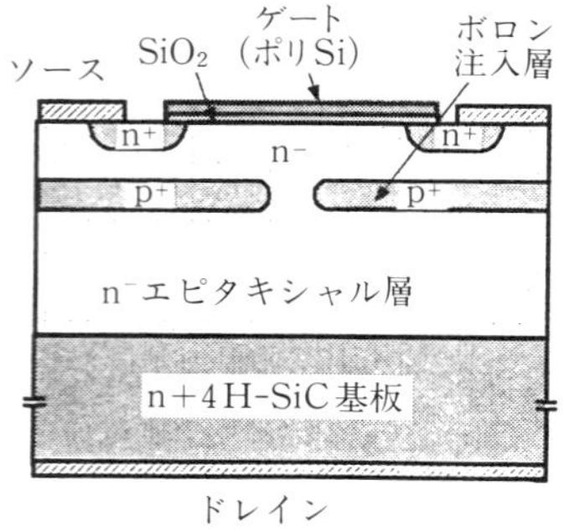

(b)

図 4.7.8　SiC-MOSFET（蓄積型）
（a）トレンチ構造（エピチャネル）
（b）プレーナ構造（埋め込みベース）

(Accumulation　mode) FET とすることで高いチャネル移動度 (100〜200 cm²/V•s) を実現した点である (これらを ACCUFET と呼ぶ). また, SiO_2/SiC 界面の電界強度の低減には, a) トレンチ底部に p^+ 層の形成, b) 埋め込み p^+ 層のピンチオフ効果などの工夫がなされている. 図 4.7.9 にはこれまでに試作された種々の SiC-MOSFET のオン抵抗をプロットした. SiC-ACCUFET や改善された D-MOSFET のオン抵抗は Si-MOSFET の限界はもちろん, Si-IGBT の性能をも超えている. さらに, 最近になって, 350°Cの高温環境でも長期の絶縁性を保証できる高信頼の酸化膜や, 4 H-SiC の結晶面方位を選べば〜100 cm²/V•s 程度の高い反転層移動度が得られるなど望ましい結果が報告されており[5], 今後さらなる改善が進むものと期待される. このほか, ゲート絶縁膜を使わない JFET/静電誘導トランジスタ (SIT) も試作されている.

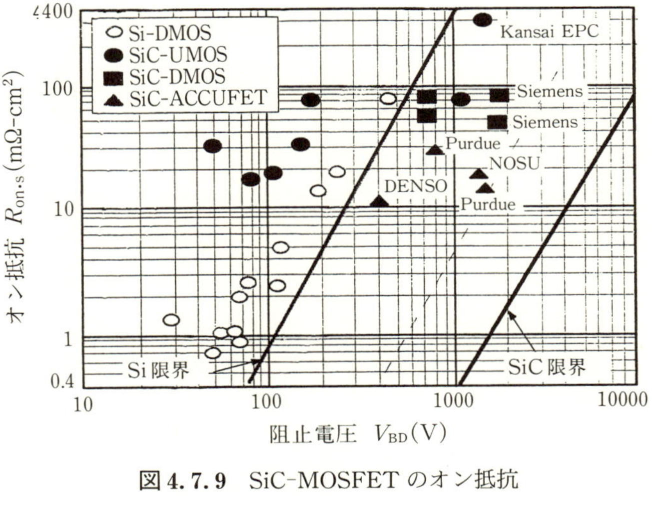

図 4.7.9　SiC-MOSFET のオン抵抗

4.7.7 デバイス実現に向けての技術課題

SiC パワーデバイスの実現に向けて技術的に消化しなければならない課題は結晶，製作プロセスおよびデバイスのそれぞれの領域でまだまだたくさん残されている．これらは通産省のニューサンシャイン計画のもとに平成 10 年度から 5 年計画で発足した産，官，学の共同プロジェクト「超低損失電力素子技術開発」（プロジェクトリーダ；電総研　荒井和雄氏）の中で研究開発が進められている．なかでも重要課題のひとつは，SiC 単結晶ならびにエピタキシャル結晶の高品質化であろう．最近になって，素子のブレークダウン電圧は SiC 結晶内の貫通欠陥のみならず，さらに微細な欠陥にも著しく影響を受けることが指摘された．図 4.7.10 はエピタキシャル層表面のらせん転位（screw dislocation）密度とブレークダウン電圧 V_{BD} の関係を示す[7]．直径 1.0 mm のショットキーダイオードを多数（約 250 個）作製して X 線トポグラフで測定された転位密度との関係を調べた．転位密度の増加とともに V_{BD} が著しく低下している．また，種々の直径の pn 接合ダイオードを作製して V_{BD} との関係を調べ，直径が大きくなると V_{BD} の最大値が低下することが報告されている[8]．表 4.7.2 に示した SiC パワーデバイスの試作素子のサイズが数 mm^2 程度の小型素子に制限されているのはこのためであると考えられる．10^3〜$10^4 cm^{-2}$ 程

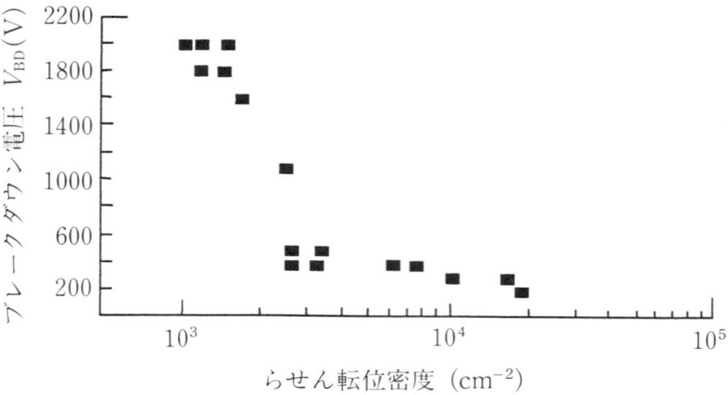

図 4.7.10　らせん転位密度 vs ブレークダウン電圧[7]

度の高密度の微細な欠陥の数が V_{BD} とどのようなメカニズムで関係しているかはまだ明らかにされていないが，SiC 結晶中のこのような欠陥の低減が強く求められるところである．また，デバイス共通の要素技術として重要なのはターミネーションと呼ばれる接合端部の電界低減と安定化技術である．絶縁破壊電界が Si の 7.5 倍である点が SiC の最大の優位点であるが，この高い電界強度を素子表面でどう処理するかが SiC パワーデバイスの成否にかかわるといってもよいだろう．そのほかに高温動作を保証するには電極やパッケージングに関する新たな課題がある．それぞれ要素的といえる技術課題がまだほとんど手付かずの状態にあり，今後の研究開発が待たれる．

4.7.8　おわりに

SiC パワーデバイスの持つ優れた性能が試作素子によって実証された．しかし，本格的な実用化までにはまだまだ解決すべき課題がたくさん残されている．とくに SiC 単結晶のさらなる品質向上が強く望まれ，その先には結晶やプロセスの低価格化の問題も控えている．各界の支援を得てこれらを解決し，SiC パワーデバイスが Si デバイスに代わって 21 世紀の主力デバイスとなり，電力の有効利用の担い手となることが期待されている．

参 考 文 献

1) M. Bhatnagar and B. J. Baliga, IEEE-Trans., **ED-40** (1993) 645

2) K. Shenai, R. S. Scott and B. J. Baliga, IEEE-Trans., **ED-36** (1989) 1811

3) 石井　格, 工業技術, **38** (1997) 18

4) K. Kuroda, K. Shibahara, W. S. Yoo, S. Nishino and H. Matsunami, Ext. Abst. SSDM '87 (1987) p. 227

5) H. Matsunami, The 12 th Int. Symposium on Power Semiconductor & ICs (2000) p. 3

6) H. Lendenmann, F. Dahlquist, N. Johansson, J. P. Bergmann, H. Bleichner and C. Ovren, Ext. Abstr. of 1 st Int. Workshop on Ultra-Low-Loss Power Device Technology (2000) p. 125

7) O. Wahab, A. Ellison, C. Hallin, A. Henry and E. Janzen, Abstr. Int. Conf. on Silicon Carbide and Related Materials 1999 (1999) 298

8) T. Kimoto, N. Miyamoto and H. Matsunami, IEEE-Trans., **ED-46** (1999) 471

付表・付録

5.1 付　　　表

表 5.1.1　SiC の密度，格子定数と弾性定数

密度		ref.
2 H	3.214，3.219 g/cm^2	1，2)
3 C	3.210，3.215 g/cm^2	1，2)
4 H	3.215 g/cm^2	2)
6 H	3.211，3.215 g/cm^2	1，2)
格子定数		**ref.**
2 H	a=3.0763 Å，c=5.0480 Å；a=3.081 Å，c=5.031 Å	1，2)
3 C	a=4.3596 Å，a=4.3589 Å	1，2)
4 H	a=3.076 Å，c=10.046 Å；a=3.081 Å，c=10.061 Å	1，2)
6 H	a=3.08065 Å，c=15.092；a=3.081 Å，c=15.11738 Å	1，2)
15 R	a=3.073 Å，c=37.30 Å；a=3.073 Å，c=37.70 Å	1，2)
21 R	a=3.073 Å，c=52.78 Å	1，2)
弾性定数		**ref.**
2 H	C_{11}=4.79, C_{12}=0.978, C_{13}=0.553, C_{33}=5.214, C_{44}=1.484×10^{12}dyn/cm^2	3)
3 C	C_{11}=352.3，C_{12}=140.4，C_{44}=232.9 GPa	4)
3 C	C_{11}=2.89，C_{12}=2.34，C_{44}=0.554×10^{12}dyn/cm^2	1)
6 H	C_{11}=5.0，C_{12}=0.92，C_{33}=5.64，C_{44}=1.68，C_{66}=2.04×10^{12}dyn/cm^2	1)
Hexagonal	C_{11}=500，C_{33}=564，C_{12}=92，C_{13}=−，C_{44}=168 GPa	4)
Hexagonal	C_{11}=479.3，C_{33}=521.6，C_{12}=98.1，C_{13}=55.8，C_{44}=148.3 GPa at 20°C	4) *
〃	C_{11}=464.8，C_{33}=507.1，C_{12}=91.7，C_{13}=49.4，C_{44}=144.2 GPa at 600°C	4) *
〃	C_{11}=454.8，C_{33}=497.1，C_{12}=87.3，C_{13}=45.0，C_{44}=141.4 GPa at 1000°C	4) *
6 H	C_{11}=4.645，C_{12}=1.12，C_{13}=0.553，C_{33}=5.214，C_{44}=1.37×10^{12}dyn/cm^2	3)

1×10^{12} dyn/cm^2=100 GPa

参考文献

1) M. Neuberger, Mat. Res. Bull., **4** (1969) S 365
2) JCPDS 29-1126～29, 39-1196, 22-1319
3) V. M. Lyubimskii, Sov. Phys. Solid State, **18** (1976) 1814
4) Z. Li and R. C. Bradt, Int. J. High Tech. Ceram., **4** (1988) 1, * 計算値

表 5.1.2　SiC 中の元素の拡散係数

元　素	拡散係数	ref.
C in α-SiC（Al 600 ppm）to 〈0001〉	$3\times10^{2}\exp\{(-141\pm16.6)\mathrm{kcal/RT}\}\mathrm{cm^2/s}$ at 1853-2060°C	1)
C in α-SiC（N 100 ppm）to 〈0001〉	$2\times10^{17}\exp\{(-302.4\pm48.6)\mathrm{kcal/RT}\}\mathrm{cm^2/s}$ at 1977-2088°C	1)
C in α-SiC to 〈0001〉	$(8.62\pm2.01)\times10^{5}\exp\{(-7.41\pm0.05)\mathrm{eV/atom\,kT}\}\mathrm{cm^2/s}$ at 1850-2150°C	2)
C in α-SiC（N doped）to 〈0001〉	$(3.32\pm1.43)\times10^{7}\exp\{(-8.20\pm0.008)\mathrm{eV/atom\,kT}\}\mathrm{cm^2/s}$ at 1850-2150°C	2)
C in β-SiC（CVD，Cu 60 ppm）	$(2.62\pm1.87)\times10^{8}\exp\{(-87.72\pm0.14)\mathrm{eV/atom\,kT}\}\mathrm{cm^2/s}$ at 1850-2150°C	2)
C in β-SiC boundary	$(4.44\pm2.03)\times10^{7}\exp\{(-5.84\pm0.09)\mathrm{eV/atom\,kT}\}\mathrm{cm^2/s}$ at 1850-2150°C	2)
Si in α-SiC to 〈0001〉	$(5.01\pm1.71)\times10^{2}\exp\{(-7.22\pm0.07)\mathrm{eV/atom\,kT}\}\mathrm{cm^2/s}$ at 2000-2300°C	2)
Si in α-SiC（N doped）to 〈0001〉	$(1.54\pm0.78)\times10^{5}\exp\{(-8.18\pm0.10)\mathrm{eV/atom\,kT}\}\mathrm{cm^2/s}$ at 2000-2300°C	2)
Si in β-SiC（CVD，Cu 60 ppm）	$(8.36\pm1.99)\times10^{7}\exp\{(-9.45\pm0.05)\mathrm{eV/atom\,kT}\}\mathrm{cm^2/s}$ at 2000-2300°C	2)
Al in α-SiC（n-type）to 〈0001〉	$1.8\times\exp(-1.13\times10^{5}\mathrm{cal/mol.\,RT})\mathrm{cm^2/s}$ at 1730-2050°C	3)
Al in α-SiC（n-type）	$0.2\times\exp(-4.9\,\mathrm{eV/atom\,kT})\mathrm{cm^2/s}$ at 1800-2250°C	4)
Al in α-SiC（n-type）	$8.0\times\exp(-6.1\,\mathrm{eV/atom\,kT})\mathrm{cm^2/s}$ at 1950-2400°C	5)
Al in α-SiC（pure）	$1.3\times10^{-8}\exp\{(-231\pm0.05)\mathrm{kJ/mol\,RT}\}\mathrm{cm^2/s}$ at 1350-1800°C	6)
Al in SiC	3×10^{-14}-$6\times10^{-12}\mathrm{cm^2/s}$ at 1800-2300°C	7)
B in α-SiC（n-type）	$1.6\times10^{2}\exp(-5.6\,\mathrm{eV/atom\,kT})\mathrm{cm^2/s}$ at 1800-2250°C	4)
B in SiC	2×10^{-9}-1×10^{-7}，2.5×10^{-12}-$3\times10^{-11}\mathrm{cm^2/s}$ at 1800-2300°C	7)
Be in SiC	2×10^{-9}-1×10^{-7}，3×10^{-12}-$1\times10^{-9}\mathrm{cm^2/s}$ at 1800-2300°C	7)
Ga in SiC	2.5×10^{-14}-$3\times10^{-12}\mathrm{cm^2/s}$ at 1800-2300°C	7)
He in SiC	$1.1\times10^{-6}\exp(-1.14\,\mathrm{eV/kT})\mathrm{m^2/s}$ at 800-1050°C	8)
N in SiC	$5\times10^{-12}\mathrm{cm^2/s}$ at 1800-2450°C	7)
O in SiC	1.5×10^{-16}-$5\times10^{-13}\mathrm{cm^2/s}$ at 1800-2450°C	7)
P in β-$Si_{0.55}C_{0.45}$	9.3×10^{-18}-$1.9\times10^{-16}\mathrm{cm^2/s}$ at 700-900°C	8)
Sc in SiC	$<1\times10^{-13}\mathrm{cm^2/s}$ at 1800-2300°C	7)

1 eV/atom=96.484 kJ/mol=23.046 kcal/mol，°C=273.15−K，$\mathrm{m^2/sec}=10^{6}\mathrm{cm^2/sec}$

参考文献

1) R. N. Ghoshtagore et al., Phys., Rev., **143**（1966）623
2) J. D. Hong et al., Ceram. Int., **5**（1979）155
3) H. Chang et al., "Silicon Carbide"(ed. by R. O'Connor and Smiltens, Pergamon New York, 1960）p. 496
4) Y. A. Vodakov et al., Sov. Phys. Solid State, **8**（1966）1040
5) E. N. Mokhov et al., Sov. Phys. Solid State, **11**（1969）415
6) Yo. Tajima et al., J. Chem. Phys., **77**（1982）2592
7) G. L. Haris, "Silicon Carbide"（INSPEC, 1995）p. 155
8) D. J. Fisher, Defect and Diffusion Forum, **169-170**（1999）296

表 5. 1. 3　SiC 中の元素の固溶限

元　　素	固溶限	ref.
Al in 6 H-SiC	$2.0\times10^{21}/cm^3$ at above 2500°C	1)
Al in sintered 4 H-SiC	1 mass% at 2200°C	2)
As in 6 H-SiC	$5.0\times10^{16}/cm^3$ at above 2500°C	1)
Au in 6 H-SiC	$1.0\times10^{17}/cm^3$ at above 2500°C	1)
B in 6 H-SiC	<2.0 mass% at 2200-2550°C	3)
B in 6 H-SiC	$2.5\times10^{20}/cm^3$ at above 2500°C	1)
Be in 6 H-SiC	$8.0\times10^{20}/cm^3$ at above 2500°C	1)
Cr in 6 H-SiC	$3.0\times10^{17}/cm^3$ at above 2500°C	1)
Cu in 6 H-SiC	$1.2\times10^{17}/cm^3$ at above 2500°C	1)
Ga in 6 H-SiC	$2.8\times10^{19}/cm^3$ at above 2500°C	1)
Ge in 6 H-SiC	$3.0\times10^{20}/cm^3$ at above 2500°C	1)
Ho in 6 H-SiC	$6.0\times10^{16}/cm^3$ at above 2500°C	1)
In in 6 H-SiC	$9.5\times10^{16}/cm^3$ at above 2500°C	1)
Li in 6 H-SiC	$1.2\times10^{18}/cm^3$ at above 2500°C	1)
Mn in 6 H-SiC	$3.0\times10^{17}/cm^3$ at above 2500°C	1)
N in 6 H-SiC	$6.0\times10^{20}/cm^3$ at above 2500°C	1)
P in 6 H-SiC	$2.8\times10^{18}/cm^3$ at above 2500°C	1)
Sb in 6 H-SiC	$8.0\times10^{16}/cm^3$ at above 2500°C	1)
Sc in 6 H-SiC	$3.2\times10^{17}/cm^3$ at above 2500°C	1)
Sn in 6 H-SiC	$1.0\times10^{16}/cm^3$ at above 2500°C	1)
Ta in 6 H-SiC	$2.0\times10^{17}/cm^3$ at above 2500°C	1)
Ti in 6 H-SiC	$3.3\times10^{17}/cm^3$ at above 2500°C	1)
W in 6 H-SiC	$2.5\times10^{17}/cm^3$ at above 2500°C	1)
Y in 6 H-SiC	$9.5\times10^{15}/cm^3$ at above 2500°C	1)

1 mass%Al $=7.1\times10^{20}/cm^3$, 1 mass%Atom $=\{1.94/(\text{atomic weight})\}\times10^{22}$ in SiC

参考文献

1) G. L. Haris, "Silicon Carbide" (INSPEC, 1995) p. 153
2) Yo Tajima et al., J. Am. Ceram. Soc., **65** (1982) C-27
3) P. T. B. Shaffer et al., Mat. Res. Bull., **4** (1969) 213

表 5.1.4　SiC の熱膨張係数，比熱と熱伝導率

熱膨張係数		ref.
All polytypes α_{11}	$3.19\times10^{-6}+3.60\times10^{-9}T-1.68\times10^{-12}T^2$ °C^{-1}(計算値) at 20-1000°C	1)
2 H α_{33}	$2.99\times10^{-6}+1.32\times10^{-9}T-1.87\times10^{-13}T^2$ °C^{-1}（計算値）　〃	1)
4 H α_{33}	$3.09\times10^{-6}+2.63\times10^{-9}T-1.08\times10^{-12}T^2$ °C^{-1}（計算値）　〃	1)
6 H α_{11}（a-axes)	$3.27\times10^{-6}+3.25\times10^{-9}T-1.36\times10^{-12}T^2$，平均 4.46×10^{-6} °C^{-1}　〃	2)
6 H α_{33}（c-axes)	$3.18\times10^{-6}+2.48\times10^{-9}T-8.51\times10^{-12}T^2$，平均 4.16×10^{-6} °C^{-1}　〃	1，2)
8 H α_{33}	$3.14\times10^{-6}+3.03\times10^{-9}T-1.31\times10^{-12}T^2$ °C^{-1}（計算値）　〃	1)
比　　熱		**ref.**
3 C	0.17(0°C)，0.22(200°C)，0.28(1000°C)，0.3(1400-2000°C) cal/g °C	3)
Hexagonal	0.165(27°C)，0.27(700°C)，0.35（1550°C）cal/g °C	3)
熱伝導率		**ref.**
3 C to（111)	0.255(200°C)，0.155(100°C)，0.121(1400°C)，0.125(2000°C) W/cm°C	3)
3 C along（111)	0.226(200°C)，0.155(1000°C)，0.138(1400-2000°C) W/cm °C	3)
Hexagonal	0.410(20°C)，0.335(600°C)，0.255(800°C)，0.213(1000°C) W/cm °C	3)

1 cal/g °C=4.184 J/gK，W/cm °C=100 W/mK（=100 J/msecK）

参考文献

1)　Z. Li et al., "Ceram. Trans. vol. 2, Silicon Carbide '87"（Am. Ceram. Soc., 1989) p. 313
2)　Z. Li et al., J. Am. Ceram. Soc., **69**（1986）863
3)　M. Neuberger, Mat. Res. Bull., **4**（1969）S 365

表 5.1.5　SiC 焼結体の特性

製造方法 形　状 特　徴	反応焼結 多孔質 耐火物	反応焼結 多孔質	反応焼結・ Si 含浸 緻密体	再結晶 多孔質	再結晶・Si 含浸 緻密体 高純度	常圧焼結 多孔体
密度（g/cm^3）	2.6，2.6	2.98	3	2.56，2.5	3.00，3.02	1.85，2.7
硬度（HV）						1500（HK）
ヤング率（GPa）		247	250	171	350	108，294
ポアソン比						0.17，0.22
曲げ強度（MPa）		270	260	108，130	226，225	123，519
高温曲げ強度（MPa）1)		275(10)	260(10)	127(12)，120(10)	255(12)	152(16)，608(16)
圧縮強度（MPa）	98，137					
破壊靱性値 K_{IC}（$MPam^{1/2}$）		3.1	3	2.18	3.3，4.8(8)	3.5
熱膨張係数（$10^{-6}/K$）1)		4.24(10)	5(10)	4.6，4.24	4.5，4.5(RT-12)	4.5（RT-12）
熱伝導率（W/mK）1)		185	180	29，139	174，174	23(6)，29(6)，31，46
比熱（J/kgK）1)		700	500	711，700	669，1225(8)	460，712(6)，920，1443(6)
熱衝撃値（ΔK）		300	300	300		525，775
耐熱温度（°C）	1500，1500	1500	1350	1500	1350	1600，1600
比抵抗（Ωm）				10-10^4	10^{-3}，10^{-1}-1	10^2-10^3，10^5-10^6
その他						

各特性値は各社カタログ（2000 年 1 月まで）の数値をそのまま引用した．

1)　かっこ内の数値は測定温度で，単位 100°C で示した（10＝1000°C）．

表 5.1.5 (続き)

製造方法 形 状 特 徴	常圧焼結 α-SiC 緻密体 高強度	常圧焼結 β-SiC 緻密体 高強度	加圧焼結 緻密体 高熱伝導	加圧焼結 緻密体 超高純度	CVD 緻密体 超高純度	複合材料 SiC 繊維強化 高靱性
密度 (g/cm^3)	3.10, 3.10, 3.10, 3.13, 3.15	3.1, 3.1	3.1	3	3.21	2.0, 2.3
硬度 (HV)	2400, 2450, 2800, 2500, 2500	2500, 3100		2500	3500	
ヤング率 (GPa)	397, 402, 410, 411, 450	392, 392		351	490	35(15), 60(引張), 110, 110(引張)
ポアソン比	0.14, 0.15, 0.15, 0.16, 0.18	0.13				0.15
曲げ強度 (MPa)	441, 450, 465, 550, 588	813, 490	392	500	392	110, 280, 550
高温曲げ強度 (MPa) 1)	588(12), 397(14), 450(10), 490(16)	902(16)			294(引張)	250(15)
圧縮強度 (MPa)	>2450, 1911	3920				
破壊靱性値 K_{IC} ($MPam^{1/2}$)	3, 3.5, 4.2, 4.5, 4.6	5.6				
熱膨張係数 ($10^{-6}/K$) 1)	4.0(RT-10), 4.2(RT-7), 4.2(RT-10), 4.35(RT-6), 4.5(RT-10)	4.1, 4.6 (RT-12)	3.7(RT)	3.9	4.5	3.2, 4.0(14)
熱伝導率 (W/mK) 1)	43, 75, 83, 100, 125	79, 59(60), 100	270(RT)	160	67	2.93, 4.65(14)
比熱 (J/kgK) 1)	628, 628, 672	669, 795, 1213(6)				650, 1470(14)
熱衝撃値 (ΔK)	450, 450, 500, 500	525				
耐熱温度 (°C)	1500, 1600, 1650	1600, 1800				
比抵抗 (Ωm)	10^4-10^7, 10^5	10^5-10^6	10^{11}	5×10^{-3}	10^6	
その他	誘電率 40, ワイブル係数 10, 13		誘電率 40	純度 3 N		

表 5.1.6　各種溶融金属の SiC に対するぬれ[1)]

溶融金属	SiC の種類*	雰囲気	温度 (°C)	接触角 (°)	溶融金属	SiC の種類*	雰囲気	温度 (°C)	接触角 (°)
Al	RB	真空	900	145	Ge	単	真空	1000	135
	〃	〃	1100	65		〃	〃	1250	105
	PLS	〃	900	135		RB	〃	1000	95
	〃	〃	1100	60		〃	〃	1250	50
	単	〃	950	102	Ag	単	〃	1100	128
Al-1% Co	〃	〃	〃	120	Ag-28% Cu	PLS	〃	950	135
Al-5% Mn	〃	〃	〃	78	(72 Ag-28 Cu) -2% Ti	RB	〃	〃	110
Al-2% Ni	〃	〃	1000	126					
Al-5% Ce	〃	〃	950	151		PLS	〃	〃	25
Al-6% La	〃	〃	〃	124	In	単	〃	800	130
Si	RB	〃	1480	30	Sn	〃	〃	1050	135
	HP	〃	〃	41	Au	〃	〃	1150	138
Si-1% B	RB	〃	〃	26	Pb	CVD	H_2	600	130
	HP	〃	〃	40	$TiAl_3$	単	真空	1450	＜40
Si-10% Fe	RB	〃	〃	20	$TiSi_2$	〃	〃	1500	＜40
	HP	〃	〃	37	TiNi	〃	〃	〃	82
Si-10% Cu	RB	〃	〃	28	$TiNi_3$	〃	〃	〃	50
	HP	〃	〃	45	$TiCr_2$	〃	〃	〃	＜40
Mn	単	Ar	1350	72	Cr_3Si_2	〃	〃	1460	＜40
Fe	〃	〃	1600	82	Fe_2Al_5	〃	〃	1300	58
Co	〃	〃	1550	64	FeSi	〃	〃	1420	＜40
Ni	〃	〃	1500	45	Fe_2Si_5	〃	〃	1350	＜40
Cu	〃	〃	1130	136	CoSi	〃	〃	1500	＜40
Cu-10% Ti	〃	真空	1120	60	Ni_3Al	〃	〃	1550	＜40
Cu-18% Sn -10% Ti	〃	〃	900	40	Ni_2Si	〃	〃	1320	90
					713 LC**	〃	〃	1350	＜40
Ga	〃	〃	800	118					

* RB：反応焼結，PLS：常圧焼結，HP：ホットプレス，単：単結晶，CVD：化学蒸着
** Cr，Al，Mo 等を含む Ni 基合金
1）井関孝善，“炭化珪素セラミックス”（宗宮重行，猪股吉三編，内田老鶴圃，1988）p. 175

5.2 SiC の多形の X 線回折による定量分析方法

SiC の多形の定量分析は，ラマン分光や NMR 等でもできるが，粉末 X 線回折強度を利用して行うことが多い．産業に利用されている多くの SiC 材料に現れる多形は，通常，2 H，3 C，4 H，6 H と 15 R で，2 H は低温で合成された SiC 材料に現れる．各多形からの X 線回折ピークはお互いに重なる場合が多いので，回折ピークの強度比がそのまま多形の含有比にならない．そのため，複数の回折線の理論強度と測定強度を比較して行うことになるが，2 つの代表方法について述べる．

5.2.1 連立方程式を解いて行う方法[1~3)]

3 C から 15 R まで 4 つの多形含有量を決定する．表 5.2.1，2 に回折線 6 本の理論強度の計算値を示す．3 C，4 H，6 H と 15 R の含有量を各々 d, c, b と a の 4 未知数とする．A～F から 4 つのピークを選び，その X 線回折強度の測定値を y とし，表から 4 元連立方程式をたてて a～d について解を求める．例えば，ピーク D の強度が 234 cps なら 4 方程式の 1 つは $234=100d+25.1c+59.2b+31.1a$ である．

表 5.2.1 Ruska[1)] の計算値

回折ピーク			各多形からの強度			
	d (nm)	2θCuKα	3 C (d)	4 H (c)	6 H (b)	15 R (a)
A	0.266	33.7		9.9		3.2
B	0.263	34.1			19.4	11.2
C	0.257	34.9		38.9		26.0
D	0.251	35.8	100.0	25.1	59.2	31.1
E	0.235	38.3		34.1	18.1	
F	0.217	41.6	13.1		6.5	2.4

表 5.2.2　Bartram[2)] と Frevel[3)] の計算値

回折ピーク			各多形からの強度			
	d (nm)	2θCuKα	3 C (d)	4 H (c)	6 H (b)	15 R (a)
A	0.266	33.7		9.52		3.07
B	0.263	34.1			21.24	10.76
C	0.257	34.9		37.93		25.72
D	0.251	35.8	100.0	25.03	62.55	36.90
E	0.235	38.3		36.69	21.93	
F	0.217	41.6	17.38		8.52	2.83

5.2.2　回帰分析を利用する方法[4)]

表 5.2.3 は 2 H～15 R の多形の回折強度を格子面間隔 $d=0.267$～0.154 nm まで計算したものである．2 H，3 C，4 H，6 H と 15 R の含有量を各々 x_i $(i=1, 2, \cdots, 5)$，ピーク 1～22 の X 線回折強度の測定値を y_j $(j=1, 2, \cdots, 22)$ とすると，x_i の係数 a_{ji} は表の値で，各ピークの強度は，

$$y_1=39.697x_1+0x_2+9.924x_3+0x_4+3.197x_5,$$

$$\cdots\cdots$$

$$y_j=a_{j1}x_1+a_{j2}x_2+a_{j3}x_3+a_{j4}x_4+a_{j5}x_5,$$

$$\cdots\cdots$$

$$y_{22}=22.172x_1+44.328x_2+22.164x_3+33.243x_4+25.710x_5$$

となる．このような多数の式を近似する x_i の推定値は（多重）回帰分析で決められる．回帰では，y_j を従属変数に a_{ji} を説明変数にとり，回帰係数 x_i を計算する．回帰分析は市販されている一般的な表計算ソフトを利用してできる（例えば，ツール-分析ツール-回帰分析に含まれている）．

5.2.3　分析法に関する留意点[5)]

ここに記した 2 つの分析方法の表を比較すると，各多形の回折強度の計算値は必ずしも一致していない．SiC の格子定数や構造因子の設定に差があるため

表 5.2.3 田中[4]の計算値

回折ピーク			各多形からの強度				
	d (nm)	2θCuKα	2 H	3 C	4 H	6 H	15 R
1	0.267	33.6	39.697		9.924		3.197
2	0.264	33.9					11.197
3	0.262	34.1				21.984	
4	0.258	34.8			39.133		
5	0.257	34.9					26.094
6	0.252	35.7	25.007	100.00	25.007	62.521	37.005
7	0.239	37.6					17.574
8	0.236	38.2	45.508		34.129	20.232	
9	0.232	38.8					11.834
10	0.218	41.4		14.958		7.479	2.393
11	0.211	42.9					4.069
12	0.209	43.3			5.928		
13	0.200	45.4				3.213	
14	0.196	46.2					1.660
15	0.190	48.0					0.499
16	0.183	49.8	13.194		3.301		
17	0.177	51.7					0.575
18	0.171	53.7					2.202
19	0.168	54.7				4.552	
20	0.161	57.3			9.496		
21	0.159	58.0					0.657
22	0.154	60.1	22.172	44.328	22.164	33.243	25.710

3C の最強ピークを 100 とした

であろう．多形分析の方法は確立しているとは言い難く，精度よく結果を出すに至っていないことは留意する必要がある．

また，実際の SiC 粒子に含まれる多形の様子は単純でない．SiC の結晶内部に c 面を共通にして板状に積層するように複数の多形が混在する場合が多い．強度の計算は板状の結晶を想定していない．SiC 結晶には積層欠陥が含まれることが多いが，積層欠陥も計算には考慮されない．このような実際の結晶のあり方と，完全な結晶を想定した理論計算の差が誤差の原因のひとつでもある．測定に関しては，粉砕の仕方によって強度が変わることもある[5]．

参 考 文 献

1) J. Ruska et al., J. Mater. Sci., **14** (1979) 2013

2) S. F. Bartram, General Electric Tec. Inf. Series No. 75 CRD 022 (1975)

3) L. K. Frevel et al., J. Mater. Sci., **27** (1992) 1913

4) 田中英彦, 井伊伸夫, 日セラ論文誌, **101** (1993) 1313

5) 井関孝善 他, 日本学術振興会第 124 委員会 SiC 分科会資料 No. 4-4～11-95, No. 5-2-95, No. 7-5-96 (1995-6)

索　引

Advanced Silicon Carbide Ceramics

2001 年 2 月 28 日　第 1 版 発 行
2013 年 4 月 10 日　第 1 版 2 刷発行

編者の了解により検印を省略いたします

SiC 系セラミック新材料
—最近の展開—

編　　者 ©　日本学術振興会
高温セラミック材料
第 124 委員会
鈴　木　弘　茂
井　関　孝　善
田　中　英　彦
発 行 者　内　田　　　学
印 刷 者　山　岡　景　仁

発行所　株式会社　内田老鶴圃　〒112-0012 東京都文京区大塚 3 丁目 34 番 3 号
電話 (03) 3945-6781(代)・FAX (03) 3945-6782
http://www.rokakuho.co.jp
印刷・製本/三美印刷 K. K.

Published by UCHIDA ROKAKUHO PUBLISHING CO., LTD.
3-34-3 Otsuka, Bunkyo-ku, Tokyo, Japan

U. R. No. 509-2

ISBN978-4-7536-5195-5 C3058